职业教育焊接技术与自动化专业系列教材

机器人焊接操作培训与资格认证指定用书

机器人焊接工艺

组　编　中国焊接协会

主　编　戴建树

副主编　罗　震　鲍云杰　郭丽君　李　波

参　编　张婉云　郭广磊　敖三三　龙昌茂

肖　勇　刘　伟　李　飞　肖　珺

杨启杰　景　岩　龚胜峰（企业）

主　审　陈树君

机械工业出版社

本书是中国焊接协会根据行业产业升级需要组织编写的系列教材之一，是根据现行焊接标准，同时参考相应职业资格认证标准编写的。

本书共七章，主要内容包括绪论、机器人焊接电源及辅助装置、机器人熔化极气体保护焊焊接工艺、机器人钨极氩弧焊焊接工艺、机器人电阻点焊焊接工艺与编程、典型焊件的机器人焊接工艺、机器人焊接缺陷、弧焊机器人焊接工艺的优化。为便于教学，本书配有相应教学资源，选择本书作为教材的教师可登录 www. cmpedu. com 网站，注册后免费下载。

本书可作为机器人焊接岗位培训用书，也可作为高等职业院校相关专业教材。

图书在版编目（CIP）数据

机器人焊接工艺/戴建树主编；中国焊接协会组编. —北京：机械工业出版社，2018. 11（2025. 1 重印）

职业教育焊接技术与自动化专业系列教材　机器人焊接操作培训与资格认证指定用书

ISBN 978-7-111-61234-6

Ⅰ. ①机…　Ⅱ. ①戴…　②中…　Ⅲ. ①焊接机器人-职业教育-教材　Ⅳ. ①TP242. 2

中国版本图书馆 CIP 数据核字（2018）第 245117 号

机械工业出版社（北京市百万庄大街 22 号　邮政编码 100037）
策划编辑：齐志刚　责任编辑：齐志刚　王海霞
责任校对：刘志文　封面设计：陈　沛
责任印制：郜　敏
北京富资园科技发展有限公司印刷
2025 年 1 月第 1 版第 6 次印刷
184mm×260mm · 13 印张 · 315 千字
标准书号：ISBN 978-7-111-61234-6
定价：39. 00 元

电话服务
客服电话：010-88361066
010-88379833
010-68326294

网络服务
机　工　官　网：www. cmpbook. com
机　工　官　博：weibo. com/cmp1952
金　书　网：www. golden-book. com
机工教育服务网：www. cmpedu. com

中国焊接协会机器人焊接培训教材编审委员会

前　言

《中国制造2025》推动了产业转型升级，使工业机器人得到了广泛应用，特别是焊接机器人的应用约占工业机器人应用的45%。中国焊接协会为了使行业发展更好地服务院校、企业，结合机器人弧焊操作人员认证及中美联合标准技能的相关要求，组织相关院校、企业及中国焊接协会机器人焊接培训基地的专家、学者，编写了五本焊接机器人应用培训教材，《机器人焊接工艺》就是其中之一。

本书主要介绍机器人焊接工艺、焊接缺陷以及编程应用及其优化，内容包括机器人焊接电源及辅助装置介绍、机器人熔化极气体保护焊焊接工艺、机器人钨极氩弧焊焊接工艺、机器人电阻点焊焊接工艺与编程、典型焊件的机器人焊接工艺、机器人焊接缺陷、弧焊机器人焊接工艺的优化。本书重点强调培养学生熟悉机器人焊接工艺，懂得根据具体生产条件编写机器人焊接工艺文件，能根据焊接产品的技术要求，运用机器人焊接工艺知识结合编程应用，合理规划示教运动、焊缝轨迹点及姿态，合理设置焊枪角度，选取合适的焊接参数进行焊接；熟悉弧焊机器人焊接工艺及其评定方法，能从提高焊接质量、效率和降低成本等方面对机器人焊接工艺进行优化；通过对理论与具体实例的综合介绍，提升学生应用焊接机器人的能力，提高学生的机器人焊接工艺水平，使学生能运用机器人焊接工艺知识完成较复杂焊件的编程工作，并能针对弧焊机器人焊接过程中产生的缺陷提出相应解决措施。本书在编写过程中力求体现理论贴合实际的特色，注重对实际案例的分析及讲解。

本书编写模式新颖，以学生为主体，以实际案例为载体，引导学生将理论活用于实际当中。同时，书中穿插讲述了大量优质的程序编写案例，力求使相关专业人员能通过本书掌握机器人焊接工艺，适应智能化生产的需要。

本次重印修订认真贯彻党的二十大精神和理念，以学生的全面发展为培养目标，融“知识学习、技能提升、素质培育”于一体，严格落实立德树人根本任务。

本书在使用上应注意以下几点：①本课程的教学应理论与实践相结合，理论教学以技能培训为宗旨，在教学环节中应注意培养学生的动手能力以及分析问题和解决问题的能力；②教学中，任课教师应根据本学校及学生的具体情况有针对性地进行教学，为达到本课程的教学要求，应保证足够的实训教学时间；③教学实施过程中要特别强调安全文明生产的重要性，如工具的使用及设备的操作一定要规范；④注意教学过程的完整性，分组、操作、课件制作展示、评价环节应完整。本书的建议学时为64学时，学时分配与教学建议见下表。

项目	学时	说明或教学建议
绪论	2	了解机器人焊接的特点与分类、应用现状与发展趋势，明确本课程的学习目的和要求
第一章	10	掌握不同的机器人焊接电源的特点及其工艺性能对焊接质量的影响，了解焊接机器人辅助装置的特性与使用要求

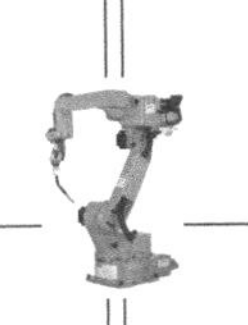

（续）

项目	学时	说明或教学建议
第二章	10	了解机器人熔化极气体保护焊的优缺点、影响焊缝质量的因素；学习机器人 CO_2气体保护焊焊接工艺及编程方法，掌握常用接头的机器人焊接工艺及编程方法
第三章	6	了解机器人钨极氩弧焊的优缺点、影响焊缝质量的因素；学习机器人钨极氩弧焊焊接工艺及编程应用实例，掌握常用接头的机器人焊接工艺及编程方法
第四章	8	了解机器人电阻点焊焊接工艺的特点、影响焊缝质量的因素；学习并掌握机器人电阻点焊焊接工艺及编程方法
第五章	12	了解低碳钢及其他典型金属结构的弧焊机器人焊接工艺及编程方法；学习机器人焊接工艺的分析步骤，掌握常用金属的焊接工艺特点及编程方法
第六章	6	了解机器人焊接缺陷的分类，学会分析焊接缺陷产生的原因以及防止措施
第七章	10	结合具体生产案例，学习弧焊机器人焊接工艺的优化方法，熟悉焊件的焊接工艺优化方法

本书由戴建树任主编，罗震、鲍云杰、郭丽君、李波任副主编。具体编写分工如下：广西机电职业技术学院的张婉云、厦门集美职业技术学校的郭广磊编写绪论；天津大学的罗震、敖三三编写第一章；戴建树，广西机电职业技术学院龙昌茂、肖勇，珠海市福尼斯焊接技术有限公司的龚胜峰编写第二章；敖三三、龙昌茂、肖勇和南京理工大学的景岩编写第三章；戴建树、龙昌茂和厦门集美职业技术学校的刘伟编写第四章；昆明理工大学的李飞编写第五章；北京工业大学的肖珺、兰州理工大学的俞伟元、哈尔滨焊接研究所、欧地希机电上海有限公司相关人员编写第六章；戴建树、广西机电职业技术学院的杨启杰编写第七章。此外，唐山松下产业机器有限公司、北京时代集团、珠海市福尼斯焊接技术有限公司、湖南智谷焊接技术培训有限公司、上海 ABB 工程有限公司北京销售分公司和欧地希机电上海有限公司为本书的编写提供了很多案例，在此对他们的大力支持表示衷心的感谢！

本书由中国焊接协会教育与培训分会委员会审定，北京工业大学的陈树君任主审。他们在评审及审稿过程中针对本书内容及体系提出了很多中肯的宝贵建议，在此对他们表示衷心的感谢。

为便于教学，本书配有相应教学资源，选择本书作为教材的教师可登录 www.cmpedu.com 网站，注册后免费下载。

在本书编写过程中，参考了国内外出版的有关教材和资料，得到了中国焊接协会教育与培训分会委员会的大力支持及有益指导，在此一并表示衷心感谢。

由于编者水平有限，书中不妥之处在所难免，恳请读者批评指正。

编　者

目 录

绪论

一、焊接机器人与机器人焊接

焊接机器人是从事焊接（包括切割与喷涂）工作的工业机器人，是在普通工业机器人的末轴法兰处装接焊钳或焊（割）枪，使其能进行焊接、切割或喷涂。

机器人焊接则是机器人代替手工作业，即利用焊接机器人系统完成焊接作业，获得合格焊件的过程。

焊接机器人系统包括机器人本体、控制柜、焊接电源、示教器、送丝机构、供气系统、焊枪、电缆等。所选用的焊接机器人配套设备一般均具有与机器人本体通信的相应接口，以便与机器人本体交换信号，顺利被机器人焊接控制系统调用。

二、焊接机器人分类

焊接机器人可按自动化技术发展程度、性能指标、产业模式及焊接工艺方法等进行分类。

1. 按自动化技术发展程度分类

根据自动化技术发展程度的不同，焊接机器人可分为示教再现型机器人、智能型机器人等种类。

（1）示教再现型机器人　示教再现型机器人属于第一代工业机器人，由于操作者将完成某项作业所需的运动轨迹、运动速度、触发条件、作业顺序等信息通过直接或间接的方式对机器人进行“示教”，由记忆单元记录示教过程，再在一定的精度范围内，重复再现被示教的内容。目前在工业中大量应用的焊接机器人多属此类。

（2）智能型机器人　智能型机器人具有一定的智能，能够通过传感手段（触觉、力觉、视觉等）对环境进行一定程度的感知，并根据感知到的信息对机器人作业内容进行适当的反馈控制，对焊枪对中情况、运动速度 、焊接姿态、焊接是否开始或终止等进行修正。

2. 按性能指标分类

按照机器人的负载能力与作业空间等性能指标的不同，可将机器人分为超大型机器人、大型机器人、中型机器人、小型机器人和超小型机器人等类型。

（1）超大型机器人　负载能力 $P \geqslant 10^7$N，作业空间 $V \geqslant 10\text{m}^3$。

（2）大型机器人　负载能力 $P = 10^6 \sim 10^7$N，作业空间 $V \geqslant 10\text{m}^3$。

（3）中型机器人　负载能力 $P=10^4\sim10^6$N，作业空间 $V=1\sim10\text{m}^3$。

（4）小型机器人　负载能力 $P=1\sim10^4$N，作业空间 $V=0.1\sim1\text{m}^3$。

（5）超小型机器人　负载能力 $P<1$N，作业空间 $V<0.1\text{m}^3$。

3. 按产业模式分类

世界上的机器人主要制造国根据其自身工业基础特点和市场需求的不同，分别发展出了具有自身特色的机器人产业模式，包括日本模式、欧洲模式和美国模式等。

日本模式以产业链的分工发展、掌握核心技术为特点，由机器人制造商以开发新型机器人和批量生产为主要目标，并由其子公司或其他工程公司来设计制造各行业所需要的机器人成套系统。欧洲模式由机器人制造厂商完成机器人的生产，同时也承担用户所需要的系统设计制造工作。美国模式重视集成应用，采取采购与成套设计相结合的方式，美国国内基本不制造普通的工业机器人，企业通常通过工程公司进口，再自行设计和制造配套的外国设备，进行系统集成，最终将完整的机器人系统提供给客户。

4. 按所采用的焊接工艺方法分类

按照机器人所用焊接工艺方法不同，可将其分为点焊机器人、弧焊机器人、搅拌摩擦焊机器人、激光焊机器人等类型，如图 0-1～图 0-4 所示。

图 0-1　点焊机器人

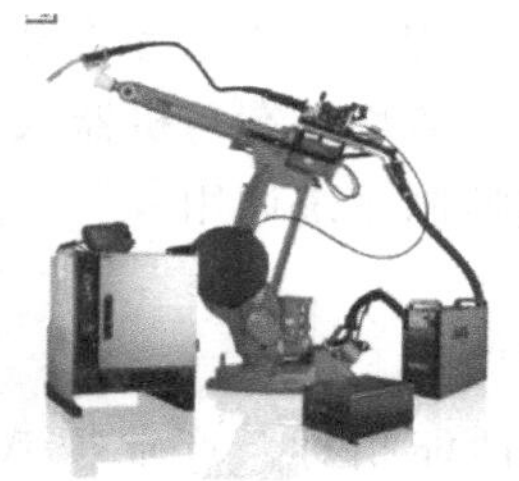

图 0-2　弧焊机器人

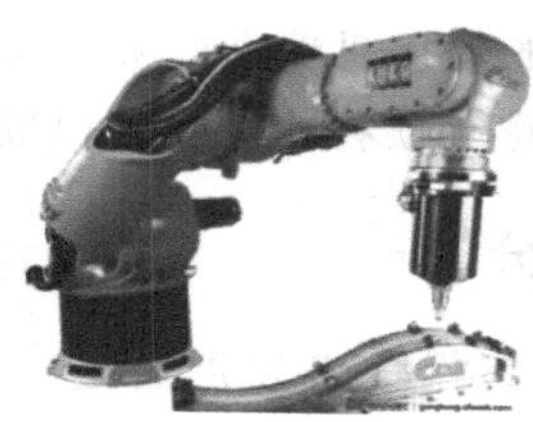

图 0-3　搅拌摩擦焊机器人

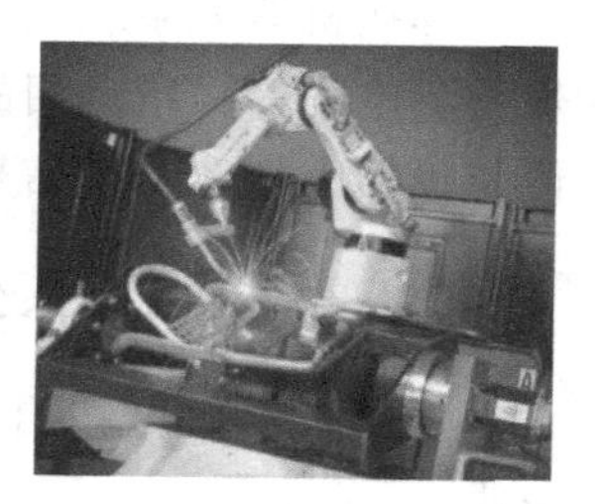

图 0-4　激光焊机器人

本书将重点介绍如何使用焊接机器人与焊接电源配套实施熔化极气体保护焊、非熔化极气体保护焊以及电阻焊工艺与优化等。

三、机器人焊接的特点

随着电子技术、计算机技术、数控技术及机器人技术的发展，从 20 世纪 60 年代开始用于生产以来，自动弧焊机器人工作站技术已日益成熟，在各行各业已得到了广泛的应用。

1. 机器人焊接的优点

1）焊接稳定性好，质量高。

2）可提高劳动生产率。

3）改善了劳动条件，可在有害环境下工作。

4）降低了工人的技术操作水平和劳动强度。

5）降低了生产成本。

6）柔性化程度高，可实现小批量产品的焊接自动化。

7）可在各种极限条件下完成焊接作业。

2. 机器人焊接的主要缺点

1）工件制备质量和焊件装配精度要求高。

2）设计工件的结构及焊接工艺时，要考虑焊枪的可达性、变位机的翻转次数等。

3）投资额度高，回收周期长。

4）电源功率须满足机器人自动化焊接所要求的高输出、高稳定性等特点。

此外，机器人焊接对操作者的要求较高，操作者需要具备较高的综合素质。同时，机器人焊接是以掌握焊接工艺知识为前提和基础的，操作者对焊接工艺的熟悉程度决定了机器人焊接的质量、效率、成本和效果。

四、机器人焊接工艺的制订

机器人焊接工艺主要包括焊接方法、焊接电源、母材、板厚（管径及壁厚）、接头、坡口形式、焊前准备加工、装配、焊接位置、焊接顺序、焊材、气体、机器人焊接轨迹点的设置、焊枪角度、焊接参数等。

机器人焊接是用焊接机器人代替手工完成焊接作业，因此，同样需要制订切实可行的焊接工艺方案。

1. 已知条件

焊件结构的技术要求、结构尺寸、母材牌号及规格（板厚、管径与壁厚）、接头形式、焊接位置、焊接方法、焊材、气体等。

2. 焊件的机器人焊接工艺性分析

对焊件材料的焊接性、下料、成形加工工艺、装配方法的选用以及机器人的焊接轨迹、姿态、焊枪角度、焊接参数等进行分析，确定焊接重点及难点，制订解决措施，控制焊接质量，提高效率，降低成本等。

3. 设备选用

根据现场生产条件及焊接技术要求，选择机器人及焊接电源类型、系统形式，考虑是否需要翻转变位以及机器人的臂伸长（动作范围）能否覆盖整个作业面，机器人最大承载重量等。

实施时，需要优化系统组合和焊接参数，确定合理的枪姿，正确把握影响焊接的几大要素；对于焊缝复杂的工件，应增加变位系统，尽量使焊接位置处于最佳状态（水平或船形焊位置）。

4. 机器人焊接工艺试验与优化

机器人焊接工艺试验是根据焊件的技术要求，通过工艺分析，拟订机器人焊接工艺方案，并将机器人焊接工艺知识应用于示教编程，充分考虑焊接顺序、关键点的处理、焊枪角度及机器人的姿态等。

编程完成后对焊接参数（焊接电流、焊接电压、焊接速度、干伸长、振幅、摆动停留时间、气体流量等）进行设置和调整，完成焊接工艺试验。最终从质量、效率、成本三方面进行工艺方案比较，选定最佳方案。

五、机器人焊接应用现状和发展趋势

据不完全统计，全世界在役的工业机器人中大约有一半被用于各种形式的焊接加工领

域，焊接机器人应用中最普遍的主要有两种方式，即点焊和电弧焊（以下简称弧焊）。在我国，汽车是焊接机器人的最大用户，也是最早的用户。早在20世纪70年代末，上海电焊机厂与上海电动工具研究所就合作研制了直角坐标机械手，并成功应用于上海牌轿车底盘的焊接。中国一汽集团有限公司是我国最早引进焊接机器人的企业，该公司自1984年起先后从KUKA公司引进了3台点焊机器人，用于当时红旗牌轿车车身的焊接和解放牌汽车车身顶棚的焊接；1986年成功地将焊接机器人应用于前围总成的焊接，并于1988年开发了机器人车身总焊线。20世纪90年代以来的技术引进和生产设备、工艺装备的引进，使我国的汽车制造水平由原来的作坊式生产提高到规模化生产，同时使国外焊接机器人大量进入中国。

近年来随着我国经济的高速发展，对能源的需求不断加大，与能源相关的制造行业也都开始寻求采用自动化焊接技术，焊接机器人迎来了新的发展机遇。铁路机车行业由于我国货运、客运、城市地铁等需求量的不断增加以及列车提速的需求，对机器人的需求一直处于稳步增长态势。与此同时，劳动力成本的提高为企业带来了不小的压力，而机器人价格指数的降低又恰巧为其进一步推广应用带来了契机。因此，工业机器人的应用在各行各业得到了飞速发展。

目前，我国应用的机器人主要分日系、欧系和国产三类。日系中主要有安川、OTC、松下、FANUC、川崎等公司的产品；欧系中主要有德国KUKA、CLOOS，瑞典ABB，意大利COMAU和奥地利IGM公司的产品；国产机器人主要是沈阳新松、安徽埃夫特、北京时代、广州数控、南京埃斯顿、上海新时达等公司的产品。

随着工业机器人技术的快速发展，机器人焊接技术的应用更是层出不穷。机器人焊接技术的应用代表着高度先进的焊接机械化、自动化。机器人焊接技术采用专业编程人员编写的程序来控制机器人本体、焊接电源、外部轴等相关设备的动作及焊接过程，可就不同的焊接结构或使用场合进行重新编程，从而顺利实现设备在生产应用过程中的快速转换。其应用目的在于提高生产率，改善劳动条件，改善焊接稳定性，提高焊接质量并降低劳动成本。

机器人焊接技术的应用领域越来越广泛，如汽车制造、船舶生产、工程机械、航空制造、金属结构制造等。在汽车制造、工程机械、电子电气等行业中，工业机器人自动化生产线已经悄然成为自动化装备的主流。机器人焊接主要适用于不同方向的短焊缝，包括直焊缝、弧形焊缝及空间焊缝的焊接。但准备采用机器人焊接技术前，通常需要研究机器人焊接技术的适用性，做好设备的成本预算，以便后期更加顺利、可靠地开展相关工作。

复习思考题

1. 焊接机器人的类型有哪些？
2. 机器人焊接有何优、缺点？
3. 机器人焊接工艺主要包括哪些内容？

第一章 机器人焊接电源及辅助装置

在机器人焊接行业中，目前使用最多的焊接设备是电阻点焊机器人和弧焊机器人。而在机器人焊接系统中，焊接电源无疑是重要的组成部分。为了满足焊接电源与机器人之间的通信要求，机器人焊接电源与普通焊接电源有较大的区别，包括更稳定的性能、更全面的功能、更专业的数据库等。此外，机器人焊接系统对送丝装置和焊枪的要求也有较大的修正。学习本章要熟悉机器人焊接弧焊电源的特点及要求，学会运用弧焊电源工艺性能控制焊接质量，了解机器人焊接常用弧焊电源的特点，能根据焊件选用弧焊电源，了解机器人焊接弧焊电源用焊枪的要求、分类及机器人焊接电源的通信方式，学会选用和使用焊枪。

第一节　机器人焊接弧焊电源的特点及要求

一、机器人焊接弧焊电源的特点

弧焊机器人对焊接电源的要求，远比普通焊接对弧焊电源的要求更高，这是由于手工焊接过程中工人可以使用很多灵活的焊接技能和手法，而这些技能和手法目前无法移植到机器人焊接中。例如，在手工焊接中若一次“打不起弧”，则可以立刻开始第二次引弧，而且可以很容易地回到初始焊接的位置，而机器人焊接则很难做到。同样，机器人也无法做到手工焊接时使用的灵活多样化的运条动作和运枪动作。但是实际生产中，对机器人焊接的焊接工程质量的要求不能降低，这就需要采用更合理的焊接设备，来保证机器人弧焊的焊接质量要求。因此，对机器人弧焊电源而言，对弧焊机器人焊接工艺的适用性就成为其设计上需要考虑的重要因素。

因此，机器人焊接弧焊电源需要具有稳定性高、动态性能佳、调节性能好的品质特点，同时需要具备可以与机器人进行通信的接口，此外焊接设备也需要具有专家数据库和全数字化系统。另外，需要配置自动化送丝机，且送丝机可以安装在机器人的肩上。在一些高端配置中，焊接电源需要有进退丝功能，送丝机上也配置点动送丝/送气按钮。

二、机器人焊接弧焊电源的要求

为了满足机器人焊接对焊接质量和生产率的一系列要求，焊接电源除了需要满足电流、电压可调等普通弧焊电源的功能要求外，还需要具备以下工艺性能：引弧电流大小可调节、引弧电流持续时间可调节、弧长修正可调节、电感大小可调节、收弧电流大小可调节、收弧

电流持续时间可调节、回烧修正可设置、电缆补偿可设置、预通气时间可设置、滞后断气时间可设置、引弧/收弧电流衰减可设置，以上这些功能和机器人通信后可以通过机器人来调节。针对一些中高端用户，焊接电源需要具有专家数据库，可以调用JOB号，一般焊接电源可以存储多个JOB号，从而可以调用不同的焊接程序。为了方便一线操作人员使用，降低操作人员对焊接设备的使用难度，可以将焊接电源设计为二元化和一元化并存的形式。

第二节　机器人焊接弧焊电源工艺性能对焊接质量的影响

弧焊电源是向焊接电弧提供电能的一种装置，是弧焊电焊机的核心。弧焊电源的电气特性对焊接质量有至关重要的影响，没有高性能的弧焊电源就不可能完成高质量的焊接。目前，按照弧焊电源输出的焊接电流的波形，可将其分为直流弧焊电源、交流弧焊电源、脉冲弧焊电源和逆变式弧焊电源四种类型。此外，按弧焊电源的控制技术分类，可分为机械式控制、电磁式控制、电子式控制和数字式控制；按电源内部的关键器件分类，可分为交流弧焊变压器、直流弧焊发电机、弧焊整流器和弧焊逆变器等；按弧焊电源的输出特性分类，可分为平（恒压）特性电源、缓降特性电源、垂直陡降（恒流）特性电源及多特性电源等。

机器人焊接弧焊电源具备普通焊接用弧焊电源的上述所有特性。同时，弧焊机器人焊接电源还具有其自身特有的其他特性。尤其是机器人弧焊电源在引弧/收弧过程中，必须能够方便灵活地改变相应的工艺参数，如引弧/收弧电流大小、引弧/收弧电压大小等基本参数，才能获得高质量的焊缝。

引弧/收弧的好坏对焊接过程稳定工作和重复稳定工作有非常直接的影响。引弧不好会在引弧点位置产生多次熄弧而造成飞溅过大或者无法引弧；而收弧不好会在焊丝末端造成结球过大而使下次引弧困难。

一、机器人焊接弧焊电源输出电流特性对焊接质量的影响

机器人焊接过程中，可以通过程序设置，由机器人向弧焊电源发出指令，控制弧焊电源的输出电流特性，包括引弧/收弧电流的大小、引弧/收弧电流的持续时间以及引弧/收弧电流衰减快慢等参数。

1. 机器人焊接引弧/收弧过程分析

要获得熔滴过渡均匀、焊缝成形美观的结果，不但要保证焊接过程的稳定，而且要确保引弧过程的顺畅，这样才能获得高质量的引弧特性，避免出现大段焊丝爆断或者引弧失败的情况。尤其是在机器人焊接过程中，弧焊电源的引弧特性至关重要。

一般情况下，脉冲MIG焊采用接触短路引弧方式。但是接触引弧在短路的瞬间，焊丝与工件之间的接触电阻是不可预测的，它随焊丝及工件状态的不同而变化，焊丝可能在不同的位置爆断，从而产生不同的引弧效果。图1-1为焊丝爆断位置示意图。一般在引弧过程中，短路电流的增加速度很快，*A*点的电阻值较大且下降得很慢，*B*点的电阻值较小（导电嘴接触不良、焊丝打弯会导致*B*点电阻值增加），在焊丝末端较尖（无小球）的条件下，可以保证在短时间内，*A*点的温度迅速升高，焊丝被迅速加热而优先熔断，这种引弧过程的引弧特性好，不会出现大段焊丝爆断的情况，引弧阶段焊缝成形质量好。反之，则会在*B*点附近先熔断，出现大段焊丝爆断的情况，影响引弧阶段的焊缝成形质量。

焊接结束后，焊缝结束部位会存在残留的凹陷，由于凹陷会导致焊缝成形差或者引发焊缝裂纹，为了避免这些问题的出现，在收弧控制上要做收弧填弧坑处理。对于机器人焊接而言，必须提前设定好引弧/收弧参数，这样才能获得良好的焊缝。

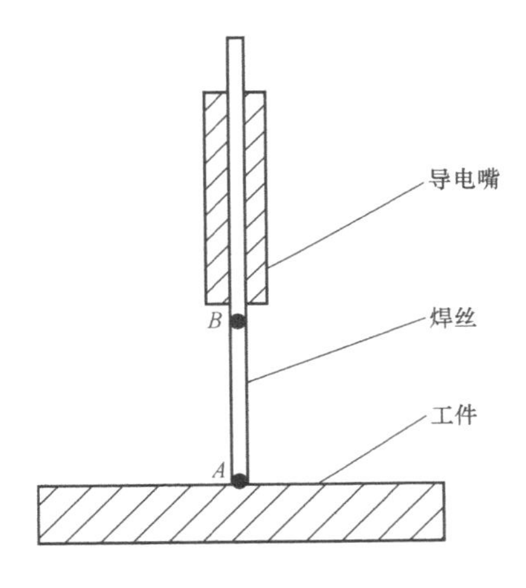

图 1-1 焊丝爆断位置示意图

2. 引弧/收弧参数设置对焊接质量的影响

（1）平对接焊缝引弧/收弧参数设置对焊接质量的影响　一般平对接焊缝在刚引弧时温度相对低，此时设置的引弧电流小、停留时间短，焊缝易偏高、偏窄或产生气孔；在收弧时温度稍偏高，此时设置的收弧电流保持与正常焊接相同，停留时间短或者长，焊缝均易产生过凹或过凸、气孔、裂纹等缺陷，如图 1-2 和图 1-3 所示。因此，编程时应根据焊件厚度及技术要求，设置合适的引弧/收弧轨迹点，结合弧焊机器人焊接电源所具有的引弧/收弧电流大小可调节、引弧/收弧电流持续时间可调节的工艺性能，选择合适的引弧/收弧参数来控制焊接质量。

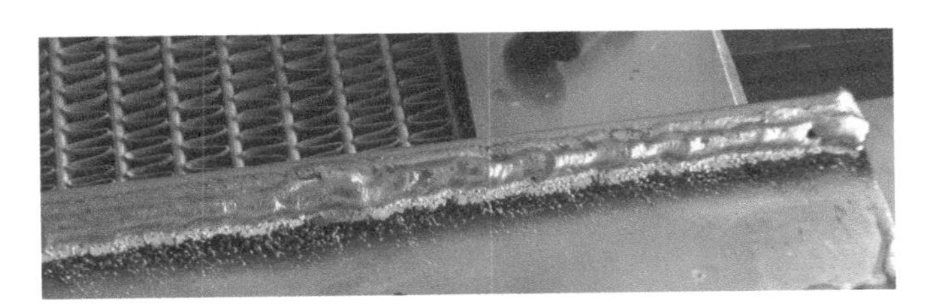

图 1-2 平对接焊缝引弧/收弧处的焊接缺陷（一）

图 1-3 平对接焊缝引弧/收弧处的焊接缺陷（二）

图 1-4 所示为通过设置合适的引弧/收弧点，选用合适的引弧/收弧电流大小和持续时间，得到的高质量焊缝。

（2）T 形接头角焊缝引弧/收弧参数设置对焊接质量的影响　图 1-5a 所示为方形框工件的 T 形接头角焊缝偏窄、过凸而不美观、未熔合缺陷，原因是刚引弧时该处散热快，温度偏低，而编程时设置的引弧电流与正常焊接电流相同、停留时间短，从而出现了焊缝偏窄、过凸，不便于收弧的连接接头。图 1-5b 所示为焊缝产生收弧凹坑，原因是收弧时设置的电流与正常焊接电流相同、停留时间长。

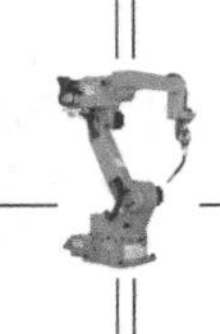

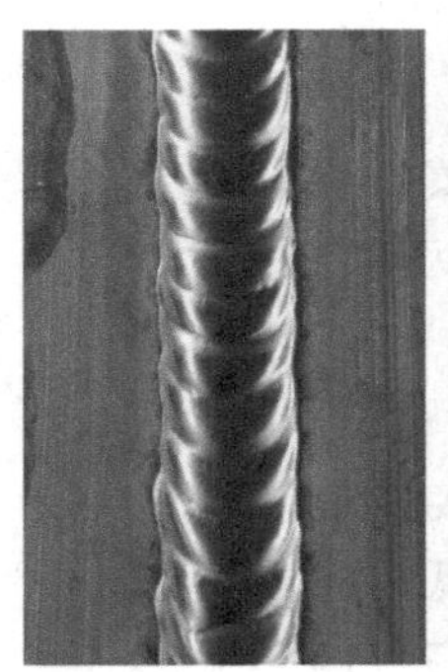
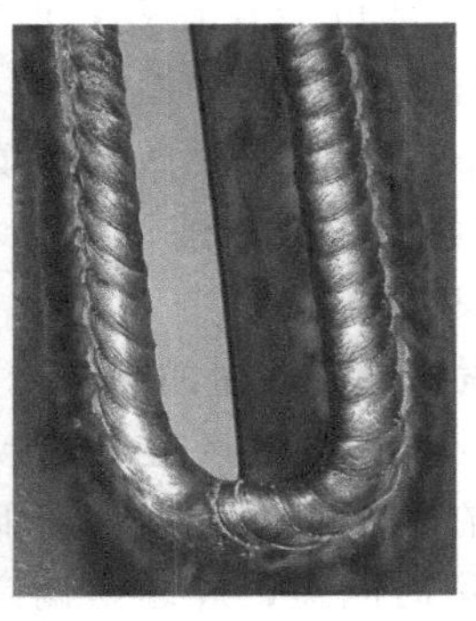

图 1-4　合理设置引弧/收弧参数得到的高质量平对接焊缝

编程时，应结合焊件技术要求，从机器人焊接工艺的角度考虑焊件厚度、坡口、接头形式等，设置合适的引弧/收弧点，根据弧焊机器人焊接电源具有的工艺性能，选择合适的引弧/收弧参数，或者通过调试确定焊接参数，控制焊接质量。

a)

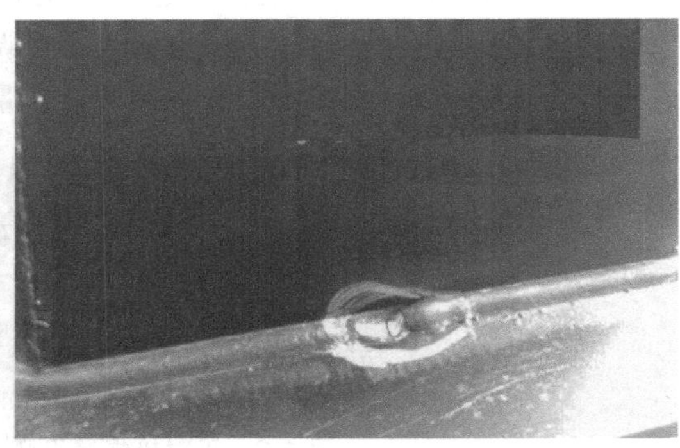

b)

图 1-5　T 形接头角焊缝引弧/收弧处的焊接缺陷

图 1-6　高质量的 T 形接头角焊缝

（3）立内、外角顶、底部焊缝引弧/收弧参数设置对焊接质量的影响　在立角顶部位置选用正常焊接电流引弧时温度相对偏低，易产生未熔合、气孔等缺陷，编程时应考虑设置合适的起焊点及调试选择合适的引弧参数。立角底部位置接近收弧时温度相对偏高，易产生焊瘤、未熔合、气孔等缺陷。

对焊接技术要求高的情况下，编程时应考虑焊接结束前增设点为收弧做准备，同时调试选择收弧参数。容器立外角焊缝实例如图 1-7 所示。

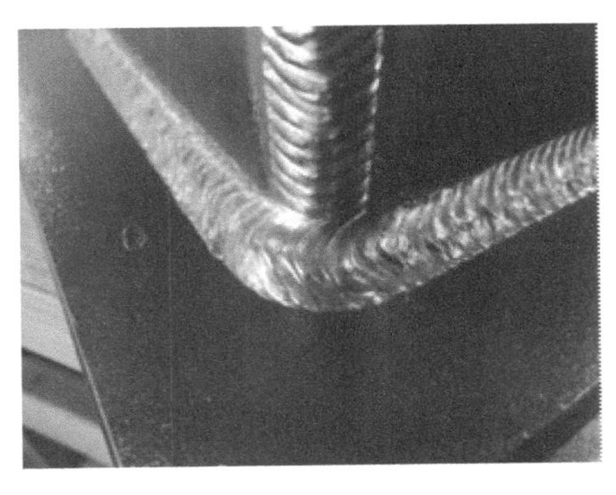

图 1-7　容器立外角焊缝实例

（4）角接焊缝引弧/收弧参数设置对焊接质量的影响　图 1-8 所示试件为典型的角接焊缝。在试件上端方形板块的角焊缝接头处，若焊接参数设置得不合理，则很容易产生焊缝偏高、凹坑、未熔合、下塌等缺陷。因此，编程时应考虑起焊处焊缝要平滑，起焊点需要选择合适的引弧参数，结尾设点要合适，收弧时要试选择合适的焊接参数。

图 1-8　角接焊缝引弧/收弧参数设置

（5）角接头 90°拐角焊接参数设置对焊接质量的影响（图 1-9）　对于薄板，90°拐角焊缝编程时需要采用圆弧插补功能，若设点不合适或焊接速度稍慢，则会产生焊缝下塌缺陷。

图 1-9　角接头 90°拐角焊缝

编程时应考虑在90°拐角前约20mm处增设点，选择合适的焊接参数，同时圆弧插补功能应合理设点并选择稍快的焊接速度及稍大的焊枪角度。

（6）T形接头90°拐角焊接参数设置对焊接质量的影响（图1-10） 焊接T形接头90°拐角焊缝时易产生脱节、未熔合、下焊脚偏大等缺陷。编程时应考虑圆弧插补功能设置合适的位置点、焊枪角度、焊接参数、焊接速度。

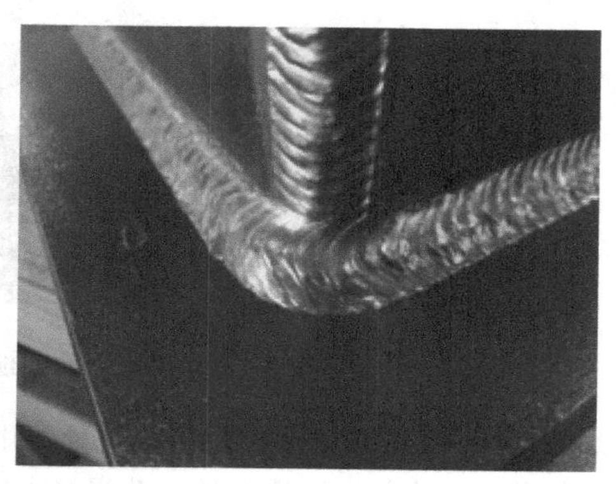

图1-10 T形接头90°拐角焊缝

（7）相贯线接管焊接参数设置对焊接质量的影响 上坡、下坡焊缝焊接时，铁液受重力的作用向下流，易在焊缝底部堆积而产生未熔合等缺陷，影响了焊缝质量和表面成形。编程时应考虑铁液下流的影响，选取圆弧插补，在上坡、下坡轨迹点处选取合适的焊枪角度、焊接参数，以控制焊缝质量，如图1-11所示。

图1-11 相贯线接管焊缝

二、机器人焊接弧焊电源输出电感特性对焊接质量的影响

为了获得良好的焊缝成形质量，希望焊接电流、电压的静态偏差越小越好，即要求焊接参数稳定。而电源的外特性曲线影响着焊接参数的稳定性。因此，在选择电源外特性时，不仅要考虑“电源-电弧”系统的稳定性，还要结合各种弧焊的特点，考虑焊接参数的稳定性。除此之外，外特性还与飞溅率有关。

试验证明，垂直陡降外特性电源的飞溅率最低，并且均为1mm以下的小颗粒飞溅。飞

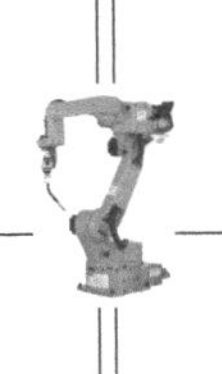

溅随短路电流外拖量的增加而明显增大，当外拖量为100%时，飞溅达到最大值。

1. 调节特性对焊接质量的影响

弧焊电源输出电流或电压的调节是通过调节电源的外特性来实现的。为了保证焊接质量，必须根据实际的焊接材料、板厚、结构和位置来调节焊机的负载电压和焊接电流。若调节范围太窄或精度不足，则焊机将难以调节到合适的参数，从而会导致焊接缺陷的产生。例如，电压、电流过大将造成咬边；电流过小将造成未焊透；电流过大则会导致焊穿等。

2. 动态特性对焊接质量的影响

把直流焊机在焊接过程中的使用性能称为焊接适应性。这种焊接适应性反映了在使用碱性焊条时，其电弧的稳定程度、飞溅量的大小、引弧性能的好坏及电弧恢复能力等性能。焊机的外特性、动态特性对焊接时的适应性影响很大。一般焊机当空载电压与稳定短路电流在正常范围内时，其动特性直接影响焊接适应性。

第三节 机器人焊接用弧焊电源

焊接电源是机器人焊接系统的重要组成部分。机器人焊接对弧焊电源系统的要求包括焊接电弧的抗磁偏吹能力，焊接电弧的引弧成功率，熔化极弧焊电源的焊缝成形问题，机器人与弧焊电源的通信问题，机器人对自动送丝的要求，机器人对所配置焊枪的要求。同时，在机器人焊接用弧焊电源中，使用最多的是非熔化极惰性气体钨极保护焊（Tungsten Insert Gas Welding，TIG焊）电源和熔化极弧焊电源两大类。本节将对这两类应用最广的机器人焊接用弧焊电源进行介绍。

一、TIG焊电源

1. TIG焊电源的分类

TIG焊电源的分类方法有很多种。按输出特性不同，可分为直流、交流和脉冲TIG焊电源三种；按所用电源的送丝方式和种类不同，可分为单丝、双丝和热丝三种。

（1）按照输出特性分类

1）直流TIG焊电源有旋转式弧焊发电机、磁放大器式弧焊整流器、可控硅弧焊整流器、晶体管电源、逆变电源等几种。直流电没有极性变化，电弧燃烧很稳定。按照直流TIG焊电源的连接方式，可分为直流正接和直流反接两种。采用直流正接时，电弧燃烧的稳定性更好。

2）交流TIG焊电源又可分为正弦波交流电源及方波交流电源两种。

早期的交流TIG焊电源直接采用交流变压器，焊接电流波形为正弦波。由于钨极与铝合金工件发射电子的能力差异很大，因此正弦波正负半波的电弧电压不同，造成焊接电流波形正负半波不对称，从而产生了直流分量。该直流分量对变压器的正常工作有一定的影响，一般需要在变压器二次侧串联电容器组来消除直流分量。同时，由于采用50Hz正弦波交流电焊接时，电流、电压会有100次的过零点，就会有100次的电弧熄灭和电弧再引燃过程，因此在过零点处都必须加稳弧高压脉冲来再引燃电弧，以保证电弧燃烧的连续性。

随着大功率半导体器件、电源逆变技术、数字控制技术的发展，交流TIG焊电源发生了巨大变化，同时也促进了新的交流TIG焊工艺的发展。采用方波交流电源，电流极性转换时

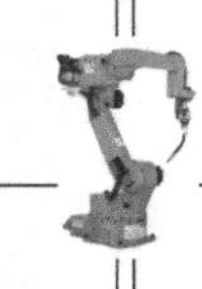

过零速度快，可以很好地解决上述问题。

根据获得交流方波的原理不同，可以将交流方波弧焊电源分为以下两种类型：

① 晶闸管加直流电抗器式。极性变换时，电流上升速度一般可达 120A/100μs，但电流下限值较大。

② 逆变式。极性变换时，电流上升速度一般可达 100A/20μs，焊接电弧稳定。

3）脉冲 TIG 焊电源按获得脉冲电流所用的主要器件不同，可分为以下几种：

① 单相整流式脉冲 TIG 焊电源。它利用晶体管单相半波或单相全波整流电路来获得脉冲电流。

② 磁饱和电抗器式脉冲 TIG 焊电源。它是在普通磁饱和电抗器式 TIG 焊整流器的基础上发展而来的，按获得脉冲电流的方式不同又可分为阻抗不平衡型和脉冲励磁型两种。

③ 晶闸管式脉冲 TIG 焊电源。它是在普通弧焊整流器的交流侧或直流侧接入大功率晶闸管断续器而构成的，按构成方式不同又可分为交流断续器式和直流断续器式两种。

④ 晶体管式脉冲 TIG 焊电源。它是在焊接主电路中接入大功率晶体管，起电子开关或可控电阻的作用，从而获得脉冲电流的。

直流脉冲 TIG 焊作为一种先进的焊接工艺方法在工程中的应用越来越普遍。研究表明，在自由电弧的基础上加入高频脉冲电流可提高电弧稳定性，促进焊缝晶粒细化，提高接头力学性能，有利于改善焊接质量。直流双脉冲 TIG 焊又可以称为高频脉冲加低频调制 TIG 焊，兼顾了高频、低频脉冲焊接的特点，特别适用于薄板、高速、单面焊双面成形以及全位置焊接。

低频脉冲、高频脉冲、双脉冲焊接波形可以采用电子控制电路在晶体管式弧焊电源、绝缘栅双极型晶体管（Insulated Gate Bipolar Transistor，IGBT）式逆变弧焊电源等电子控制弧焊电源中实现。而采用数字控制技术，通过软件编程可使其实现变得更加方便。该控制方法采用的是开环控制，将焊接电流的给定量改为脉冲量即可。

（2）按照送丝方式分类

1）单丝 TIG 焊。单丝 TIG 焊时，由于使用的电流密度较小以及氩气的热导率小，电弧基本不受压缩，电弧的静特性是水平的，根据电弧静特性对电源外特性的要求，不论采用交流电源还是直流电源，都应该采用下降外特性的电源。因为 TIG 焊时，弧长的微小变化都会引起焊接电源产生很大的波动，所以 TIG 焊时最理想的情况是采用垂直陡降外特性的电源（如磁放大器式硅弧焊整流器），它可以消除由弧长变化引起的电流波动。

2）双丝 TIG 焊。双弧双丝 TIG 焊存在双电源的问题，一般双电源分为双直流、前直流后交流或者双交流等配置方式，但在实际应用中，采用双直流电源时容易产生电磁干扰。因此，主要以前直流后交流配置方式为主，即前面一根丝通直流电，低电压、大电流，主要要求大熔深；后面一根丝通交流电，利用交流电源焊缝成形比较平滑的特性，来形成良好的焊缝表面成形。

双交流电源的情况比较少见，因为交流电在电流较大时会产生严重的磁偏吹现象。

3）热丝 TIG 焊。热丝 TIG 焊是在传统 TIG 焊的基础上发展起来的一种优质、高效、节能的焊接新工艺。其中，单电源脉冲热丝 TIG 焊已成为热丝 TIG 焊的发展趋势。传统的 TIG 焊由于其电极的载流能力有限，电弧功率受到限制，焊缝熔深小，焊接速度慢，尤其是对于中等厚度的焊接结构，需要开坡口和多层焊，因此其应用受到了一定限制。多年来，许多研

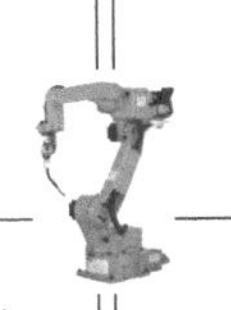

究都集中在如何提高TIG焊的焊接效率。热丝TIG焊是一种优质、高效的焊接工艺，它加快了填充丝的熔化速度，提高了熔敷率，调整了焊接熔池的热输入量，降低了母材的稀释率，扩大了焊接工艺方法的适应性和应用范围，具有较高的经济价值。目前，热丝TIG焊已在锅炉、压力容器、高压管道、海洋采油装备、石油化工装置、航空航天工程和军械制造等高端工业部门中被用于碳钢、低合金钢、高合金钢、不锈钢和镍基合金等重要焊接部件的焊接。

热丝TIG焊机由氩弧焊电源、预热焊丝的附加电源、送丝机构以及控制协调以上三部分的控制电路组成。传统的热丝TIG焊电源均采用双电源，即将氩弧焊电源和预热焊丝的附加电源分开，氩弧焊电源用于控制TIG焊的焊接过程，预热焊丝的附加电源用于加热焊丝，两者相互独立，分别控制。采用双电源热丝TIG焊电源，由于焊接过程中的参数与热丝参数需要分别调节，焊接过程的不稳定性会使焊接参数发生实时变化，而热丝参数并未发生相应的变化，不容易实现热丝电源与氩弧焊电源的脉冲同步，从而不利于焊缝成形。而采用单电源可以很好地解决这些问题。因此，单电源脉冲热丝TIG焊电源代表了热丝TIG焊电源的发展方向。

单电源热丝TIG焊电源，即氩弧焊电源和预热焊丝的附加电源是一个整体。为了获得稳定的焊接过程，主电源可采用低频脉冲电源。在基值电流期间，向填充焊丝通入预热电流以加热焊丝；脉冲电流期间则熔化焊丝。这种方法不仅可以减小磁偏吹，还可以减小热输入量，同时，脉冲电流的频率可以提高到100Hz左右。单电源脉冲热丝TIG焊电源在主电路中采用可切换的开关管，使弧焊电源在满足焊接要求的同时，也满足了热丝电源的要求。弧焊电源采用较为常用的AC→DC→AC→DC逆变模式。主电路主要由四部分组成：整流电路、逆变电路、高频变压器、焊丝加热电路。其工作过程为：电网中的三相交流电首先经整流桥整流为脉动直流电，经电容滤波后变成平滑直流电，再经开关管的轮流导通逆变成高频方波交流电；经高频变压器降压后，由输出整流器整流及电抗器滤波输出为直流脉冲，一部分电流供给电弧，另一部分电流用于加热焊丝。在基值电流期间，加热焊丝的同时维持电弧；在脉冲电流期间，电流则只用于TIG焊。

2. TIG焊电源的选用原则

影响TIG焊电弧稳定燃烧及焊接质量的主要焊接参数是电流。为了减少焊接中电弧弧长变化对焊接电流大小的影响，宜采用陡降外特性或恒流外特性的交流弧焊电源或直流弧焊电源。弧焊电源的空载电压一般为65~80V。焊接铝、镁及其合金时，为清除氧化膜并减轻钨电极的烧损，应采用交流弧焊电源，如弧焊变压器，最好采用矩形波交流弧焊电源；焊接其他材料时，最好采用直流弧焊电源，如弧焊逆变器、弧焊整流器，且采用直流正接可减轻钨电极的烧损。

对于要求较高的钨极氩弧焊，应选用晶体管式、逆变式脉冲弧焊电源以及数字化弧焊电源。

二、熔化极弧焊电源

1. 熔化极弧焊电源的分类

与TIG焊电源的分类方法类似，按输出特性不同，熔化极弧焊电源可分为直流、交流和脉冲三种；按所用电源的送丝方式不同，可分为单丝和双丝两种。

（1）交流、直流类熔化极弧焊电源　目前，常用的直流类熔化极弧焊电源有磁放大器

式弧焊整流器、晶闸管弧焊整流器、晶体管式、逆变式等几种。一般不使用交流类熔化极弧焊电源。

利用细焊丝（<ϕ1.6mm）焊接低碳钢、低合金钢及不锈钢时，一般采用平特性或缓降特性的电源，配以等速送丝式送丝机构。这种匹配的优点是，当弧长发生变化时可引起较大的电流变化，电弧自动调节作用强，能够很好地保证弧长的稳定性；同时，调节参数方便，通过改变送丝速度可调节电流，改变电源的外特性可调节电压。实际应用的平特性电源并不是真正的平特性电源，其外特性均有一定的倾斜率，但一般不大于5V/100A。这种匹配方式的熔化极弧焊设备适用于薄板及中厚度板的焊接。

利用亚射流过渡工艺焊接铝及铝合金时，一般采用恒流特性的电源，配以等速送丝式送丝机构，依靠电弧的固有自调节作用来保证弧长的稳定性。使用该类设备焊接时的最大优点是，焊缝成形及熔深非常均匀。

利用粗焊丝（>ϕ2.0mm）进行熔化极氩弧焊时，电弧的自调节作用很弱。为了保证弧长自动调节的精度及灵敏度，一般采用均匀送丝（弧压反馈）式送丝机构，配以陡降特性或垂直特性的电源，依靠弧压反馈调节作用来保证弧长的稳定性。这种均匀送丝熔化极氩弧焊设备通常用于中厚度板及大厚度板的焊接。这种焊接设备的优点是焊接速度快、效率高、焊接成本低、焊缝质量高。

（2）恒流、脉冲类熔化极弧焊电源　目前，熔化极脉冲弧焊采用的脉冲电源主要有单相整流式脉冲弧焊电源、磁放大器式脉冲弧焊电源、晶闸管式脉冲弧焊电源及IGBT逆变式脉冲弧焊电源等。利用IGBT逆变式脉冲弧焊电源时，基值电流及脉冲电流分别由不同的电源提供，提供基值电流的电源称为维弧电源，而提供脉冲电流的电源称为脉冲电源。

根据操作方式不同，熔化极脉冲弧焊设备可分为半机械化熔化极脉冲弧焊设备及机械化熔化极脉冲弧焊设备两类。

脉冲熔化极惰性气体保护焊（Metal Insert Gas Welding，MIG焊）的应用范围越来越广泛，这是因为采用脉冲MIG焊，即使是在平均焊接电流较小的情况下，也可以实现高效的熔滴喷射过渡，从而可以实现薄板高速焊接。

（3）单丝、双丝熔化极弧焊电源　为了提高焊接效率，更多地采用多丝焊，目前最常用的是双丝MIG焊/熔化极活性气体保护电弧焊（Metal Active Gas Arc Welding，MAG焊）。其中，TANDEM双丝MIG焊/MAG焊技术，在焊接2~3mm厚的薄板时，焊接速度可以达到7m/min；焊接8mm以上的厚板时，焊接熔敷率可以达到30kg/h。该工艺方法可以用于碳钢、低合金钢、不锈钢、铝合金等材料的焊接。

TANDEM双丝焊的两台弧焊机设定为主从模式，用协同控制器控制两台焊机输出交替脉冲电流。两根焊丝的送丝方式通常采用等速送丝，两个电弧采用脉冲电流控制。要保证两个电弧之间互不干扰，两个脉冲电流的脉冲波形可以有如下三种组合类型：①同频率，同相位；②同频率，相位差可调；③不同频率，相位任意。

与单丝单弧熔化极氩弧焊比较，双丝焊能够显著提高熔敷效率和焊接速度，从而可提高焊接生产率；而且其热输入较低，焊接飞溅小，焊接变形小，耗气量少。

2. 熔化极弧焊电源的选用原则

熔化极气体保护焊通常采用抽头式弧焊整流器、晶闸管式弧焊整流器、弧焊逆变电源，通常额定电流为15~500A，空载电压为55~80V（注：不是工作电压），负载持续率为

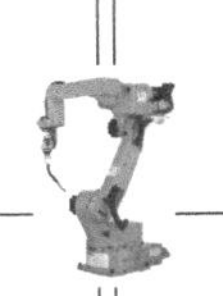

60%~100%，MAG焊一般选用直流弧焊电源，接线方式是直流正极性，MIG焊一般选用脉冲弧焊电源。

等速送丝的熔化极氩弧焊应选用平特性的弧焊整流器或弧焊逆变器；变速送丝的熔化极氩弧焊应选用下降特性的弧焊整流器或弧焊逆变器；铝及其合金的熔化极氩弧焊应选用方波或变极性交流弧焊电源；在一些重要的结构或焊接质量要求比较高的工程结构中，更多地采用具有脉冲功能、波形控制功能的数字化弧焊电源。

第四节　电阻焊及其他电源

电阻焊的主要工艺方法包括电阻点焊、电阻凸焊、电阻缝焊、电阻对焊和闪光对焊，这些方法在汽车行业中有着广泛的应用，尤其是电阻点焊占汽车焊接量的80%以上。这些焊接方法的特点是在形成焊接接头的过程中，必须向接头提供大的焊接电流，同时也需要向接头施加压力。

一、电阻焊电源

1. 电阻焊电源的分类

根据电阻焊的基本原理及工艺要求，电阻焊电源需要具有以下特点：输出大电流、低电压；电源功率大且可调节；一般无空载运行，负载持续率低；可采取多种供电方式。

电阻焊电源的供电方式包括单相工频交流、三相低频、二次（级）整流和逆变式等。而供电方式的选择需要根据被焊材料的性质、被焊工件的焊接工艺要求等多方面的因素进行考虑。以下对几种常用供电方式的电阻焊电源进行简要介绍。

（1）单相工频交流电阻焊电源　单相工频交流电源是所有电阻焊电源中应用最为广泛的一种电源。它一般由单相AC 380V电网供电，流经主电力开关及功率调节器输入焊接变压器的一次绕组，再经过焊接变压器降压从其二次绕组输出大电流，进而用于焊接工作。它的电气框图和焊接电流波形如图1-12所示。

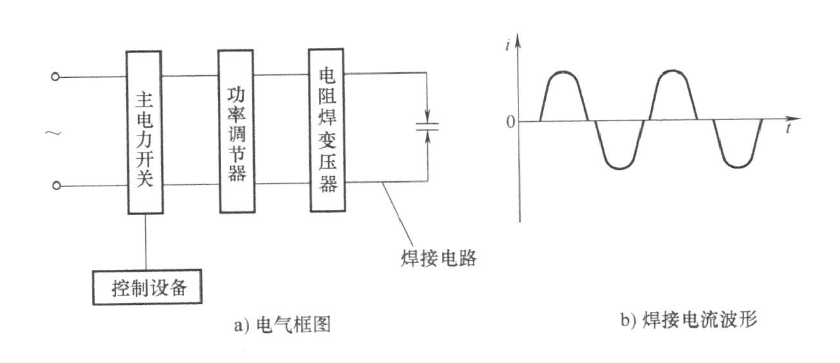

a) 电气框图　　b) 焊接电流波形

图1-12　单相工频交流电阻焊电源的电气框图和焊接电流波形

单相工频交流电阻焊电源的通用性较强，设备投资和维修费用较低，而且控制简单、容易调整。但由于这种电源使用单相380V电网，且焊接通电时间短，瞬时功率大，因此会对电网产生很大的冲击，同时会导致电网品质恶化，进而影响其他用电设备的正常工作。此外，这种电源焊接电路的电抗较大，功率因数低。

单相工频交流电阻焊电源可以用于电焊机、凸焊机、缝焊机，也可用于对焊机。这种电源一般用于焊接电阻率较大的材料，如碳钢、不锈钢、耐热钢等，但不能要求焊机有较大的焊接电路，且焊接电路内应尽量避免伸入磁性物质，因为这些都会使得焊接电路阻抗增加，从而使焊接电流变小。

（2）三相低频电阻焊电源　三相低频电阻焊电源采用三相电网供电，而焊接频率低于工频 50Hz（一般为 15~20Hz 或更低）。此类焊接电源的电气原理图和焊接电流波形如图 1-13所示。

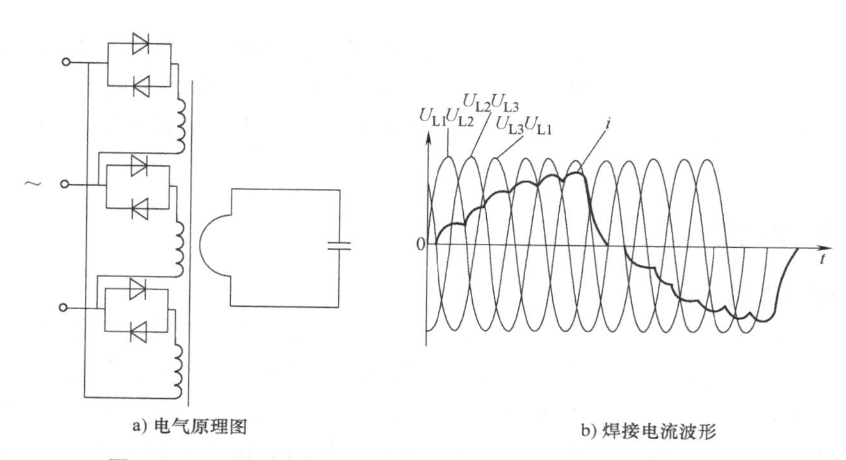

a) 电气原理图　　b) 焊接电流波形

图 1-13　三相低频电阻焊电源的电气原理图和焊接电流波形

从图 1-13 中可以看出，在主电路结构上，采用了一个特殊的焊接变压器，这个变压器带有三个相同的一次绕组和一个二次绕组，安装在同一铁心柱上，且变压器的铁心截面较大：另一方面，变压器的一次绕组与一组可控的三相开关兼整流管连成三角形电路。

三相低频电阻焊电源因为采用三相电网供电，使电网负荷均匀；同时功率因数也提高至 0.85 以上，降低了焊接过程中的功率损耗；三相低频焊接电源输出缓升缓降波形的焊接电流，此种波形的电流焊接工艺性好，易于调节。但是，三相低频电阻焊电源也存在一定的缺点，如由于是低频焊接，因此焊接生产率较低。

三相低频电阻焊电源可用于焊接碳钢、不锈钢、非铁金属、耐热合金等多种材料，并且通常用于焊接质量要求较高的航空航天结构件，也可用于大厚度钢件的点焊及缝焊以及大截面尺寸零件的闪光对焊。

（3）二次整流电阻焊电源　二次整流电阻焊电源是在电阻焊变压器的二次绕组输出端加入大功率整流管，将电阻焊变压器输出的交流电整流为直流电用于焊接。其电气框图和焊接电流波形如图 1-14 所示。

二次整流电阻焊机的主电路有三种基本形式：单相全波整流、三相半波整流和三相全波整流，其电气原理如图 1-15 所示。

单相全波整流焊机采用二次绕组有中心抽头的单相变压器加上全波整流器。三相半波整流焊机可以采用单个三柱式三相变压器，三个二次绕组与三个整流管相连后形成星形联结。

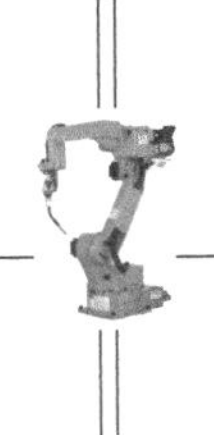

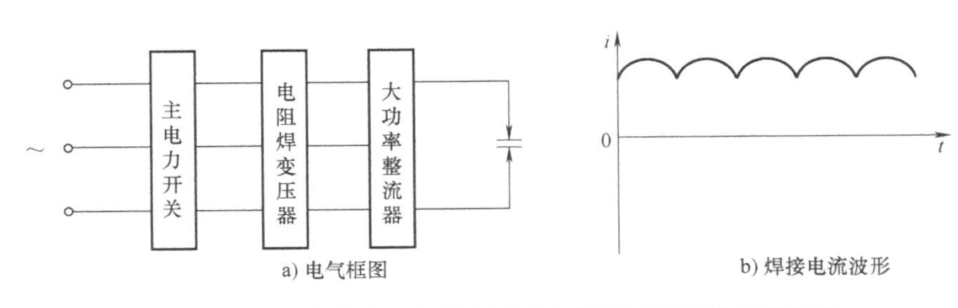

a) 电气框图　　b) 焊接电流波形

图 1-14　二次整流电阻焊电源的电气框图和焊接电流波形

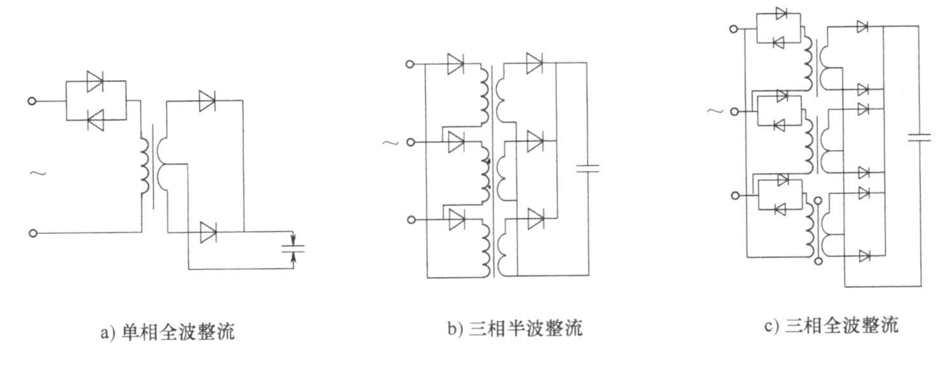

a) 单相全波整流　　b) 三相半波整流　　c) 三相全波整流

图 1-15　二次整流电阻焊机的电气原理图

三相全波整流焊机可以采用三只相同的单相变压器，二次绕组按单相全波整流方法与六组整流管相连，该系统相当于三个简单的单相系统组合而成；也可以采用一个单独的三相变压器，使两组二次绕组形成反星形联结。

二次整流电阻焊电源的输入功率低，功率因数大，可以达到 0.8~0.9；三相负载均衡，对供电电网冲击小；焊接电流大小不受焊机臂包围面积增大及二次回路内伸入磁性物质的影响；焊接电流不过零，焊接区温度上升快，因此能用于焊接导热性好的轻合金材料。此外，二次整流电阻焊电源在用于缝焊时能大大提高焊接速度，不受交流频率的影响。但是，二次整流焊机需要大功率整流管，而整流管的价格高、体积大，且焊接变压器的利用系数低，尺寸较大，前期投资高。

二次整流焊机的通用性很强，可用于点焊、凸焊、缝焊和对焊等各种电阻焊方法，并且可用于焊接各类金属材料。主要应用于大型构件、厚板的点焊、缝焊、凸焊，也可用于铝合金、黄铜、钛合金等导电性、导热性好的材料的点焊、缝焊，还可用于较薄板材的高速连续缝焊以及大型截面焊件的对焊。

（4）逆变式电阻焊电源　逆变式电阻焊电源的基本原理：从电网输入的三相交流电经桥式整流和滤波后得到较平稳的直流电，经逆变器逆变产生中频交流电（f=600~1000Hz），再向电阻焊变压器馈电，电阻焊变压器二次输出的低电压交流电经单相全波整流后产生脉动很小的直流电用于焊接。逆变式电阻焊机通常是用脉宽调制（PWM）方法调节焊接电流的。逆变式焊机的电气原理图如图 1-16 所示。

逆变式电阻焊机使用三相交流电网，保证了三相负荷的均衡；采用二次整流，使功率因

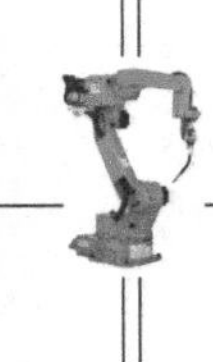

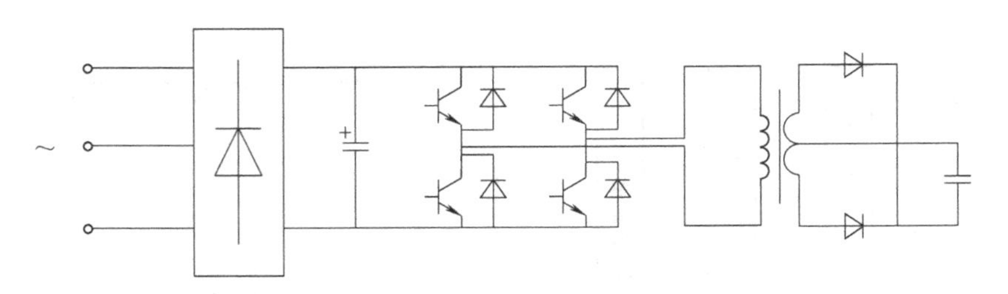

图 1-16　逆变式焊机的电气原理图

数得到提高；由于电阻焊变压器一次侧输入频率较高的交流电，变压器的体积和质量可大大减小，响应速度快，容易实现稳定的恒流控制；焊接电流为直流，热效率高，节能效果好。

2. 电阻焊电源的选用原则

根据点焊工件的结构类型、材料类型和板厚特点、尺寸以及焊点的分布状态和尺寸等复杂因素，通用电阻点焊机可以选用工频交流电源、电容储能式电源、二次整流电源和逆变式电源。

对于厚度不太大的低碳钢、不锈钢等，通常选用工频交流电阻焊电源即可。对于铝合金、耐热合金等材料，或者大厚度钢板等，最好选用二次整流或三相低频电阻焊电源。而对于仪表、电器等小型结构件的点焊，通常采用电容储能式电阻焊电源，使其热量集中，且对焊接区周围的热影响小。而对于机器人电阻焊，一般选用逆变式电阻焊电源，能够更进一步保证点焊质量。

在确定了电阻焊电源的种类后，还需要确定相应的电源功率。电阻焊机的相关国家标准规定，点焊电源的额定视在功率等级分为 5、10、16、25、40、63、80、100、125、160、200、250、315、400（注：单位为 kV · A）。移动式点焊机的额定视在功率一般不超过160kVA。通常按照被焊材料、板厚等来选择点焊电源的功率：低碳钢薄板（厚度在 2mm 以下）的点焊，宜选用 50kV · A 以下的点焊电源。但是，随着钢板厚度的增加，如板厚在5mm 以上，则需要选用 200kV · A 以上的点焊电源。点焊铝合金所需要的点焊电源的功率是点焊同样厚度钢板所需功率的 2~3 倍。

此外，在额定视在功率相同的情况下，点焊机的臂长越大，则输出的焊接功率越低。因此，在满足焊件结构焊接位置要求的基础上，应尽量选用臂长小的焊机，以便充分利用点焊电源的输入功率。

选择点焊电源功率时，除考虑材料的性质和厚度外，还应考虑焊接速度。连续点焊速度增加，其电源功率也需要相应增加。

电阻焊电源的选用可以参考表 1-1。

表 1-1　电阻焊电源的选用

类　型	特　点	适 用 范 围
单相工频交流电阻焊机	通用性强，控制简单，安装、维修容易，初始成本低，电流脉冲大小和波形容易调整，但功率因数低（通常在 0.4 左右），易造成电网不平衡，使功率受到一定的限制	广泛应用于各种钢件的点焊、缝焊、凸焊和对焊，个别情况下也可用于轻合金的焊接；点焊机和缝焊机的功率一般在 300kV · A 以下，凸焊机和对焊机在 1000kV · A 以下

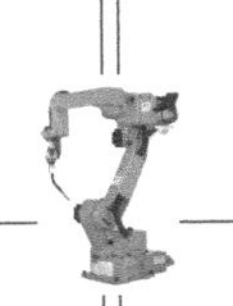

（续）

类　型	特　点	适用范围
二次整流电阻焊机	功率大，焊接电流波形工艺适应性强，三相负载均衡，功率因数高	适用于各种金属材料的点焊、凸焊和缝焊
直流冲击波电阻焊机	功率大，功率因数高，三相电网平衡，但是电流波形不容易调整	主要用于铝合金、镁合金、铜合金、低碳钢的点焊、滚点焊和步进缝焊
三相低频电阻焊机	功率大，功率因数高，三相电网平衡，可获得单、多脉冲规范，但生产率低	用于焊接大厚度的钢铁材料（可用多脉冲规范）以及铝合金、镁合金（只能用单脉冲规范）等
电容储能式电阻焊机	从电网取用，瞬时功率低，功率因数高，电流波形陡，但不容易调节	用于同种或异种金属的薄件、箔材及线材等的精密焊接，包括点焊、凸焊、T形焊、缝焊、电阻对焊和冲击闪光对焊等
逆变式电阻焊机	控制精度高、工艺优势明显，三相电网平衡、体积小、质量小、节能，但焊机售价高	适用于各种金属材料和各种电阻焊方法，尤其是在点焊机器人和汽车焊接线上优势明显

二、机器人焊接用其他电源

1. 等离子电源

等离子弧焊是通过高度集中的等离子束流获得必要的熔化母材能量的焊接过程。等离子体具有较好的导电能力、极高的温度和导热性，且能量高度集中，因而对熔化一些难熔的材料（如不锈钢和非金属材料）非常有利，是一种很有发展前途的先进焊接工艺。

普通焊接电弧的弧柱中心实际上就是等离子体，而等离子弧焊所使用的等离子体是经过“压缩”的电弧。电弧经过压缩，弧柱截面积缩小，电流密度增大，电离程度提高。因此，等离子体又称为“压缩电弧”或等离子弧。

以前所说的电弧，由于未受到外界的约束，故称为自由电弧。电弧区内的气体是未被充分电离的，能量不能高度集中。为了提高弧柱的温度，可以增大电弧电流和电压，但是，由于弧柱直径与电弧电流和电压成正比，因而弧柱中的电流密度近乎等于常数，其温度也就被限制在5000~6000℃范围内。如果对自由电弧的弧柱进行强迫“压缩”，则能获得导电截面收缩得比较小而能量更加集中的电弧——等离子弧。这种强迫压缩的作用称为“压缩效应”。使弧柱产生“压缩效应”有如下三种形式：机械压缩效应、热收缩效应和磁收缩效应。

（1）机械压缩效应　如图1-17a所示，在钨极（负极）和工件（正极）之间加上一个较高的电压，通过激发使气体电离形成电弧。此时，若弧柱通过具有特殊孔形的喷嘴，并同时送入一定压力的工作气体，使弧柱强迫通过细孔道，弧柱便受到了机械压缩，其截面积缩小，这就是机械压缩效应。

（2）热收缩效应　若电弧通过水冷却的喷嘴，同时又受到外部不断送来的高速冷却气流（如氮气、氩气等）的冷却作用，使弧柱外围受到强烈冷却，则其外围电离度将大大减弱，电弧电流只能从弧柱中心通过，即导电截面积进一步缩小，这时电流密度急剧增加，这种作用称为热收缩效应，如图1-17b所示。

（3）磁收缩效应　带电粒子在弧柱内的运动可看成是电流在一束平行的“导线”内移动。由于这些“导线”自身的磁场所产生的电磁力使这些“导线”相互吸引，因此产生了

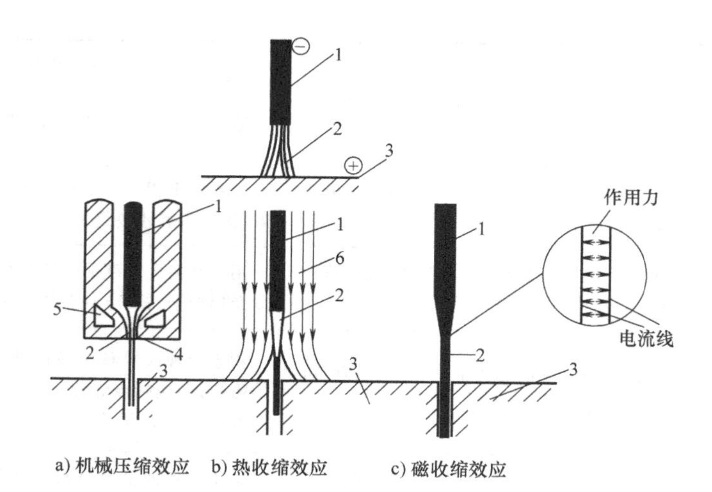

图 1-17 等离子弧的压缩效应

1—钨极 2—电弧 3—工件 4—喷嘴 5—冷却水 6—冷却气流

磁收缩效应。由于前述两种收缩效应已经使电弧中心的电流密度很大，使得磁收缩效应明显增强，从而使电弧更进一步受到压缩，如图 1-17c 所示。

在以上三种效应的共同作用下，弧柱被压缩到很细的范围内，弧柱内的气体得到了高度的电离，温度也达到了极高的程度，使电弧成为稳定的等离子弧。

等离子弧的产生，在生产中是通过如图 1-18 所示的发生装置来实现的。即先通过高频振荡器激发气体电离形成电弧，然后在上述压缩效应的作用下形成等离子弧弧焰。

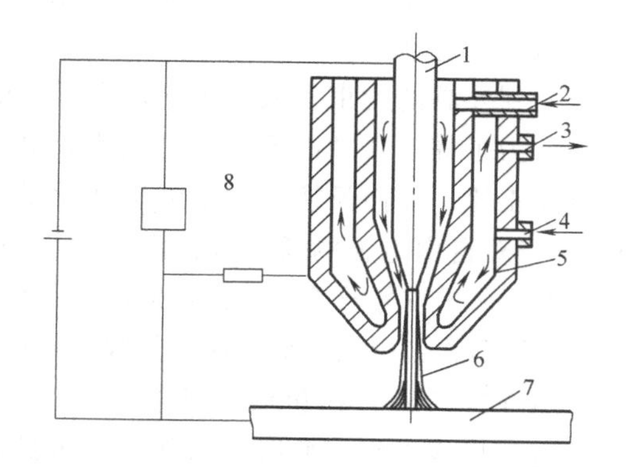

图 1-18 等离子弧发生装置原理图

1—钨极 2—进气管 3—出水管 4—进水管 5—喷嘴
6—弧焰 7—工件 8—高频振荡器

2. 等离子弧焊系统

等离子弧焊系统由焊接电源、调节和控制机构、焊枪和气体以及冷却水供应设备等组成，如图 1-19 所示。主电弧的焊接电源采用陡降的和垂直下降的静态特性曲线。电流强度用可编程序控制装置控制，类似于钨极氩弧焊焊机。

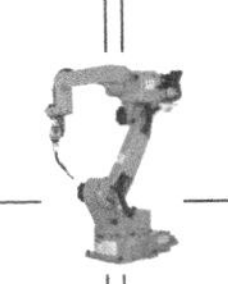

当钨极接负极时，在钨极和水冷铜喷嘴间产生的辅助电弧的电流为2~10A，既可以用一种特殊的直流焊接电源，也允许在主电弧电路中加一电阻，以限制其电流大小。

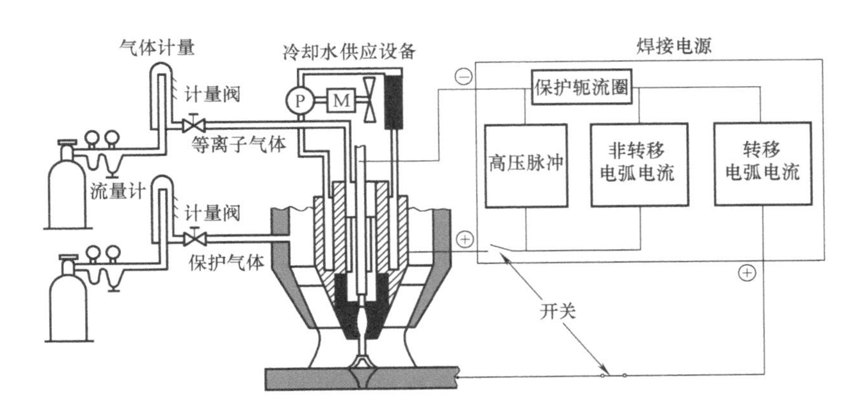

图1-19　等离子弧焊系统示意图

等离子弧焊机由等离子弧焊电源、等离子弧焊枪、等离子冷却水箱三部分以及电缆、水管、气管等组成。等离子弧焊机主要应用于不锈钢的焊接，也适用于碳钢、铜等金属的焊接，对钛、镍、钼等特种金属也能施行优质高效的焊接。同时，它适用于医药化工、容器、锅炉、管道、汽车、装饰装潢、核工业以及航空、航天工业中优质焊接的需要，既可以采用无填充（焊丝）焊接，也可采用填充焊接。

等离子弧焊机具有以下特点：

1）焊机电源具有垂直下降的特性，焊接电流稳定。

2）焊接电流衰减时间及气体滞后时间全部采用无级调节，调节方便。

3）具有电流衰减装置，可以保证焊缝收尾的质量，适应于环缝焊接的需要。

4）具有长焊短焊转换装置，以适应长焊缝、间断焊和点焊的需要。

5）采用硅整流电源，维护简便、噪声小、效率高。

6）体积小、质量小，可一机多用，易学易用，操作简单。

3. 激光焊接

世界上第一台激光器于1960年诞生在美国，紧接着我国也于1961年研制出第一台国产激光器。激光的重要特性（亮度高、方向性好、单色性好、相干性好）决定了其在技术与应用方面的迅猛发展，并与多个学科相结合形成了多个应用技术领域，如光电技术、激光医疗与光子生物学、激光制造技术、激光检测与计量技术、激光全息技术、激光光谱分析技术、非线性光学、超快激光学、激光化学、量子光学、激光雷达、激光制导、激光同位素分离、激光可控核聚变、激光武器等。这些交叉技术与新学科的出现，大大推动了传统产业和新兴产业的发展。可以说，激光技术是20世纪最具有革命性的科技成果之一。我国也非常重视激光技术的发展和应用，在《国家中长期科学与技术发展规划纲要（2006—2020年）》中，激光技术被列为八大前沿技术之一。

激光在焊接领域也得到了广泛的应用。同其他焊接方法相比，激光焊接技术是一种先进的制造方法，是最具发展前途的焊接技术。激光焊接技术不仅在生产率方面高于传统焊接方法，焊接质量也得到了显著的提高。

美国、日本、欧盟等工业发达国家或地区。非常重视激光焊接技术的发展与应用，都将激光技术列入国家发展规划中并投以巨资，期望在不同材料激光焊接工艺的优化、新型激光器的研发及高精度激光焊接设备的开发等方面有所突破，呈现了“一代材料”与“一代技术”的配套效应。在美国，汽车工业中心底特律地区就有40余家激光加工站，用于汽车齿轮的焊接；美国通用汽车公司已经采用二十余条激光加工生产线，美国福特汽车公司采用Nd：YAG激光器结合工业机器人焊接轿车车身，极大地降低了生产制造成本。在日本，汽车车体制造业采用将薄钢板进行激光焊后冲压成形的新方法，已经被世界绝大多数汽车厂家采用。在德国，奔驰汽车公司的近十个厂房安装了激光加工设备，大众汽车公司的齿轮生产也安装了激光加工生产线。目前，激光焊接在制造业、汽车工业、电子工业、生物医学业、航空航天工业、造船工业等中所占份额不断增加。在21世纪，激光焊接技术在材料连接领域必将起到至关重要的作用。

（1）激光焊接的具体应用领域　由于激光焊接比常规焊接方法具有更高的功率密度，容易得到深窄焊缝，使焊接精度和强度更高，提高了焊接质量，而且激光可通过光纤传输实现远程焊接，配上机器人则可实现柔性自动化焊生产。因此，激光焊接技术近十几年来发展迅速，被广泛应用于汽车、电子、钢铁、航空航天、船舶制造等行业。

航空航天领域中有大量的精密零部件需要焊接，而且对焊接质量的要求非常高。从安全方面考虑，焊接精度、坚实度至关重要，采用激光焊接可以解决许多难题。

船舶制造业是采用焊接最多的行业之一，造船水平的高低直接受焊接质量的影响。焊接技术的发展推动了造船技术的进步，为船体质量的提高和自动化生产提供了基础保障。

在电子工业中，精密、微型化的激光焊接技术大大提高了产品等级。

此外，激光焊接技术在石化、医疗、机械、钢铁和食品行业的应用范围也越来越广。

近年来，我国汽车行业发展很快。目前，激光焊接生产线已大规模出现在汽车制造业中，成为汽车制造业突出的成就之一。从车顶、车身及覆盖件、侧框、齿轮及传动部件、发动机上的传感器等大多数钢板组合件，到铝合金车身骨架、塑料件等，都应用了激光焊接技术，大大提高了焊接质量和生产率。

激光焊接应用于汽车车身制造已成为一种发展趋势。采用激光焊接不仅可以减小车身质量，提高车身的装配精度，还能大大加强车身的强度。例如，将激光拼焊技术广泛应用于汽车车身焊接中，根据车身不同部位的要求，将不同厚度、不同材质、不同涂层的金属板材拼焊在一起，然后整体冲压成形，既提高了车身强度，又减小了整车质量。再者，激光焊接速度快，变形小，省去了二次加工。一辆汽车的车身和底盘由300种以上的零件组成，采用激光焊接几乎可以把所有不同厚度、牌号、种类、等级的材料焊接在一起，制成各种形状的零件，大大提高了汽车设计的灵活性。

激光焊接配合机器人，目前已经成为当前一个新的发展趋势。

（2）激光焊接设备　激光焊接工艺的实现需要依靠激光焊接设备。激光焊接设备基本上由激光器、光路系统、电气控制系统、加工移动平台和辅助系统五大部分组成的。

激光器是激光焊接设备中的重要组成部分，提供焊接加工所需的热源。焊接用激光器输出的光束模式为基模或低阶模，激光器具有一定的输出功率，输出能量精确可调，其输出应能保持长时间的稳定性和可靠性。

光路系统用于实现对激光束的传输和聚焦，有些场合还需要对激光束进行分工。焊接用

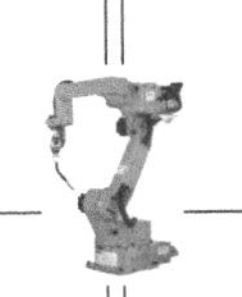

激光的功率都为大功率或高功率范围。因此，激光的传输必须在可靠、封闭的环境中进行，以免对人造成伤害。

电气控制系统包括激光器电源和设备整体控制系统。激光器电源向激光振荡器提供激励能，控制激光的产生与输出，并接受设备整体控制系统的控制。设备整体控制系统一般是计算机数字控制系统或机器人控制系统，实现对焊接运动和激光输出的控制、焊接参数的设置、焊接过程的程序控制、安全环节的监控。

加工移动平台用于实现焊接时激光束与焊接工件的相当移动。其运动精度在很大程度上影响了激光焊接精度，通常需要采用精密机械和数控控制。

辅助系统是激光焊接加工时所需要的其他辅助性装置，主要包括送气系统、焊接材料的输送系统等。

（3）激光器　激光器是激光焊接设备中的核心器件，它产生和输出用于焊接的激光束热源。目前，在激光焊接中使用的激光器类型主要有 CO_2 激光器、Nd：YAG 激光器、光纤激光器和半导体激光器，近几年来，超快激光器也开始在焊接领域中得到一定应用。

1）CO_2激光器。这是 1964 年研制成功的一种典型的分子气体激光器，也是输出功率最高的气体激光器。其最大输出功率可达 50kW，脉冲输出功率可达 10^{12}W，工作物质是 CO_2 气体。为实现粒子数反转而采用的激励方式有很多种，如放电激励、光激励和化学激励等。其最重要的一条激光谱线的波长是在红外区的 10600nm，正好处于红外大气窗口之内，有良好的大气透射率。CO_2 激光器的能量转换率为 30%～40%，可连续工作或以脉冲方式运转，工作条件简便。

CO_2激光器按其原理可分为多种类型，目前主要的类型有三种：快速轴流型、横流型和扩散冷却型。快速轴流型激光工作气体沿激光谐振腔的轴线快速流动；横流型激光工作气体则沿垂直于谐振腔轴线的方向流动。扩散冷却型采用大面积的板式放电电极和很小的板式电极间距，以达到良好的冷却效果和极少的气体消耗。

2）Nd：YAG 激光器。Nd：YAG 激光器采用 Nd^{3+} 作为激活介质，并将其掺杂在钇铝石榴石晶体中，以光泵浦为激励方式，输出激光的波长为 1060nm。Nd：YAG 激光器可以在连续、脉冲和超短脉冲模式下工作。与 CO_2激光器相比，Nd：YAG 激光因波长短而可通过光纤传输，使导光简单，易实现加工柔性化和多工位加工。

被焊接材料对波长为 1060nm 的激光的吸收率较高，在同样的工件厚度和焊接速度条件下，Nd：YAG 激光需要的功率明显低于 CO_2激光。另外，Nd：YAG 激光器结构相对紧凑，占地面积较小。

3）光纤激光器。以光纤为工作介质的光纤激光器具有光束质量好且稳定、低泵浦下容易实现连续运转、可制成全光纤系统、转换效率高、结构简单、体积小、长时间免维护等众多优点，是激光技术发展史上的革命性产品。目前得到成熟应用的光纤激光器类型是稀土掺杂光纤激光器。随着高功率光纤激光技术的突破，光纤激光器在激光焊接中得到了越来越多的应用，在许多场合中将逐渐取代传统的 CO_2激光器和 Nd：YAG 激光器。

4）半导体激光器。半导体激光器早已在通信、计算机和电子行业中得到了广泛应用。近年来，随着高功率半导体激光器的开发成功，它正被逐渐应用到材料加工中。半导体激光器具有尺寸很小、电光转换效率高（30%～40%）、发散角大、非相光束等特点。

与传统焊接方法比较，激光焊接具有能量集中、焊接变形小、焊接速度快等优点，机器

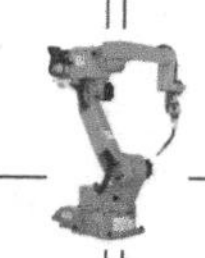

人与激光焊接相结合是高效化和高柔性化的完美结合。

（4）激光焊接机器人　激光焊接机器人是用于激光焊自动作业的工业机器人，通过高精度工业机器人来实现更加柔性的激光加工作业，其末端持握的工具是激光加工头。现代金属加工对焊接强度和外观效果等的要求越来越高，传统的焊接手段由于热输入极大，不可避免地会引起工件扭曲变形等问题。为弥补工件变形，需要采用大量的后续加工手段，从而导致了费用的上升。而采用全自动激光焊接技术，具有最小的热输入量，热影响区极小，在显著提高焊接产品品质的同时，还减少了后续工作时间。另外，由于焊接速度快和焊缝深宽比大，能够极大地提高焊接效率和稳定性。

近年来激光技术飞速发展，涌现出了可与机器人柔性耦合的、采用光纤传输的高功率工业型激光器，促进了机器人技术与激光技术的结合，而汽车产业的发展需求带动了激光加工机器人产业的形成与发展。从20世纪90年代开始，德国、美国、日本等发达国家投入了大量的人力和物力研发激光加工机器人。进入2000年，德国的KUKA、瑞典的ABB、日本的FANUC等机器人公司相继研制出激光焊接、激光切割机器人的系列产品，如图1-20所示。目前在国内外汽车产业中，激光焊接、激光切割机器人已成为最先进的制造装备，获得了广泛应用。德国大众汽车、美国通用汽车、日本丰田汽车等公司的汽车装配生产线上，已大量采用激光焊接机器人代替传统的电阻点焊设备，不仅提高了产品质量和档次，还减轻了汽车车身重量，节约了大量材料，使企业获得了很高的经济效益，提高了企业的市场竞争能力。在中国，一汽大众、上海大众等汽车公司也引进了激光焊接机器人生产线。

图1-20　汽车车顶的机器人激光焊接

第五节　机器人焊接弧焊用焊枪

焊枪（图1-21和图1-22）是指焊接过程中，执行焊接操作的部分，它使用灵活、方便快捷、工艺简单。焊枪利用焊机的高电流、高电压产生的热量聚集在焊枪终端，熔化焊丝，熔化的焊丝渗透到需焊接的部位，冷却后，被焊接的物体便牢固地连接成一体。

除此以外，机器人所使用的焊枪还需要安装防碰撞传感器，以便在调试和使用过程中出现故障时能够及时使机器人停止动作，从而减少对设备的损坏，在一定程度上保护了设备的完好性。

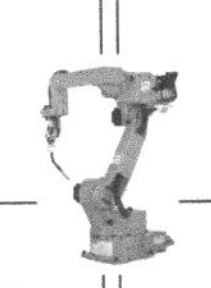

根据机器人焊枪所在位置的不同，可以将其分为中空内置焊枪和外置焊枪两种；根据焊枪冷却方式的不同，可以将其分为水冷焊枪和空冷焊枪两种。

针对不同的焊接工艺，应选配不同形式的焊枪。例如，对于普通碳钢中薄板焊接而言，如果采用 CO_2 作为保护气体，工作电流在 300A 以下，则可以使用普通焊枪。如果工作电流较大，或采用富氩（20% CO_2+80% Ar）混合气体焊接，则应选用水冷焊枪。机器人焊枪的种类及其应用实例如图 1-23 所示。

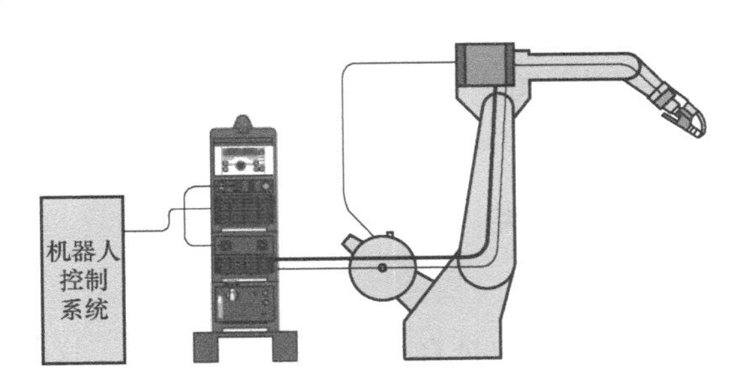

图 1-21　机器人焊枪整体示意图

图 1-22　机器人焊枪整体图

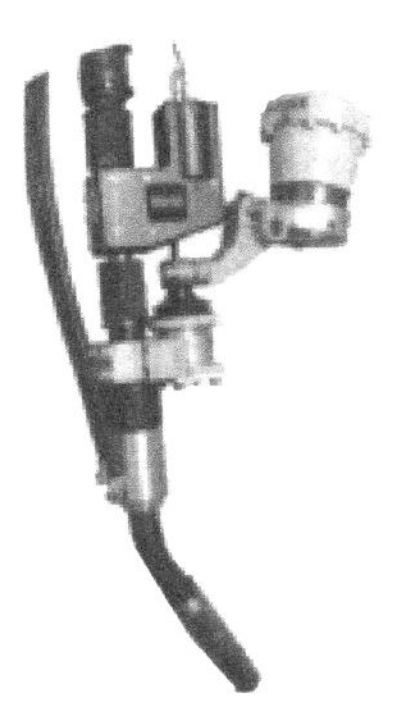

a) CO_2/MAG焊枪
（碳钢焊接）

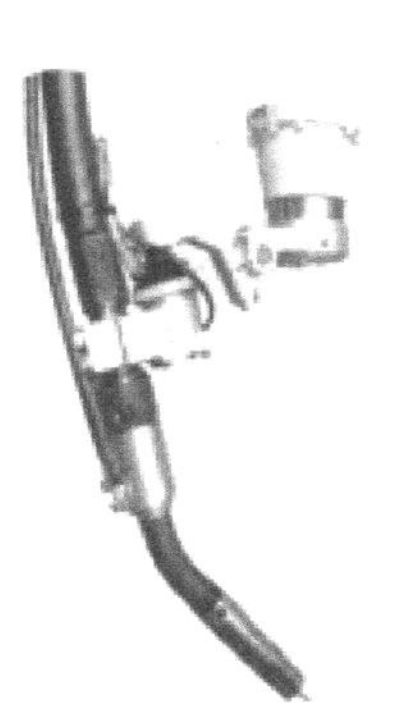

b) MIG焊枪
（铝和不锈钢焊接）

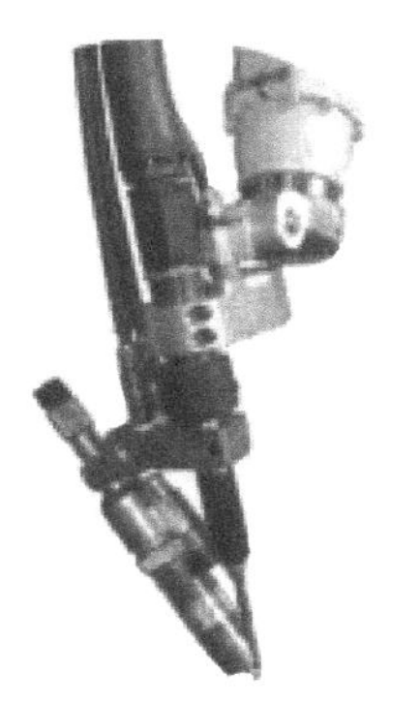

c) TIG填丝焊枪
（薄板焊接）

图 1-23　机器人焊枪的种类及其应用实例

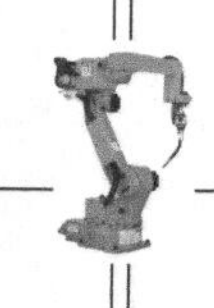

一、对焊枪的技术要求

在机器人焊接中，为使焊枪有效地发挥作用，对其提出了相应的技术要求：

1）保护气体流经焊枪时，应分布均匀，流速一致，并且有一定的挺度。

2）焊枪各部件应紧密结合，以保证良好的导电性能。

3）焊枪受热部件应得到充分冷却，在额定焊接电流下，能保证长时间正常工作。

4）喷嘴与焊枪导电部件及钨极应绝缘良好，以保证喷嘴与工件接触时不产生短路。

5）质量小，结构紧凑，可达性好，便于操作。

6）装拆简单，便于更换钨极和维修。

二、机器人焊接用焊枪的分类

1. 中空内置焊枪

中空内置焊枪有三种类型：第一种是直接连接到送丝机上，这种焊枪在使用过程中随着第六轴手腕的转动，焊枪电缆受扭曲力的作用，在长期受力的情况下寿命大大降低；第二种是将焊枪和焊枪电缆分开，并在送丝机前端做成可旋转接头，这种连接方式在一定程度上降低了扭曲力对焊枪电缆寿命的影响；第三种是将焊枪和焊枪电缆在机器人第六轴安装位置处分开做成可旋转接头，这种连接方式从根本上消除了由于机器人运动产生的扭曲力对焊枪电缆寿命的影响，但这种焊枪的价格稍高，如图 1-24 所示。

图 1-24　机器人 MIG 焊用中空焊枪

2. 外置焊枪

外置焊枪机器人，需要在弧焊机器人第六轴上安装焊枪把持器，这在焊接某些复杂零部件时降低了焊枪的可达性。这种焊枪较内置焊枪的价格稍低，因此在外置焊枪可以达到使用要求的时候，综合考虑成本因素，都会选用外置焊枪。图 1-25 所示为机器人 MIG 焊用外置焊枪。

3. 气冷焊枪

气冷焊枪的技术参数主要包括最大承载电流、负载持续率、枪体外形尺寸、适用钨极直径及所配气体喷嘴内径。在焊接质量要求较高的焊件时，为获得最佳的保护效果，应在钨极夹套前面加设气体透镜组件，如图 1-26 所示。气体透镜组件由多层不锈钢丝网和铜质圆环组成，它可以使保护气流定向形成较长的层状气流。

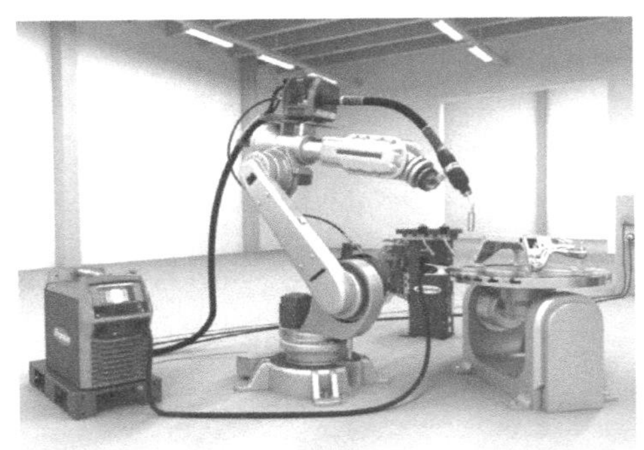

图 1-25　机器人 MIG 焊用外置焊枪

气冷焊枪喷嘴的形状和尺寸对保护气流的状态也有较大的影响。常用的喷嘴形状如图 1-27 所示，包括锥形、圆柱形和扩展形。其中，圆柱形喷嘴流出的气体呈层流状态，保护效果好。喷嘴的圆柱形段越长，层流状态越好。喷嘴直径增大时，气流保护范围随之扩大。喷嘴的孔径通常取决于钨极直径和焊接电流大小。

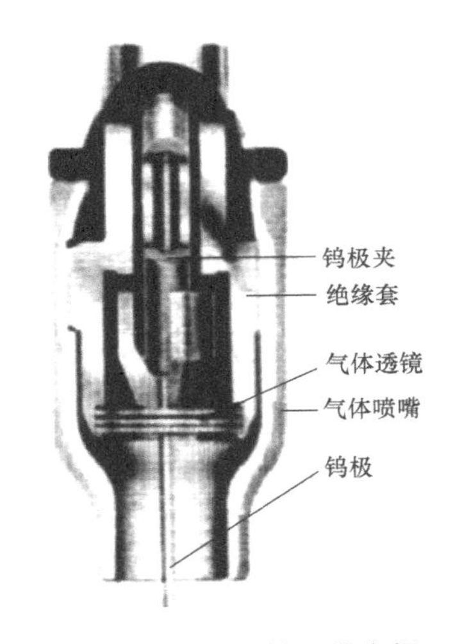

图 1-26　气体透镜组件在焊枪中的位置

常用的机器人 MIG 焊和 TIG 焊用气冷中空焊枪如图 1-28 所示。

4. 水冷焊枪

焊接中厚板时，如果使用 350A 以上的大电流，则需要使用水冷焊枪。图 1-29 所示为标准型水冷焊枪的结构。与气冷焊枪相比，水冷焊枪增加了进出水管，枪体内增设了水室和相应的 O 形密封环。

为了减小水冷焊枪的质量，通常需要配备水冷电缆，以减小焊接电缆的横截面积。对于机器人焊接用水冷焊枪，其外形尺寸总是略大于手工焊枪。为了增强焊枪的冷却效果，可采用直接水冷的金属套喷嘴，其最大承载电流为 500A，负载持续率为 100%。

常用的机器人 MIG 焊和 TIG 焊用水冷焊枪如图 1-30～图 1-32 所示。

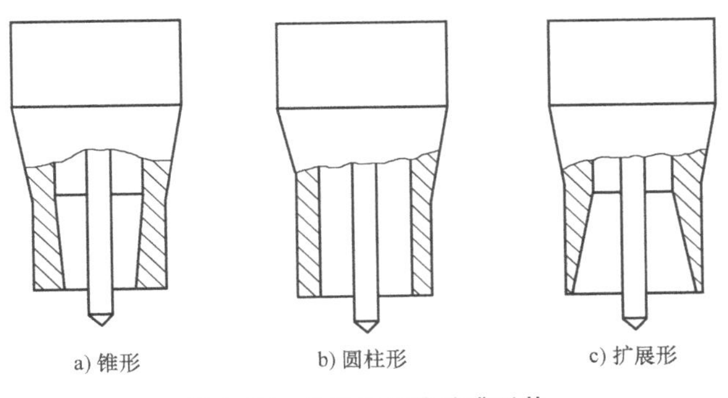

图 1-27　常用的焊枪喷嘴形状

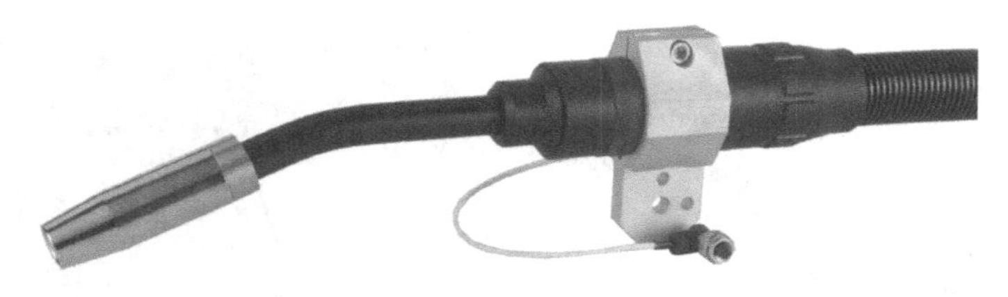
a) 机器人MIG焊用气冷中空焊枪

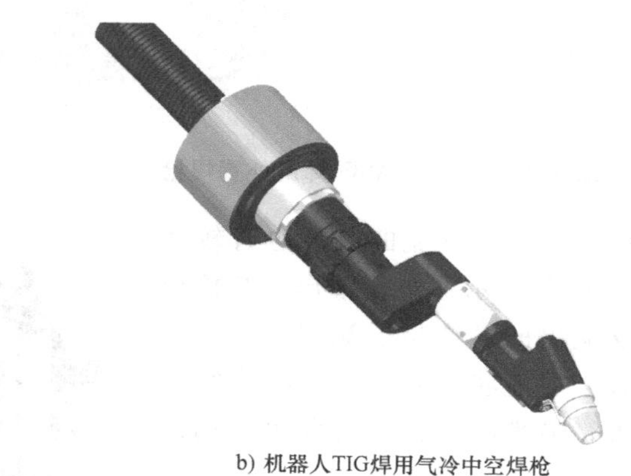
b) 机器人TIG焊用气冷中空焊枪

图 1-28　机器人 MIG 焊和 TIG 焊用气冷中空焊枪

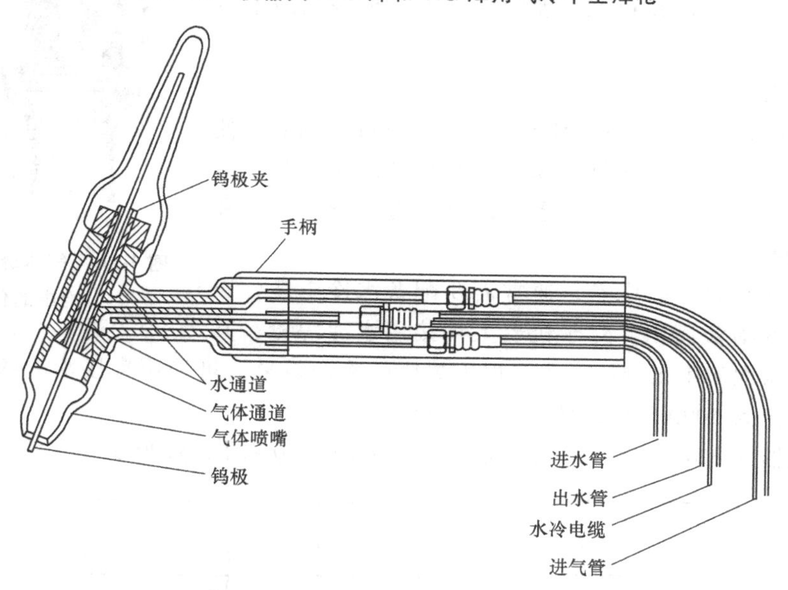

图 1-29　标准型水冷式焊枪的结构

图 1-30　机器人 MIG 焊用水冷外置焊枪

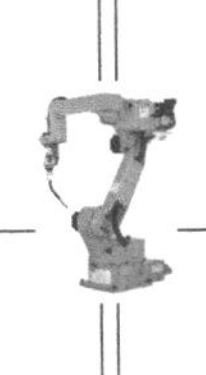

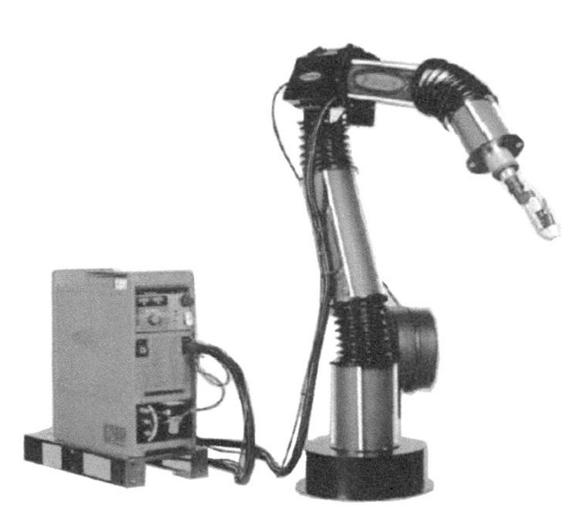

图 1-31 机器人 TIG 焊用水冷中空焊枪

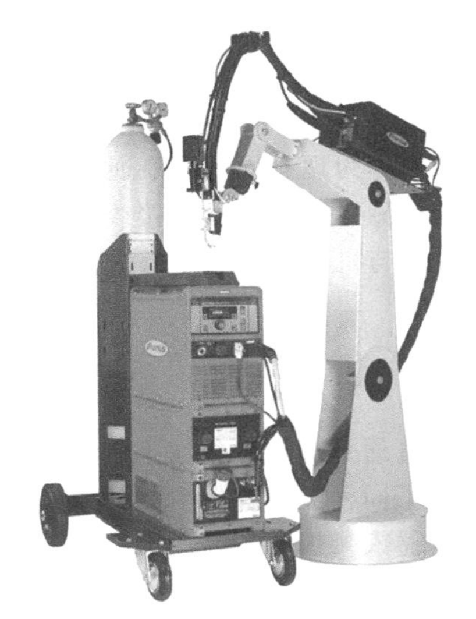

图 1-32 机器人 TIG 焊用水冷外置焊枪

第六节 机器人和焊接电源的通信方式

目前，机器人和焊接电源的主流通信方式主要有 I/O 通信、总线通信和以太网通信等。

一、I/O 通信

I/O 通信是机器人 CPU 基于系统总线通过 I/O 电路与焊接电源交换信息，需要外供 24V 电源，它又分为以下两种。

(1) 数字 I/O 通信　这种通信方式可以直接与机器人进行通信连接。

(2) 模拟 I/O 通信　这种通信方式需要通过 A/D 转换才能与机器人进行通信连接。

I/O 通信方式存在接线麻烦，需要的空间较大，每个点只限一个信号，工作量大，综合成本高等缺点。

二、总线通信

机器人弧焊电源的总线通信分为 DeviceNet 和 Profibus 两种。

1. DeviceNet 总线通信

DeviceNet 是一种自 20 世纪 90 年代中期发展起来的，基于 CAN 技术的开放型、符合全球工业标准的低成本、高性能的现场总线通信网络。这种通信方式不仅能使设备之间以一根电缆互相连接和通信，更重要的是它使系统具有设备级的诊断功能。该功能在传统的 I/O 上是很难实现的。同时，DeviceNet 是一种简单的网络解决方案，该方案简化了配线，能避免潜在的错误点，减少了所需文件的数量，降低了人工成本并节省了安装控件，但是需要外供 24V 电源。这是目前焊接电源与机器人之间的主流通信方式。

2. 基于现场总线的 Profibus 通信

基于现场总线的 Profibus-DP/PA 控制系统位于工厂自动化系统中的低层，即现场级和

车间级。即现场总线 Profibus 是一种面向现场级和车间级的数字化通信网络。

三、以太网通信

以太网作为现有局域网最通用的通信协议标准，通过使用 CSMA/CD（载波监听多路访问及冲突检测）技术，具有接线简单、传输速度快、效率高、不需要外供 24V 电源等优点，是焊接电源与机器人之间较为先进的通信连接方式。

复习思考题

1. 与普通弧焊电源相比，机器人焊接弧焊电源具有哪些特殊的工艺性能？
2. 在不同种类焊缝的引弧处，分别容易发生什么焊接缺陷？为什么？如何解决？
3. 机器人弧焊电源的调节特性和动态特性会对焊接质量产生什么样的影响？
4. 选择 TIG 焊电源时应遵循哪些原则？
5. 使用熔化极弧焊电源时，粗细焊丝应分别使用什么特性的电源？为什么？
6. 常见的电阻焊电源有哪些？它们主要应用于哪些焊接方式？
7. 等离子弧是如何产生的？
8. 使用激光焊接机器人有哪些优点？
9. 机器人焊接用焊枪有哪几种？
10. 目前焊接电源与机器人之间的主流通信方式是什么？有何优点？

第二章

机器人熔化极气体保护焊焊接工艺

本章学习机器人熔化极气体保护焊焊接工艺，介绍熔化极气体保护焊的基本原理、工艺特点、影响因素等相关内容。运用已学过的知识，根据不同焊件的特点及焊接技术要求，进行机器人气体保护焊焊接工艺分析，根据焊接工艺及编程要点，合理设置焊接轨迹点、焊枪角度及选用合适的焊接参数。本章还将学习机器人 MIG 焊/MAG 焊焊接工艺，了解一元、二元及多元气体的焊接特点，编程时根据其特点，合理设置焊接轨迹点、焊枪角度及设定合适的焊接参数来控制焊接质量。

第一节　熔化极气体保护焊

一、熔化极气体保护焊的工作原理

熔化极气体保护焊采用焊丝作为电极，通过送丝机构将焊丝送入导丝管，再经导电嘴送出。保护气体从喷嘴中以一定流量喷出，焊丝接触工件，电弧引燃并形成熔池，焊丝端部及熔池被保护气体包围，焊丝前端及对应位置的母材熔化，熔化的焊丝过渡到母材上，随着焊枪的移动，熔池不断形成和凝固，焊缝形成，如图 2-1 所示。

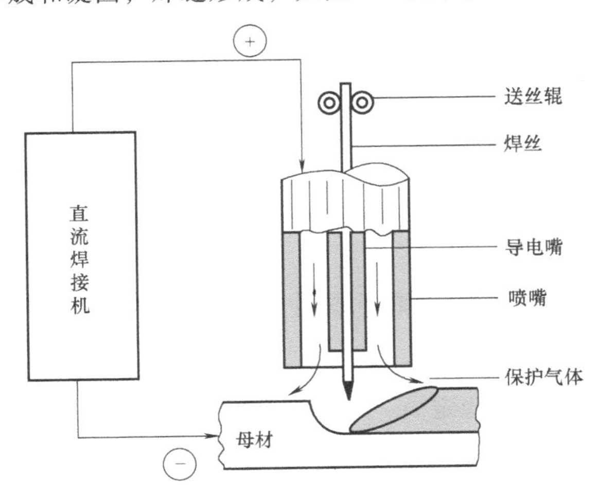

图 2-1　熔化极气体保护焊的工作原理

二、熔化极气体保护焊的工艺特点

1）操作性好，焊接质量高。气体保护焊是一种明弧焊，焊接过程中电弧及熔池的加热熔化情况清晰可见，焊接过程与焊缝质量易于控制，也便于发现问题并及时调整。

2）焊接成本低。气体保护焊在通常情况下不需要另外使用焊接保护剂，所以焊接过程中没有熔渣，焊后不需要清渣，省掉了清渣的辅助工时，降低了焊接成本。

3）适用范围广，生产率高。适合焊接大多数金属和合金，如碳钢和低合金钢、不锈钢、耐热合金、铝及铝合金、铜及铜合金以及镁合金等；适用于多种焊缝接头形式的焊接；易于进行全位置焊及实现机械化和自动化。

4）焊接变形与焊接应力小。

5）气体保护焊的不足之处是焊接时采用明弧且使用的电流密度大，电弧光辐射较强；不适合在有风的地方或露天施焊；设备组成相对较复杂。

三、熔化极气体保护焊的分类

熔化极气体保护焊根据所采用保护气体的种类不同，可分为 CO_2 焊、MIG 焊和 MAG 焊。CO_2 焊是采用 100%的 CO_2 气体作为保护气体；MIG 焊是采用 100%的 Ar 或 He 惰性气体作为保护气体；MAG 焊是在 Ar 或 He 惰性气体的基础上加入氧化性气体 O_2、CO_2。

熔化极气体保护焊的常见种类如图 2-2 所示。

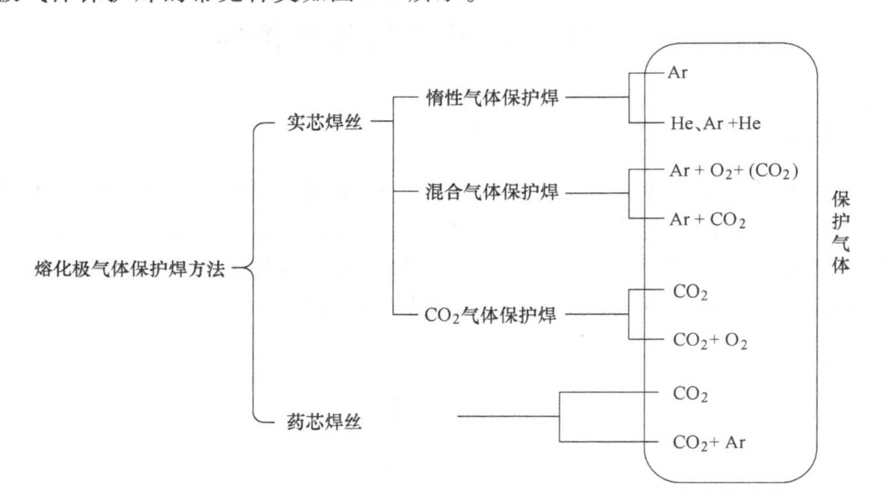

图 2-2 熔化极气体保护焊的分类

四、影响熔化极气体保护焊焊接质量的因素

1）焊接电流：主要影响送丝速度。

2）极性：直流反接时电弧稳定。

3）电弧电压：主要影响弧长：$U=(0.04I+16)\pm2V$。

4）焊丝伸出长度（干伸长）：$L=10\phi$（ϕ 为焊丝直径），一般取 10~15mm。

5）焊接速度：0.3~0.6m/min。

6）焊枪角度 70°~85°；采用左焊法便于观察焊接接头位置。

7）焊接接头位置。

8）焊丝的种类和直径。

9）保护气体成分和流量。

为了保证获得高质量的焊缝，使用熔化极气体保护焊焊接时，要按以下原则确定各焊接参数。

1. 焊丝的种类和直径

焊接时所选择的焊丝种类和直径是决定焊接质量的比较关键的因素。焊丝的选择是根据母材成分和力学性能决定的，建议焊接生产单位一定要向焊丝生产厂家咨询焊丝的成分及适用对象，以免出现焊接接头的性能不能达到要求的情况。在熔化极气体保护焊中，焊丝直径与适用电流间的关系见表 2-1。

表 2-1 焊丝直径与适用电流间的关系

焊丝种类	焊丝直径/mm	适用的电流范围/A
实芯焊丝	0.6	40~90
	0.8	50~120
	0.9	60~150
	1.0	70~180
	1.2	80~350
	1.6	300~500
药芯焊丝	1.2	80~350
	1.6	200~450

2. 焊接电流与焊接电压

焊接电流对焊丝的送给速度有较大的影响，焊机的最大送丝速度通常为 15m/min，细径焊丝可使用的最大电流有上限要求。如果坚持使用大电流，则熔池中金属不足，焊缝外观会比较难看，由于熔深较大，易导致焊接裂纹的产生。

焊接电流与焊接电压是焊接规范中的主要参数，它们之间的匹配性直接影响着电弧的稳定性，从而也影响着焊接质量。电弧热能不仅需要熔化母材，还要熔化焊丝，又有热能损耗。电弧热能 J 与焊接电流 I、电弧电阻 R、焊接持续时间 t 的关系是 $J=I_2Rt$。

1）焊接控制过程其实就是对热量进行控制的过程，而对热量的控制就是对焊接电流的控制。

2）焊接电压与电弧长度相对应，电弧长度的恒定确保了其稳定性，而电弧的长度决定着其电阻。不难看出，焊接电压越高，电弧热量越大。在焊接电流一定的情况下，电压越高，填充的金属就越多，焊缝就显得比较饱满，但也可能带来过热问题。因此，焊接电流越大，焊接电压越高，焊接速度越慢（焊接持续时间越长），则焊接过程的热输入量就越大。要正确匹配这些参数，必须首先了解所要焊接的对象。

通常可根据以下经验公式计算焊接电压：

短路过渡 $U=(0.04I+16)\pm2V$

熔滴过渡 $U=(0.04I+20)\pm2V$

式中，U 是焊接电压（V）；I 是焊接电流（A）。

例：计算焊丝直径分别为 1mm 和 1.6mm 时的焊接电压。

焊丝直径为 1.0mm 时的焊接电压 $=(0.04\times90A+16)\pm2V=(19.6\pm2)V=17.6\sim21.6V$

焊丝直径为 1.6mm 时的焊接电压 $=(0.04\times310A+20)\pm2V=(32.4\pm2)V=30.4\sim34.4V$

注：焊接电流为查表 2-1 得到的参考数值，实际焊接中需进一步确认。

3. 焊丝干伸长

焊丝干伸长是从焊枪导电嘴的前端到焊丝尖端的长度。适用的焊丝干伸长因焊丝直径而异，见表 2-2。

表 2-2 焊丝干伸长与焊丝直径的关系

焊丝直径/mm	焊丝干伸长/mm	备　注
0.9	10	焊丝干伸长一般为焊丝直径的 10~15 倍
1.0	13	
1.2	15	
1.6	20	

同时，还要考虑电弧长度的影响，在熔化极气体保护焊中，采用的保护气体种类不同，所产生的电弧长度也不同，如图 2-3 所示。

4. 喷嘴直径

焊枪喷嘴直径的选择要与焊接电流及焊接电压相匹配：适合的喷嘴直径（mm）>焊接电流（A）/20 $\geq 12\phi$（焊丝直径）。

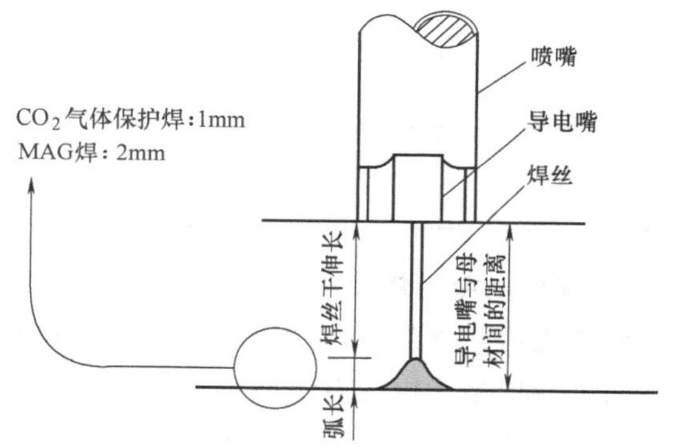

图 2-3 保护气体种类对电弧长度的影响

5. 焊接保护气体

（1）焊接保护气体的流量控制　保护气体的流量（L/min）应随接头形式及焊接电流的大小来调整，一般情况下可以按下式进行调整

气体流量 = 焊丝直径 ×10+(0~5) L/min

（2）焊接保护气体与焊丝的合理搭配

在混合气体保护下使用 H08Mn2SiA 焊丝焊接时，保护气体中 CO_2 气体的量将减少，氧化性减弱，从而会导致焊丝中的 Mn、Si 在焊接金属中残留过多，收缩应力过大而产生焊接裂纹。另外，与 CO_2 气体保护焊相比，焊缝表面熔渣少，外形美观。因此，焊丝与保护气体的恰当匹配很重要（注：可向焊材制造商咨询有关焊丝与保护气体匹配的问题）。

（3）焊接保护气体的特性　不同焊接保护气体的使用性质有所不同。

二氧化碳（CO_2）气体：在电弧电压升高时，电弧的吹力增大，易使熔滴颗粒变大，从而产生较大的飞溅。但是，提高热输入量可得到宽、深的焊缝。

氩气（Ar）：由于电离潜能小，且易电离，可以保证引弧并维持其稳定性。并且非活性气体可避免氧化物的产生，可以得到力学性能优良的焊缝。但是，在高电流密度下，电弧易

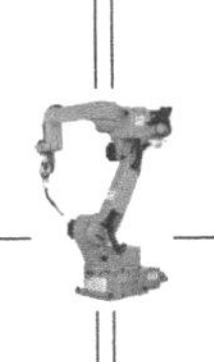

集中，从而将得到窄而深的焊缝。

氦气（He）：通常作为添加气体使用，电离潜能大、热传导性好，可以获得高的热输入量并改善熔合效果，可实现高速度焊接。另外，与使用氩气相比，电弧较宽，可得到平整的焊缝。

氧气（O_2）：少量添加即可提高电弧的稳定性。电磁收缩作用使得焊丝前端的熔滴呈小颗粒过渡。同时，可降低熔池金属的表面张力，改善熔池的润湿性，从而得到比较美观的焊缝。

氢气（H_2）：热传导性好，少量添加即可提高热输入量，改善熔合效果，提高焊接速度。

第二节　机器人熔化极气体保护焊

要将熔化极气体保护焊设备与机器人连接，组成机器人熔化极气体保护焊系统，使其形成一个柔性的自动化焊接设备，需要考虑以下问题。

一、适合机器人的焊接电源

用于焊接机器人的焊接电源须具备以下特点：

1）电源功率须满足机器人自动化焊接所要求的高输出、高稳定性要求。焊接电源的负载持续率是衡量其功率输出性能的重要参数。在选择焊接电流时，一定要结合连续工作的具体情况考虑焊接电源的负载能力。

2）具有机器人控制接口，以满足机器人柔性自动化焊接的需要。

3）具备应对各种焊接辅助功能的能力，如始端检出功能、焊接方法选择功能等，以满足焊接工件对焊接自动化的要求。

二、适合机器人的焊枪

适合焊接机器人的焊枪应具备以下特点：

1）机器人焊枪须满足机器人自动化焊接的高承载能力的要求。对于焊枪而言，与焊接电源类似，也通过负载持续率衡量其工作能力。在选择焊接电流时，一定要结合连续工作的具体情况考虑焊枪的负载能力。

2）由于机器人焊接的速度通常比较快，焊枪质量的优劣决定着焊接时电弧的稳定性，从而对焊接质量产生相应的影响。

3）机器人焊接时要求焊枪的 TCP 点（焊丝的尖端点）具有比较好的稳定性，以保证焊接时电弧位置的精确度，如图 2-4 所示。

4）必须保证同一型号焊枪的 TCP 点的精度一致性，这样在更换焊枪时，才可以保证新旧焊枪的 TCP 点相一致，才可以尽可能地缩短系统的待机时间，提高工作效率。

三、机器人熔化极气体保护焊的特点

1. 机器人熔化极气体保护焊的优点

（1）提高和稳定焊接质量　在焊接过程中，由于焊枪行走的稳定性，能更精确地保证焊接参数的一致性；同时，与变位机配合，可实现最佳位置焊接，保证焊接质量。

（2）提高焊接生产率　由于采用的是全机械化生产，可以24h不间断工作，可以连续焊接长焊缝，也可以高速运动，实现了高速焊接；在断续焊接中，可以减少移位辅助时间，提高效率。

（3）使焊接生产实现柔性自动化　产品换型时，只需通过编程改变相应程序，即可适应新产品的焊接生产。柔性化程度得到提高，缩短了产品改型换代的准备周期，减少了相应的设备投资；可实现小批量产品的自动化焊接。

（4）改善劳动安全卫生条件，降低了对工人技术水平的要求　工人只需要装卸工件，远离了焊接弧光、烟雾和飞溅等。工人无需搬运笨重的手工焊钳，将其从高强度的体力劳动中解放出来。同时，也降低了对工人焊接技术的要求，工人只需要对焊接参数进行调整，机器人便可按照指示要求进行工作。

（5）增强了生产管理的计划性和可预见性

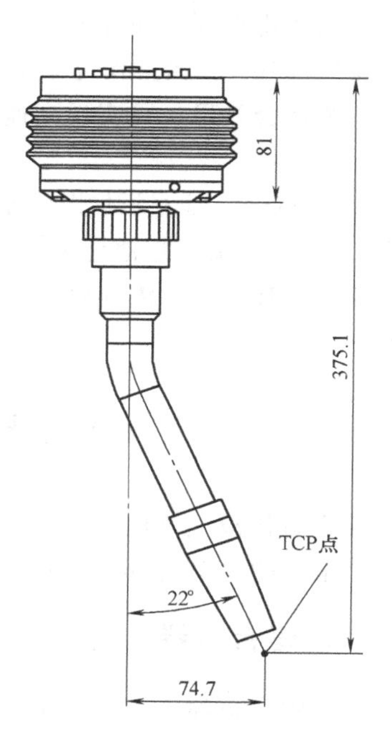

图 2-4　机器人焊枪的 TCP 点

2. 机器人熔化极气体保护焊的缺点

（1）对工件制备质量和焊件装配精度要求高　为了保证高质量的工件制备和焊件装配要求，需要采用高质量的数控切割和机械加工设备来保证零件尺寸精度、焊接接头和坡口加工精度，同时，装配时要保证焊缝间隙的公差，避免错边，且定位焊要均匀，提高了生产设备的成本和人工成本。

（2）要考虑工件的结构及焊接工艺设计的合理性　设计工件结构及焊接工艺时，要考虑焊枪的可达性、变位机的翻转次数，并应尽量采用高熔敷率的高速焊接工艺以发挥机器人的效率。

（3）投资额度高，回收期长　现阶段，高精度机器人和配合机器人使用的焊接设备，以及变位机与夹具等辅助设备的价格都比较高。

四、影响焊缝质量的因素

1. 机器人熔化极气体保护焊中的常见问题

（1）焊偏　焊接位置不正确或焊枪寻位时出现问题。此时，要考虑TCP点位置是否准确，并加以调整。如果频繁出现这种情况，则要检查机器人各轴的零位置，重新校零予以修正。

（2）咬边　焊接参数选择不当、焊枪角度或焊枪位置不对，应适当调整。

（3）气孔　气体保护效果差、工件底漆太厚或者保护气体不够干燥，应进行相应调整。

（4）飞溅过多　焊接参数选择不当、气体组分不合适或焊丝外伸长度太大，应适当调整机器人功率以改变焊接参数，调节气体配比仪以调整混合气体的比例，或者调整焊枪与工件的相对位置。

（5）引弧处焊缝扁、窄高，易产生未熔合问题　编程时，设定引弧焊接电流比正常焊接电流约大15%或适当延长引弧停留时间。

（6）焊缝结尾处冷却后形成弧坑　编程时在工作步中添加埋弧坑功能，将弧坑填满。

（7）引弧处与结尾处接头连接脱节或焊缝偏高　根据所选用引弧/收弧焊接参数适当设定引弧/收弧轨迹点距离。

2. 机器人系统故障

（1）撞枪　工件组装出现偏差或焊枪的TCP点位置不准确，应检查装配情况或修正焊枪TCP点位置。

（2）出现电弧故障，不能引弧　焊丝没有接触到工件或相应焊接参数太小，可手动送丝，调整焊枪与焊缝之间的距离，或者适当调整焊接参数。

（3）保护气体监控报警　冷却水或保护气体供给系统存有故障，检查冷却水或保护气体管路。

3. 焊件加工质量要求

作为示教-再现式机器人，要求工件的装配质量和精度必须具有较好的一致性。应用焊接机器人时，应严格控制零件的制备质量，提高焊件的装配精度。零件表面质量、坡口尺寸和装配精度都将影响焊缝跟踪效果，可以从以下几方面提高零件制备质量和焊件装配精度。

（1）编制焊接机器人专用焊接工艺　对零件尺寸、焊缝坡口、装配尺寸进行严格的工艺规定。一般零件和坡口尺寸误差控制在±0.8mm范围内，装配尺寸误差控制在±1.5mm范围内，焊缝出现气孔和咬边等焊接缺陷的概率将大幅度降低。

（2）采用精度较高的装配工装　应采用精度较高的装配工装，以提高焊件的装配精度。

（3）焊缝应清洗干净　保证焊缝无油污、铁锈、焊渣、割渣等杂物，允许有可焊性底漆。否则，将影响引弧成功率。定位焊由焊条焊改为气体保护焊，同时对点焊部位进行打磨，避免存在定位焊残留的渣壳或气孔，从而避免电弧的不稳及飞溅的产生。

4. 焊接机器人对焊丝的要求

焊接机器人根据需要可选用桶装或盘装焊丝。为了降低更换焊丝的频率，焊接机器人应选用桶装焊丝，但由于采用桶装焊丝时，送丝软管很长、阻力大，对焊丝的挺度等质量要求较高。当使用镀铜质量稍差的焊丝时，焊丝表面的镀铜因摩擦脱落会造成导管内容积减小，高速送丝时阻力加大，焊丝将不能平滑送出而产生抖动，从而使电弧不稳，影响焊缝质量。严重时，甚至会出现卡死现象，使机器人停机，故要及时清理焊丝导管。

5. 焊接机器人编程技巧

1）选择合理的焊接顺序，以减小焊接变形和焊枪行走路径长度。

2）焊枪空间过渡要求移动轨迹较短、平滑、安全。

3）优化焊接参数。为了获得最佳的焊接参数，试件应按产品技术要求进行焊接试验和工艺评定。

4）采用合理的变位机位置、机器人姿态、焊枪相对接头的位置、角度。工件在变位机上固定之后，若焊缝不是理想的位置与角度，则编程时要不断调整变位机，使得焊缝按照焊接顺序逐次达到水平位置。同时，要不断调整机器人各轴位置，合理地确定焊枪相对于接头的位置、角度与焊丝伸出长度。工件的位置确定之后，焊枪相对于接头的位置必须通过编程者的双眼进行观察，难度较大。这就要求编程者善于总结和积累经验。

5）及时插入清枪程序。编写一定长度的焊接程序后，应及时插入清枪程序，以防止焊接飞溅堵塞焊接喷嘴和导电嘴，保证焊枪的清洁，提高喷嘴的寿命，确保可靠引弧和减少焊接飞溅。

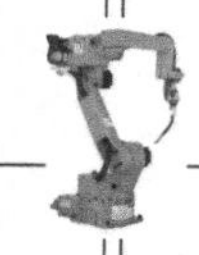

6）编制程序一般不能一步到位，要在机器人焊接过程中不断检验和修改程序，调整机器人姿态、焊枪角度、焊接参数等，才能最终形成一个好的程序。

第三节　机器人 CO_2 气体保护焊焊接工艺与编程

本节根据不同焊件的特点及焊接技术要求，运用机器人 CO_2 气体保护焊焊接工艺知识分析影响焊接质量的因素，制订焊接工艺及确定编程要点，合理设置焊接轨迹点及焊枪角度，选择合适的焊接参数，以提高焊接质量和效率。

一、薄板焊接

（一）平板对接

1. 平板对接焊缝

（1）焊件结构和尺寸　平板对接产品结构和尺寸如图 2-5 所示。

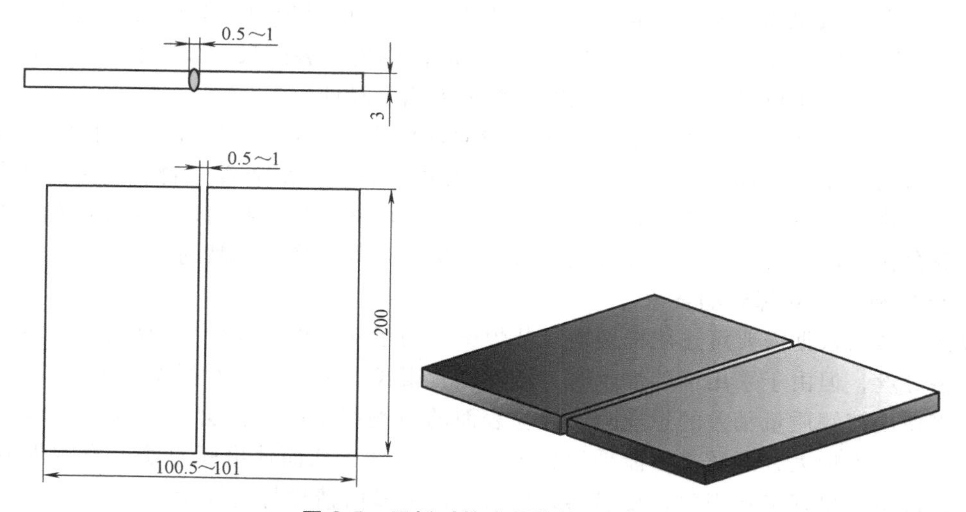

图 2-5　平板对接产品结构和尺寸

（2）焊件材料　Q235 钢板两块，尺寸为 50mm×200mm×3mm。

（3）接头形式　对接 I 形坡口。

（4）焊接位置　水平位置焊接。

（5）技术要求

1）采用 CO_2 作为保护气体，使用 ϕ1.0mm 的 H08Mn2SiA 焊丝，通过在线示教编程操作机器人完成焊接作业。

2）焊缝质量要求。焊缝外观质量要求见表 2-3。

表 2-3　焊缝外观质量要求

检查项目	标准值/mm	检查项目	标准值/mm
焊缝余高	0~2	焊缝高低差	0~1
焊缝宽度	4~6	错边量	0~1
焊缝宽窄差	0~1	角变形	0°~3°
咬边	深度≤0.5,长度≤15	焊缝外观成形	波纹均匀整齐,焊缝成形良好

2. 机器人 CO_2 气体保护焊焊接工艺与编程分析

（1）材料焊接性　产品材料为 Q235 钢，属于常用低碳钢，焊接性较好。

（2）焊件装配　焊件为平对接，因焊接过程中焊缝逐渐收缩，易引起焊接缺陷，应考虑后焊间隙比先焊间隙约大 0.5mm，焊件两端定位焊长度约为 20mm。

（3）焊件的焊接工艺与编程要点

1）该焊件属薄板焊接，其接头形式为 I 形坡口对接，焊接位置为水平焊，采用机器人 CO_2 气体保护焊易施焊，操作简单。

2）焊前将焊件坡口两端清理干净。

3）单面焊双面成形焊缝编程时，要根据焊件板厚、坡口间隙，考虑焊缝的熔合性、焊透性、双面焊缝的均匀性及坡口间隙收缩变形，设定合适的焊枪角度和焊接参数。

4）起焊处编程时，考虑焊缝的熔合性、焊透性、焊缝宽窄和高低的均匀性，设定焊接参数时应适当增加焊接电流、电压及控制引弧停留时间。

5）收弧处易产生弧坑及焊穿缺陷，编程中设定焊接参数时应适当减小焊接电流、焊接电压及控制收弧停留时间。

6）机器人焊接方式采用直线行走焊接即可完成。

3. 设备选择

（1）机器人品牌　机器人本体型号选择 Panasonic TA-1400，控制系统型号选择 Panasonic GⅢ1400。

（2）焊接电源　焊接电源选择 Panasonic YD-500GR3。

4. 示教编程

（1）示教运动轨迹　示教运动轨迹一般包括原点、前进点或退避点、焊接开始点和结束点、焊枪姿态等。薄板平对接产品的示教运动轨迹如图 2-6 所示，主要由编号为①～⑥的六个示教点组成。

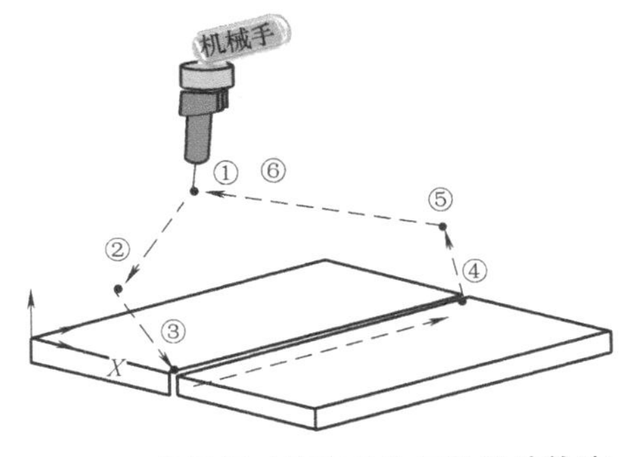

图 2-6　薄板平对接产品的示教运动轨迹

①点、⑥点为原点（或待机位置点），其应处于与工件、夹具不干涉的位置，焊枪姿态一般为 45°（相对于 X 轴）。

③点、④点为焊接起始点和结束点，焊枪姿态为平行于焊缝法线且与待焊方向成一夹角（95°～100°）。

②点（进枪点）、⑤点（退枪点）为过渡点，也要处于与工件、夹具不干涉的位置，焊枪角度任意。

（2）焊接参数设置　焊接参数设置包括焊接层数、焊接电流、焊接电压、焊接速度、干伸长度、气体流量等的设置。薄板平对接焊接参数见表 2-4。

表 2-4　薄板平对接焊接参数

焊接层数	焊接电流/A	焊接电压/V	焊接速度/(mm/min)	运枪方式	振幅	干伸长度/mm
一层	120	18.4	300	直线	0	15

（3）焊接程序　薄板平对接焊接示教程序见表 2-5。

表 2-5　薄板平对接焊接示教程序

程序号	程序	注　释
0011	1:Mech1:　Robot Begin of Program	机构 1 :机器人 程序开始
0001●	TOOL　=1:TOOL　01	工具坐标 1
0002●	MOVEP　P001 ,10.00m/min	待机位置(原点),示教速度
0003●	MOVEP　P002,10.00m/min	接近点,示教速度
0004	MOVEL　P003,10.00m/min	焊接开始点,示教速度,设起弧参数
0005●	ARC—SET　AMP=120 VOLT=18.4　S=0.30	焊接参数
0006	ARC—ON　ArcStart1　PROCESS=0	焊接开始指令(自动调用引弧程序)
0007●	MOVEL　P004,10.00m/min	焊接结束点,示教速度
0008●	CRATER　AMP=100 VOLT=18.0　T=0.3	收弧参数
0009	ARC—OFF　ArcEnd1　PROCESS=0	焊接结束指令(自动调用收弧子程序)
0010●	MOVEP　P005,10.00m/min	退枪点(移动中与工件及夹具不干涉的位置),示教速度
0011●	MOVEP　P006,10.00m/min	回到待机位置(原点),示教速度
	End of Program	程序结束

(4) 焊接效果　焊接效果图如图 2-7 所示。

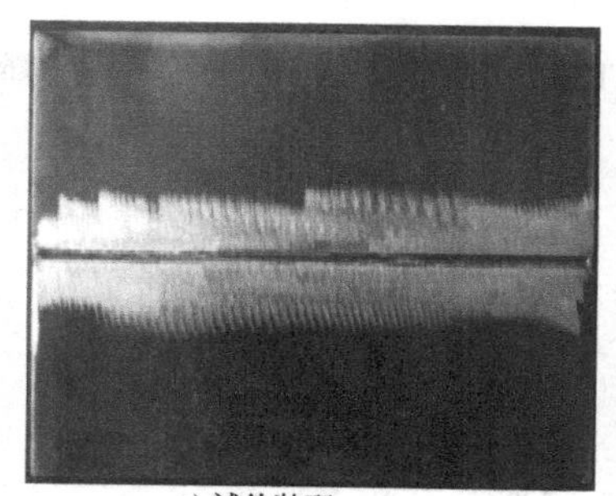
a) 试件装配

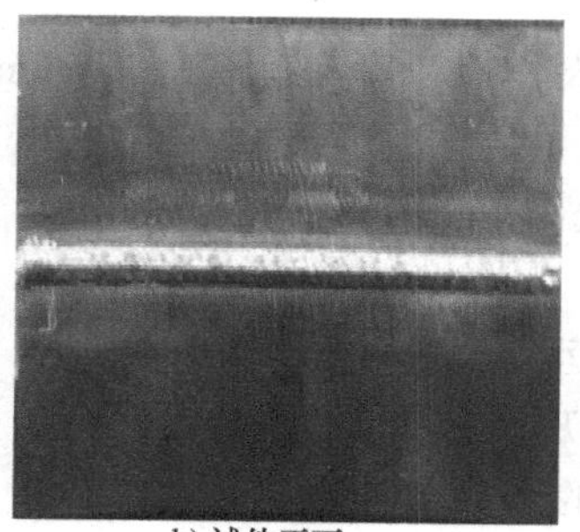
b) 试件正面

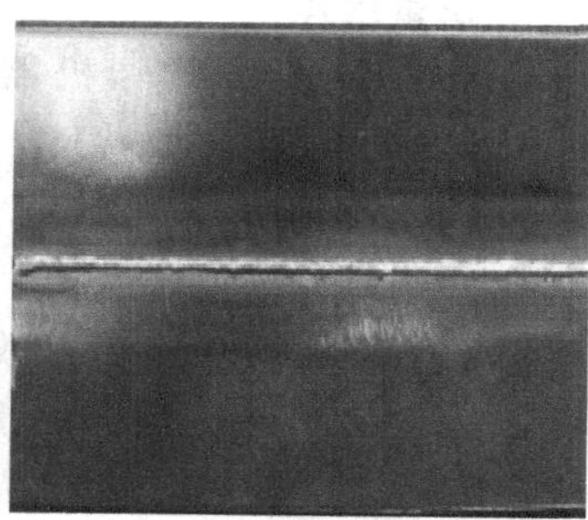
c) 试件背面

图 2-7　焊接效果图

(二) T 形角接

1. T 形角接焊缝

(1) 焊件结构和尺寸　T 形角接产品结构和尺寸如图 2-8 所示。

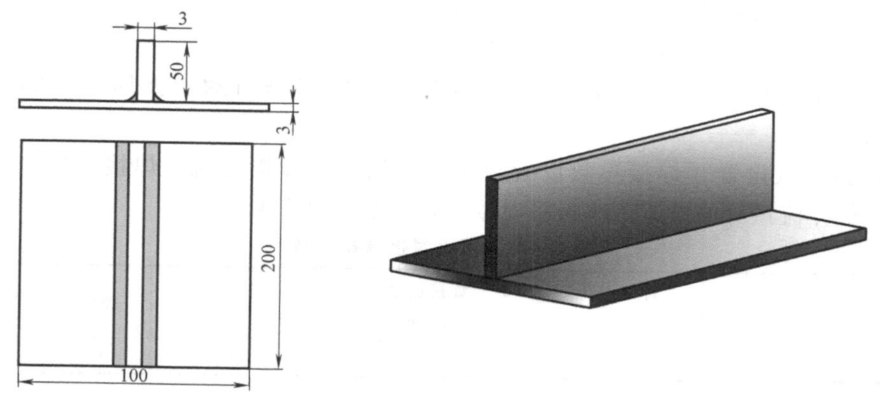

图 2-8　T 形角接产品结构和尺寸

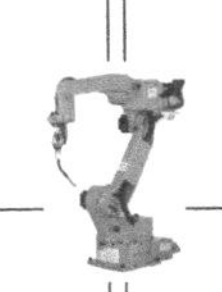

（2）焊件材料 Q235钢板，尺寸为100mm×200mm×3mm和50mm×200mm×3mm。

（3）接头形式 T形接头。

（4）焊接位置 水平位置平角焊。

（5）技术要求

1）采用CO_2作为保护气体，使用ϕ1.0mm的H08Mn2SiA焊丝，通过在线示教编程操作机器人完成焊接作业。

2）焊缝质量要求。焊缝外观质量要求见表2-6。

表2-6 焊缝外观质量要求

检查项目	标准值/mm	检查项目	标准值/mm
焊缝高低差	0~1	焊脚尺寸	3~5
焊缝宽窄差	0~1	角变形	0°~5°
咬边	深度≤0.5,长度≤15	焊缝外观成形	波纹均匀整齐,焊缝成形良好

2. 机器人CO_2气体保护焊焊接工艺与编程分析

（1）材料焊接性 焊件材料为Q235钢，属于常用低碳钢，焊接性较好。

（2）焊件装配 立板垂直于水平板，间隙为零，接头两端定位焊长度约为20mm。

（3）焊件的焊接工艺与编程要点

1）焊趾处易产生咬边，焊枪与立板、水平板之间的角度为45°，与焊接方向后倾约10°，设定合适的焊接参数，防止因焊接电流过大而产生咬边。

2）引弧处易产生未熔合缺陷，编程时应设定引弧电流大于正常焊接电流约15%，停留时间应稍长。

3）收弧处易产生弧坑或裂纹，编程中设定收弧焊接参数时应适当减小焊接电流，停留时间应稍长，以控制弧坑及裂纹的产生。

4）采用单层直线不摆动一次焊接成形。

3. 设备选择

（1）机器人品牌 机器人本体型号选择Panasonic TA-1400，控制系统型号选择Panasonic GⅢ1400。

（2）焊接电源 焊接电源选择Panasonic YD-500GR3。

4. 示教编程

（1）示教运动轨迹 薄板T形接头产品的示教运动轨迹如图2-9所示，主要由编号为①~⑦的七个示教点组成。

①点、⑦点为原点（或待机位置点），其应处于与工件、夹具不干涉的位置，焊枪姿态一般为45°（相对于X轴）。

④点、⑤点为焊接开始点和结束点，焊枪姿态为平行于焊缝法线且与待焊方向成一夹角（95°~100°）。

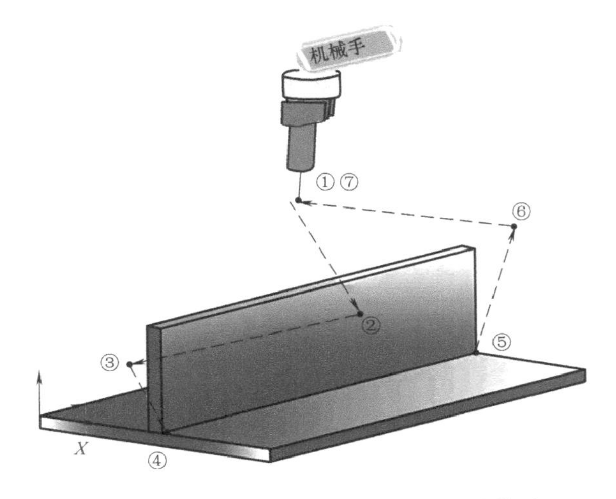

图2-9 薄板T形接头产品的示教运动轨迹

②点（进枪点）、③点（退枪点）、⑥点为过渡点，也要处于与工件、夹具不干涉的位置，焊枪角度任意。

（2）焊接参数设置　薄板T形接头焊接参数见表2-7。

表2-7　薄板T形接头焊接参数

焊接层数	焊接电流/A	焊接电压/V	焊接速度/(mm/min)	运枪方式	气体流量/(L/min)	干伸长度/mm
一层	140	20	350	直线	10~15	15

（3）焊接程序　薄板T形接头焊接示教程序见表2-8。

表2-8　薄板T形接头焊接示教程序

程序号	程序	注　释
0011	1:Mech1:　Robot Begin of Program	机构1:机器人 程序开始
0001	TOOL=1:　TOOL 01	工具坐标1
0002●	MOVEP　P001,10.00m/min	待机位置(原点),示教速度
0003●	MOVEP　P002,10.00m/min	接近点,示教速度
0004●	MOVEL　P003,10.00m/min	焊接开始点,示教速度,设起焊参数
0005	ARC—SET　AMP=140 VOLT=20.0　S=0.35	焊接参数
0006	ARC—ON　ArcStart 1　PROCESS=0	焊接开始指令(自动调用引弧程序)
0007●	MOVEL　P004,10.00m/min	焊接结束点,示教速度
0008	CRATER　AMP=130 VOLT=19.5　T=0.50	收弧参数
0009	ARC—OFF　ArcEnd 1　PROCESS=0	焊接结束指令(自动调用收弧子程序)
0010●	MOVEP　P005,10.00m/min	退枪点(移动中与工件及夹具不干涉的位置),示教速度
0011●	MOVEP　P006,10.00m/min	回到待机位置(原点),示教速度
	End of Program	程序结束

（4）焊接效果　焊接效果图如图2-10所示。

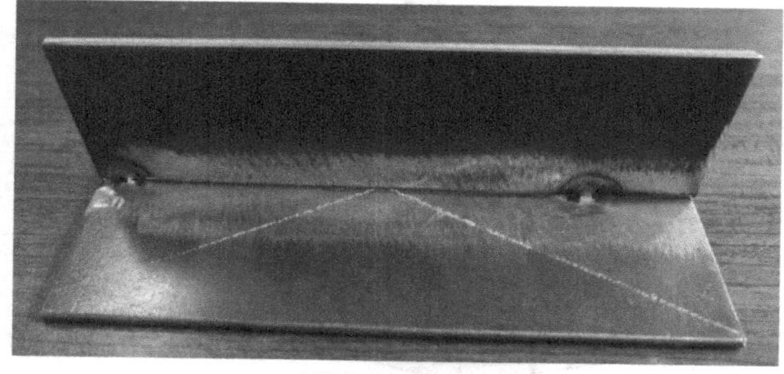

a) 试件装配

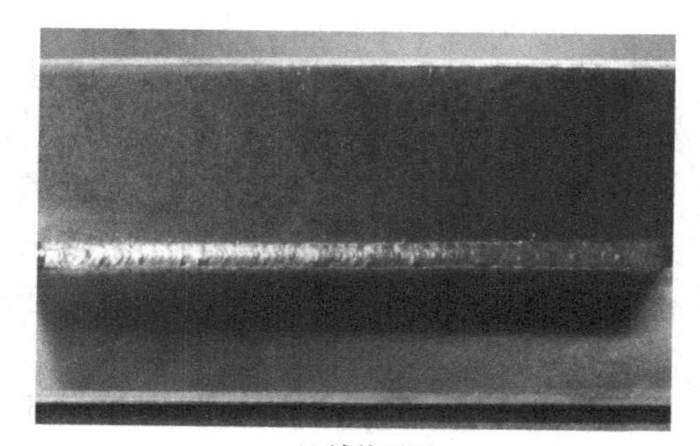

b) 试件正面

图2-10　焊接效果图

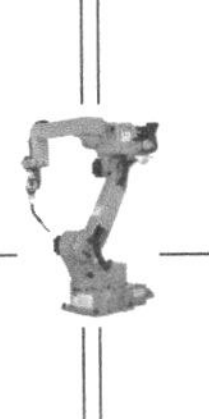

（三）垂直管板对接

1. 垂直管板对接焊缝

（1）焊件结构和尺寸　垂直管板对接产品结构和尺寸如图 2-11 所示。

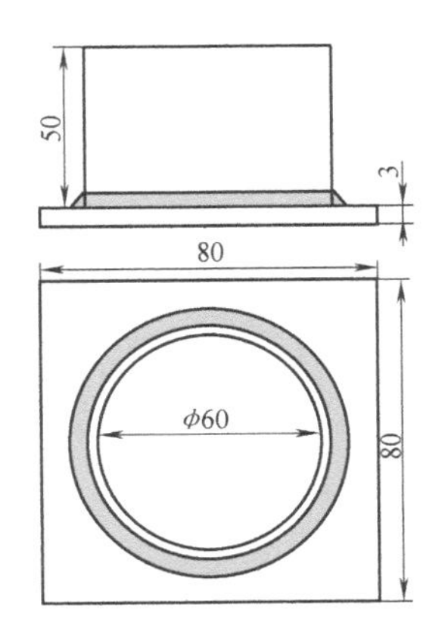

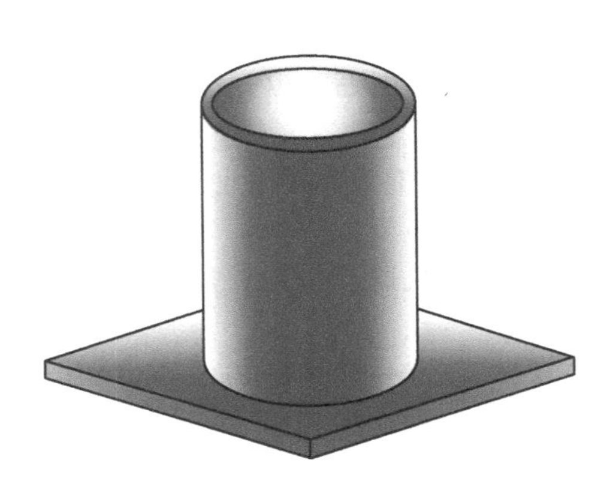

图 2-11　垂直管板对接产品结构和尺寸

（2）焊件材料　选用 Q235 钢，钢板尺寸为 80mm×80mm×3mm，钢管尺寸为 ϕ60mm×50mm×4mm。

（3）接头形式　管板骑座式。

（4）焊接位置　管俯位平角焊。

（5）技术要求

1）采用 CO_2 作为保护气体，使用 ϕ1.0mm 的 H08Mn2SiA 焊丝，通过在线示教编程操作机器人完成焊接作业。

2）焊缝质量要求。焊缝外观质量要求见表 2-9。

表 2-9　焊缝外观质量要求

检查项目	标准值/mm	检查项目	标准值/mm
焊缝高低差	0~1	焊脚尺寸	3~5
焊缝宽窄差	0~1	角 变 形	0°~5°
咬边	深度≤0.5,长度≤15	焊缝外观成形	波纹均匀整齐,焊缝成形良好

2. 机器人 CO_2 气体保护焊焊接工艺与编程分析

（1）材料焊接性　产品材料为 Q235 钢，属于常用低碳钢，焊接性良好。

（2）焊件装配　接管垂直于底板，间隙为零，环焊缝均匀分布三点定位焊，点位焊缝长度约为 15mm。

（3）焊件的焊接工艺与编程要点

1）该焊件属于管板骑座式接头形式，焊接位置为管垂直俯位平角焊。管板骑座式接头是 T 形接头的特例，其示教要领与薄板 T 形接头相似。

2）管板根部焊缝示教时，焊枪角度、电弧对中位置需要随着管板对接接头的弧度变化而变化。

3）管板焊缝后焊部分的温度高于先焊部分，该处焊接时易产生咬边缺陷，因此，编程时该处设定的焊接电流应适当减小。

4）由于属于闭环焊缝，为保证接头的熔合性，收弧时应与引弧处重叠一部分。但这样易使接头处焊缝成形高低和宽窄不一。编程时，起弧处不应增大电流和增加停留时间；收弧时，也不必减小电流和增加停留时间。管板焊缝起弧/收弧连接处易产生未熔合、凹坑或高低不平缺陷，编程时设定的引弧电流应适当增大，收弧时与引弧重叠，设置的电流应适当减小，稍停留一段时间，以防止产生焊接缺陷。

5）焊接方式可以采用圆弧（内、外圆弧）传感示教，也可直接采用圆弧轨迹示教，后者操作较简单。

6）手动操作机器人完成焊接作业。

3. 设备选择

（1）机器人品牌　机器人本体型号选择 Panasonic TA-1400，控制系统型号选择 Panasonic GⅢ1400。

（2）焊接电源　焊接电源选择 Panasonic YD-500GR3。

4. 示教编程

（1）示教运动轨迹　垂直管板对接产品的焊接直接采用圆弧轨迹示教，其示教轨迹如图 2-12 所示，主要由编号为①~⑪的 11 个示教点组成。

①点、⑪点为原点（或待机位置点），其应处于与工件、夹具不干涉的位置，焊枪姿态一般为 45°（相对于 X 轴）。

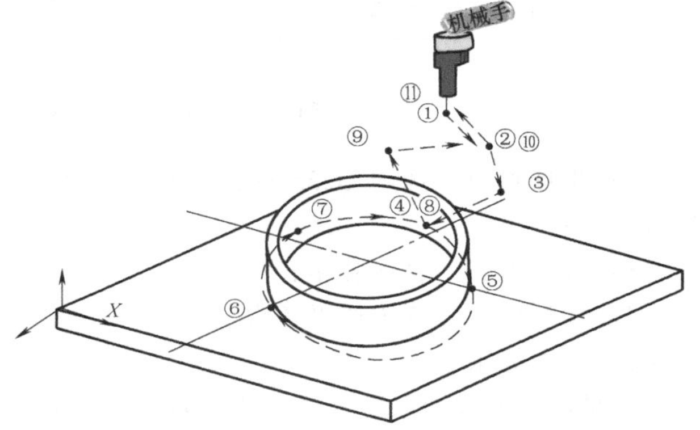

图 2-12　垂直管板对接产品的示教运动轨迹

②点、③点、⑨点、⑩点为过渡点（前进点或退避点），也要处于与工件、夹具不干涉的位置，焊枪角度任意。

④点、⑤点、⑥点、⑦点、⑧点为焊接点，焊枪姿态为与两工件成 45°夹角，焊缝待焊方向与圆管切线成 95°~100°夹角。

（2）焊接参数设置　垂直管板对接焊接参数见表 2-10。

表 2-10　垂直管板对接焊接参数

焊接层数	焊接电流/A	焊接电压/V	焊接速度/(mm/min)	运枪方式	气体流量/(L/min)	干伸长度/mm
一层	150	20	330	直线	12~15	15

（3）焊接程序　垂直管板对接焊接示教程序见表 2-11。

表 2-11　垂直管板对接焊接示教程序

程序号	程　序	注　释
0011	1:Mech1:Robot Begin of Program	机构 1:机器人 程序开始
0001	TOOL=1:TOOL 01	工具坐标 1
0002●	MOVEP P001,10.00m/min	待机位置(原点),示教速度
0003●	MOVEP P002,10.00m/min	接近点,示教速度
0004●	MOVEC P003,10.00m/min	焊接开始点,示教速度

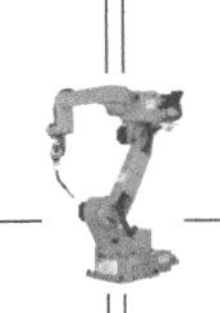

（续）

程序号	程　　序	注　　释
0005	ARC—SET　AMP=150　VOLT=20.0　S=0.33	焊接参数
0006	ARC—ON　ArcStart=1　PROCESS=0	焊接开始指令(自动调用引弧程序)
0007●	MOVEC P004,10.00m/min	焊接点,示教速度
0008●	MOVEC P005,10.00m/min	焊接点,示教速度
0009●	MOVEC P006,10.00m/min	焊接点,示教速度
0010●	MOVEC P007,10.00m/min	焊接结束位置点,示教速度
0011	CRATER　AMP=130　VOLT=19.5　T=0.50	收弧参数
0012	ARC—OFF　ArcEnd1　PROCESS=0	焊接结束指令(自动调用收弧子程序)
0013●	MOVEP P008,10.00m/min	退枪点(移动中与工件及夹具,不干涉的位置),示教速度示教速度
0014●	MOVEP P009,10.00m/min	回到待机位置(原点),示教速度
	End of Program	程序结束

（4）焊接效果　焊接效果图如图 2-13 所示。

a) 试件装配

b) 试件焊缝

图 2-13　焊接效果图

（四）方形平角搭接

方形平角搭接焊采用直线+90°转角焊，重点在于转角的焊接。

1. 方形平角搭接焊缝

（1）焊件结构和尺寸　方形平角搭接产品的结构和尺寸如图 2-14 所示。

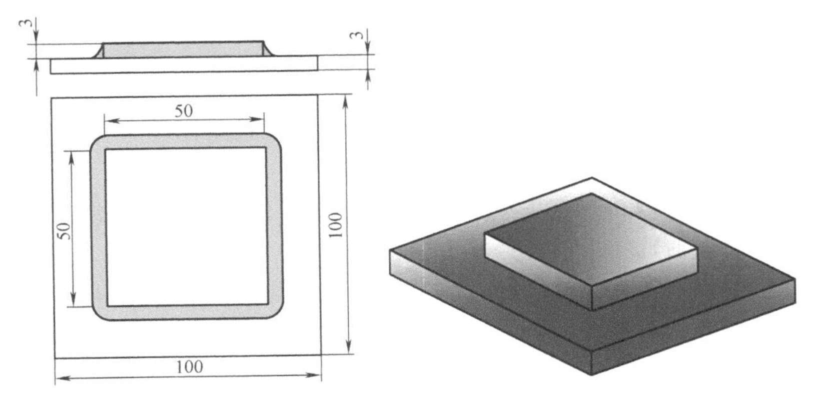

图 2-14　方形平角搭接产品的结构和尺寸

（2）焊件材料　Q235钢板，尺寸分别为100mm×100mm×3mm和50mm×50mm×3mm。

（3）接头形式　板-板搭接。

（4）焊接位置　平角焊。

（5）技术要求

1）采用CO_2作为保护气体，使用ϕ1.0mm的H08Mn2SiA焊丝，通过在线示教编程操作机器人完成焊接作业。

2）焊缝质量要求。焊缝外观质量要求见表2-12。

表2-12　焊缝外观质量要求

检查项目	标准值/mm	检查项目	标准值/mm
焊缝高低差	0~1	焊脚尺寸	2~4
焊缝宽窄差	0~1	焊缝外观成形	波纹均匀整齐,焊缝成形良好
咬边	深度≤0.5,长度≤15		

2. 机器人CO_2气体保护焊焊接工艺与编程分析

（1）材料焊接性　产品材料为Q235钢，属于常用低碳钢，焊接性良好。

（2）焊件装配　两板平直，间隙为0~0.5mm，各边离两端约20mm处定位焊，长度约为15mm。

（3）焊件的焊接工艺与编程要点

1）方形平角搭接焊采用直线+90°转角焊。

2）搭接角焊缝焊趾处易产生咬边缺陷，编程中设定焊接参数时应选择合适的焊接电流、电压，以防止产生咬边。

3）焊件四个90°转角处易产生咬边、脱节等缺陷，编程时90°转角处的焊接速度应稍快，焊枪角度依次旋转，以防止产生咬边及脱节缺陷。

4）起弧与收弧重叠连接，易产生未熔合等缺陷，编程及设定焊接参数时可参考垂直管板对接焊的操作要点。

5）薄板焊件焊接时，直接采用直线不摆动示教编程与示教轨迹。

3. 设备选择

（1）机器人品牌　机器人本体型号选择Panasonic TA-1400，控制系统型号选择Panasonic GⅢ1400。

（2）焊接电源　焊接电源选择Panasonic YD-500GR3。

4. 示教编程

（1）示教运动轨迹　方形平角搭接产品的示教运动轨迹如图2-15所示，主要由编号为①~⑳的20个示教点组成。

①点、⑳点为原点（或待机位置点），其应处于与工件、夹具不干涉的位置，焊枪姿态一般为45°（相对于X轴）。

②点、③点、⑱点、⑲点为过渡点（前进点或退避点），也要处于与工件、夹具不干涉的位置，焊枪角度任意。

④点~⑰点为试件的焊接轨迹，其中④点、⑰点分别为起焊点和结束点，焊枪姿态为与两工件成45°夹角，与焊缝待焊方向成95°~100°夹角。

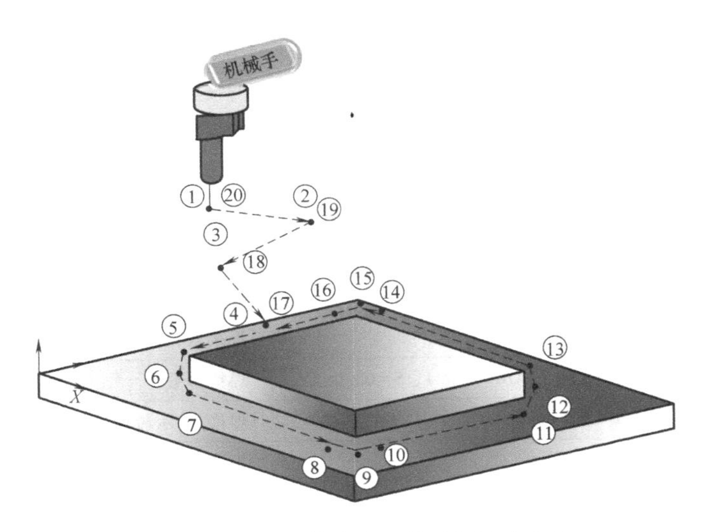

图 2-15 方形平角搭接产品的示教运动轨迹

(2) 焊接参数设置 方形平角搭接焊接参数见表 2-13。

表 2-13 方形平角搭接焊接参数

焊接层数	焊接电流/A	焊接电压/V	焊接速度/(mm/min)	运枪方式	气体流量/(L/min)	干伸长度/mm
一层	120	18.4	300	直线	12~15	15

(3) 焊接程序 方形平角搭接焊接示教程序见表 2-14。

表 2-14 方形平角搭接焊接示教程序

程序号	程 序	注 释
0011	1:Mech1: Robot Begin of Program	机构 1:机器人 程序开始
0001	TOOL=1: TOOL 01	工具坐标 1
0002●	MOVEP P001,10.00m/min	待机位置(原点),示教速度
0003●	MOVEP P002,10.00m/min	接近点,示教速度
0004●	MOVEL P003,10.00m/min	焊接开始点,示教速度
0005	ARC—SET AMP=120 VOLT=18.4 S=0.30	焊接参数
0006	ARC—ON ArcStart 1 PROCESS=0	焊接开始指令(自动调用引弧程序)
0007●	MOVEL P004,10.00m/min	焊接点,示教速度
0008●	MOVEL P005,10.00m/min	焊接点,示教速度
0009	ARC—SET AMP=120 VOLT=18.4 S=0.90	焊接参数
0010●	MOVEL P006,10.00m/min	焊接点,示教速度
0011●	MOVEL P007,10.00m/min	焊接点,示教速度
0012	ARC—SET AMP=120 VOLT=18.4 S=0.30	焊接参数
0013●	MOVEL P008,10.00m/min	焊接点,示教速度

（续）

程序号	程　　序	注　　释
0014●	MOVEL　P009,10.00m/min	焊接点,示教速度
0015	ARC—SET　AMP=120　VOLT=18.4　S=0.90	焊接参数
0016●	MOVEL　P010,10.00m/min	焊接点,示教速度
0017●	MOVEL　P011,10.00m/min	焊接点,示教速度
0018	ARC—SET　AMP=120　VOLT=18.4　S=0.30	焊接参数
0019●	MOVEL　P012,10.00m/min	焊接点,示教速度
0020●	MOVEL　P013,10.00m/min	焊接点,示教速度
0021	ARC—SET　AMP=120　VOLT=18.4　S=0.90	焊接参数
0022●	MOVEL　P014,10.00m/min	焊接点,示教速度
0023●	MOVEL　P015,10.00m/min	焊接点,示教速度
0024	ARC—SET　AMP=120　VOLT=18.4　S=0.30	焊接参数
0025●	MOVEL　P016,10.00m/min	焊接点,示教速度
0026●	MOVEL　P017,10.00m/min	焊接点,示教速度
0027	ARC—SET　AMP=120　VOLT=18.4　S=0.90	焊接参数
0028●	MOVEL　P018,10.00m/min	焊接点,示教速度
0029●	MOVEL　P019,10.00m/min	焊接点,示教速度
0030	ARC—SET　AMP=120　VOLT=18.4　S=0.30	焊接参数
0031●	MOVEL　P020,10.00m/min	焊接结束点,示教速度
0032	CRATER　AMP=110　VOLT=17.4　T=0.20	收弧参数
0033	ARC—OFF　ArcEnd 1　PROCESS=0	焊接结束指令(自动调用收弧子程序)
0034●	MOVEP　P021,10.00m/min	退枪点(移动中与工件及夹具不干涉的位置),示教速度
0035●	MOVEP　P022,10.00m/min	回到待机位置(原点),示教速度
	End of Program	程序结束

（4）焊接效果　焊接效果图如图 2-16 所示。

a) 试件装配

b) 试件焊缝

图 2-16　焊接效果图

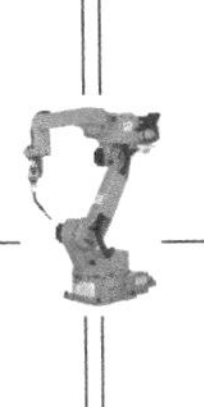

二、中厚板焊接

中厚板焊接时，为了达到一定焊缝尺寸要求，通常需要焊接多层焊缝。在机器人焊接中，有采用各层焊缝手动编程焊接和自动套用中厚板软件进行多层焊两种方式。为了更直观地了解和掌握机器人焊接工艺，本节中的中厚板机器人编程与焊接均采用各层焊缝手动编程焊接的方式。

（一）中厚板平对接

1. 平对接焊缝

（1）焊件结构和尺寸　中厚板平对接产品结构和尺寸如图 2-17 所示。

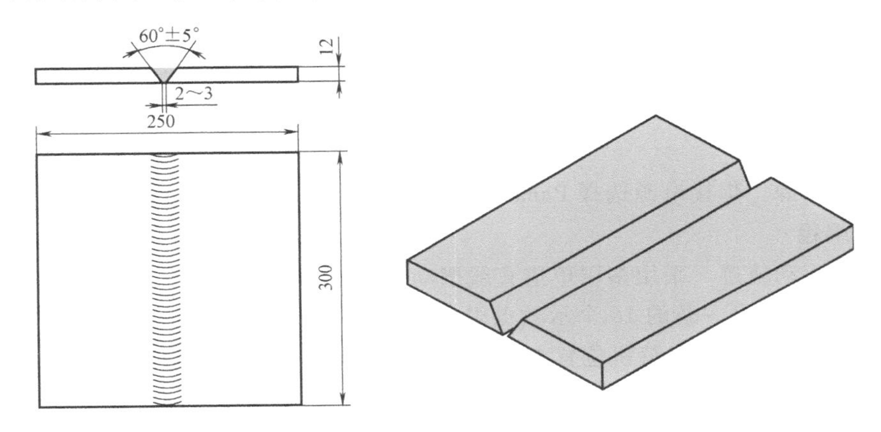

图 2-17　中厚板平对接产品结构和尺寸

（2）焊件材料　Q235 钢板两块，尺寸为 125mm×300mm×12mm。

（3）接头形式　对接 V 形坡口。

（4）焊接位置　水平位置焊接。

（5）技术要求

1）采用 CO_2 作为保护气体，使用 ϕ1.2mm 的 H08Mn2SiA 焊丝，采用多层单道焊，在线示教编程完成焊接作业。

2）焊缝质量要求。焊缝质量包括外观质量和内部质量，焊缝外观质量要求见表 2-15；焊缝内部质量按 GB/T 3323—2005《金属熔化焊焊接接头射线照相》标准中的 X 射线检测达二级以上为合格。

表 2-15　焊缝外观质量要求

检查项目	标准值/mm	检查项目	标准值/mm
焊缝余高	0~2	未焊透	无
焊缝高低差	0~1	背面焊缝凹陷	深度≤0.5,长度≤15
焊缝宽度	17~21	错边量	0~1
焊缝宽窄差	0~1	角变形	0°~5°
咬边	深度≤0.5,长度≤15	焊缝正面、背面外观成形	波纹均匀整齐,焊缝成形良好

2. 机器人 CO_2 气体保护焊焊接工艺与编程分析

（1）材料焊接性　产品材料为 Q235 钢，属于常用低碳钢，焊接性良好。

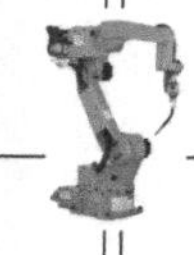

（2）焊件装配　平对接接头焊接过程中焊缝逐渐收缩，易引起焊接缺陷。因此，装配时后焊间隙应大于先焊间隙约 0.5mm，焊件两端定位焊长度约为 20mm。

（3）焊件的焊接工艺与编程要点

1）焊件厚度为 12mm，选用多层单道焊。

2）焊件打底层的单面焊双面成形易产生烧穿、未熔合等缺陷，编程时选用直线摆动插补，应注意控制电弧摆动轨迹在熔池中的过渡位置（以熔池前半部分为宜）以及在坡口两侧的停留位置（在钝边上部 1~2mm 为宜）和停留时间（0.2~0.3s 为宜）。焊接参数不宜过大。

3）填充与盖面层的焊接易产生未熔合等缺陷。一般在电流、电压和两侧停留时间不变的前提下，速度越慢，产生未熔合缺陷的几率越大。因此，编程时应选用直线摆动插补，主要是控制电弧在坡口两侧的停留时间（0.3~0.5s 为宜）和焊接速度。

3. 设备选择

（1）机器人品牌　机器人本体型号选择 Panasonic TA-1400，控制系统型号选择 Panasonic GⅢ1400。

（2）焊接电源　焊接电源选择 Panasonic YD-500GR3。

4. 示教编程

（1）示教运动轨迹　采用多层单道直线摆动示教编程和焊接，其示教运动轨迹如图2-18 所示，主要由编号为①~⑯的 16 个示教点组成。

①点、㉖点为原点（或待机位置点），其应处于与工件、夹具不干涉的位置，焊枪姿态一般为 45°（相对于 X 轴）。

②点、⑦点、⑧点、⑬点、⑭点、⑲点、⑳点和㉕点为过渡点（前进点或退避点），也要处于与工件、夹具不干涉的位置，焊枪角度任意。

④点、⑤点、⑩点、⑪点、⑯点、⑰点、㉒点和㉓点为摆动振幅点，要根据焊道的宽度设定位置，焊枪姿态和角度应与焊接点一致。

③点、⑨点、⑮点和㉑点为焊接开始点，⑥点、⑫点、⑱点和㉔点为焊接结束点，焊枪姿态为与两工件垂直，与焊缝待焊方向成 100°~110°夹角。

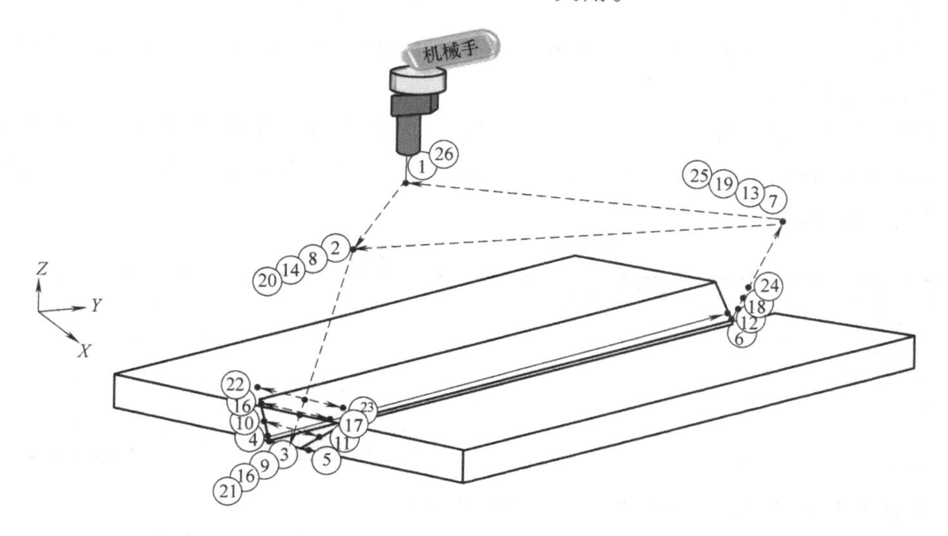

图 2-18　中厚板平对接产品的示教运动轨迹

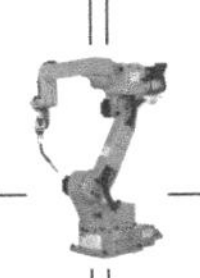

（2）焊接参数设置　中厚板平对接焊接参数见表2-16。

表2-16　中厚板平对接焊接参数

焊接层数	焊接电流/A	焊接电压/V	焊接速度/(mm/min)	运枪方式	摆动频率	两边停留时间/s	气体流量/(L/min)	干伸长度/mm
第一层	100	17.6	100	"之"字形	0.8	左:0.2;右:0.2	13~15	15
填充层	130	19	100	"之"字形	0.8	左:0.2;右:0.2	13~15	15
盖面层	110	18	90	"之"字形	0.3	左:0.3;右:0.3	13~15	15

（3）焊接程序　中厚板平对接焊接示教程序见表2-17。

表2-17　中厚板平对接焊接示教程序

程序号	程　序	注　释
0011	1:Mech1:　Robot	机构1:机器人
	Begin of Program	程序开始
0001	TOOL=1:　TOOL 01	工具坐标1
0002●	MOVEP　P001,10.00m/min	待机位置(原点),示教速度
0003●	MOVEP　P002,10.00m/min	接近点,示教速度
0004●	MOVELW　P003,10.00m/min,Ptn=1,F=0.8	焊接开始点,示教速度
0005	ARC—SET　AMP=90　VOLT=17.6　S=0.10	焊接参数
0006	ARC—ON　ArcStart 1　PROCESS=0	焊接开始指令(自动调用引弧程序)
0007■	WEAVEP　P004,10.00m/min,D 右:3　T=0.3	振幅点
0008■	WEAVEP　P005,10.00m/min,D 左:3　T=0.3	振幅点
0009●	MOVELW　P006,10.00m/min,Ptn=1,F=0.8	焊接结束位置点
0010	CRATER　AMP=80　VOLT=17.6　T=2.0	收弧参数
0011	ARC—OFF　ArcEnd 1　PROCESS=0	焊接结束指令(自动调用收弧子程序)
0012●	MOVEP　P007,10.00m/min	退枪点(移动中与工件及夹具不干涉的位置),示教速度
0013●	MOVEP　P008,10.00m/min	接近点,示教速度
0014●	MOVELW　P009,10.00m/min,Ptn=1,F=0.8	焊接开始点,示教速度
0015	ARC—SET　AMP=130　VOLT=19.0　S=0.10	焊接参数
0016	ARC—ON　ArcStart 1　PROCESS=0	焊接开始指令(自动调用引弧程序)
0017■	WEAVEP　P010,10.00m/min,D 右:4.5　T=0.3	振幅点
0018■	WEAVEP　P011,10.00m/min,D 左:4.5　T=0.3	振幅点
0019●	MOVELW　P012,10.00m/min,Ptn=1,F=0.8	焊接结束位置点
0020	CRATER　AMP=120　VOLT=19.0　T=2.0	收弧参数
0021	ARC—OFF　ArcEnd 1　PROCESS=0	焊接结束指令(自动调用收弧子程序)
0022●	MOVEP　P013,10.00m/min	退枪点(移动中与工件及夹具不干涉的位置),示教速度

（续）

程序号	程　　序	注　　释
0023●	MOVEP　P014,10.00m/min	接近点,示教速度
0024●	MOVELW　P015,10.00m/min,Ptn=1,F=0.8	焊接开始点,示教速度
0025	ARC—SET　AMP=130　VOLT=19　S=0.10	焊接参数
0026	ARC—ON　ArcStart 1　PROCESS=0	焊接开始指令(自动调用引弧程序)
0027■	WEAVEP　P016,10.00m/min,D 右:6　T=0.3	振幅点
0028■	WEAVEP　P017,10.00m/min,D 左:6　T=0.3	振幅点
0029●	MOVELW　P018,10.00m/min,Ptn=1,F=0.8	焊接结束点
0030	CRATER　AMP=120　VOLT=18.4　T=2.0	收弧参数
0031	ARC—OFF　ArcEnd 1　PROCESS=0	焊接结束指令(自动调用收弧子程序)
0032●	MOVEP　P019,10.00m/min	退枪点(移动中与工件及夹具不干涉的位置),示教速度
0033●	MOVEP　P020,10.00m/min	接近点,示教速度
0034●	MOVELW　P021,10.00m/min,Ptn=1,F=0.3	焊接开始点,示教速度
0035	ARC—SET　AMP=110　VOLT=18.0　S=0.09	焊接参数
0036	ARC—ON　ArcStart 1　PROCESS=0	焊接开始指令(自动调用引弧程序)
0037■	WEAVEP　P022,10.00m/min,D 右:7.5　T=0.3	振幅点
0038■	WEAVEP　P023,10.00m/min,D 左:7.5　T=0.3	振幅点
0039●	MOVELW　P024,10.00m/min,Ptn=1,F=0.3	焊接结束点
0040	CRATER　AMP=100　VOLT=18.0　T=2.0	收弧参数
0041	ARC—OFF　ArcEnd 1　PROCESS=0	焊接结束指令(自动调用收弧子程序)
0042●	MOVEP　P025,10.00m/min	退枪点(移动中与工件及夹具不干涉的位置),示教速度
0043●	MOVEP　P026,10.00m/min	回到待机位置(原点),示教速度
●	End　of　Program	程序结束

注：■表示加摆动。

（4）焊接效果　焊接效果图如图 2-19 所示。

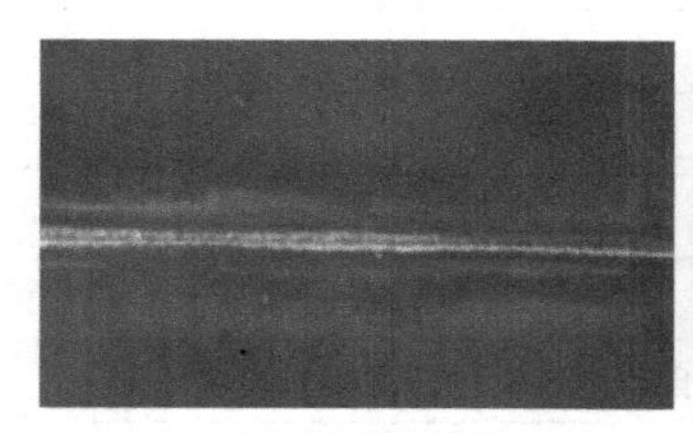
a）底层背面焊缝

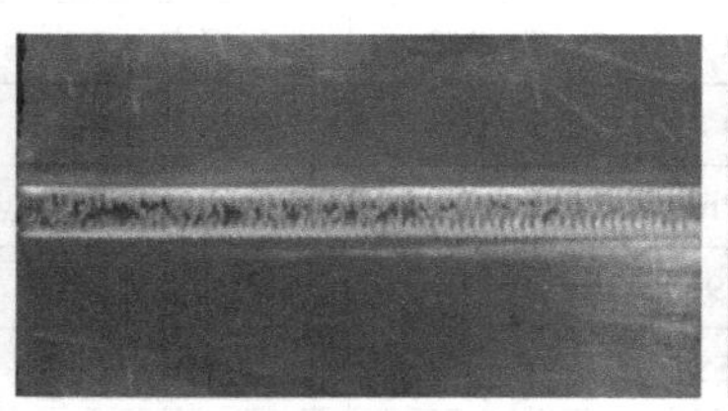
b）填充层正面焊缝

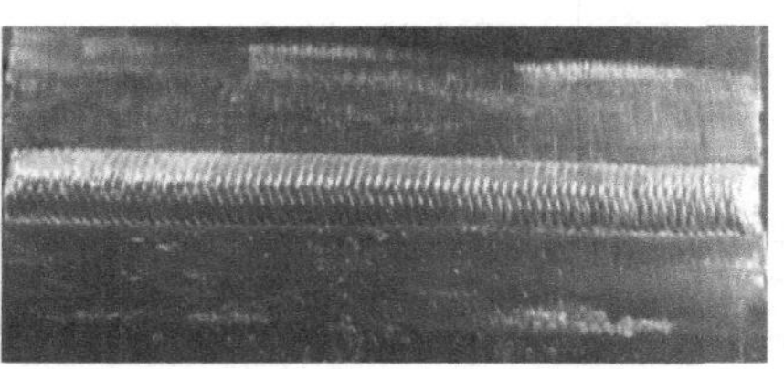
c）盖面层正面焊缝

图 2-19　焊接效果图

（二）T 形角接

1. T 形角接焊缝

（1）焊件结构和尺寸　中厚板 T 形角接产品的结构和尺寸如图 2-20 所示。

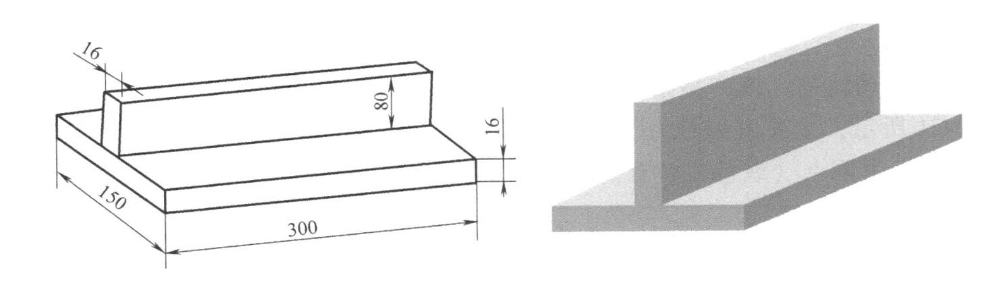

图 2-20　中厚板 T 形角接产品的结构和尺寸

（2）焊件材料　Q235 钢板，尺寸为 150mm×300mm×16mm 和 80mm×300mm×16mm。

（3）接头形式　T 形接头。

（4）焊接位置　水平位置焊接。

（5）技术要求

1）采用 CO_2 作为保护气体，使用 ϕ1.2mm 的 H08Mn2SiA 焊丝。

2）焊缝质量要求。焊缝外观质量要求见表 2-18，要求焊脚高度为16~17mm，焊缝两侧无咬边，焊缝表面无气孔、焊瘤、夹渣和裂纹等缺陷，波纹均匀整齐，焊缝成形良好。

表 2-18　焊缝外观质量要求

检查项目	标准值/mm	检查项目	标准值/mm
焊缝高低差	0~1	焊脚尺寸	16~17
焊缝宽窄差	0~1	角 变 形	0°~5°
咬边	深度≤0.5,长度≤15	焊缝外观成形	波纹均匀整齐，焊缝成形良好

2. 机器人 CO_2 气体保护焊焊接工艺与编程分析

（1）材料焊接性　产品材料为 Q235 钢，属于常用低碳钢，焊接性较好。

（2）焊件装配 立板垂直于水平板，间隙为 0~0.3mm，接头两端定位焊长度约为 20mm。

（3）焊件的焊接工艺与编程要点

1）采用多层单道焊，为了保证熔深，第一层焊缝考虑加大焊接参数；为了保证焊缝外观成形，盖面层应考虑适当减小焊接参数。

2）对于角焊缝焊脚尺寸，普遍立板偏小，水平板偏大，焊枪示教时应注意设点的位置及角度，防止焊脚产生偏向。

3）T 形角接接头中立板焊缝焊趾易咬边，编程时选用直线摆动插补，设定振幅上点停留时间稍长于下点，以防止产生咬边。

4）手动操作机器人逐层编程完成焊接作业。

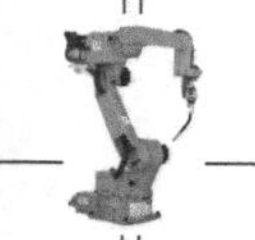

3. 设备选择

（1）机器人品牌　机器人本体型号选择 Panasonic TA-1400，控制系统型号选择 Panasonic GⅢ1400。

（2）焊接电源　焊接电源选择 Panasonic YD-500GR3。

4. 示教编程

（1）示教运动轨迹　该产品采用多层单道直线摆动在线示教编程与焊接，其示教运动轨迹如图 2-21 所示，主要由编号为①~⑳的 20 个示教点组成。

①点、⑳点为原点（或待机位置点），其应处于与工件、夹具不干涉的位置，焊枪姿态一般为 45°（相对于 X 轴）。

②点、⑦点、⑧点、⑬点、⑭点、⑲点为过渡点（前进点或退避点），也要处于与工件、夹具不干涉的位置，焊枪角度任意。

③点、⑥点、⑨点、⑫点、⑮点、⑱点为各层焊缝的焊接开始点与结束点，焊枪姿态为与两工件成 45°夹角，与焊缝待焊方向成 95°~100°夹角。

④点、⑤点、⑩点、⑪点、⑰点为摆动振幅点，应根据焊道的宽度确定相应位置，并考虑焊枪在该点上的停留时间，焊枪的姿态和角度应与焊接点一致。

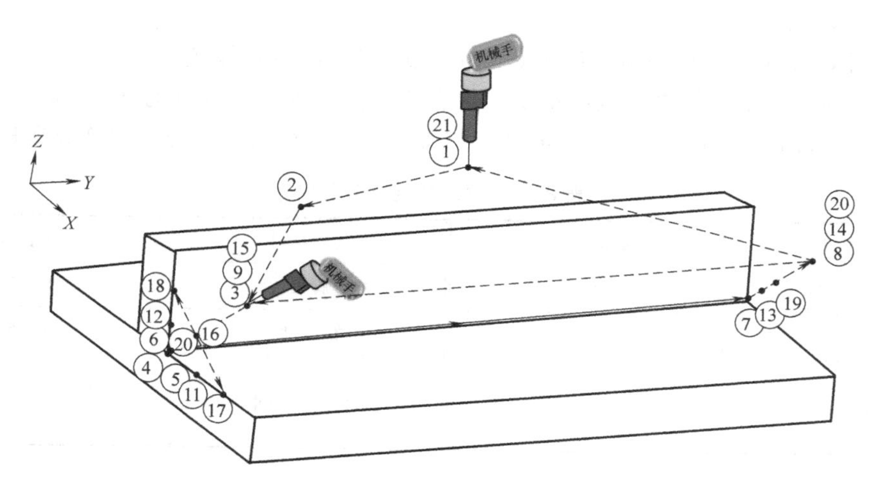

图 2-21　中厚板 T 形角接产品的示教运动轨迹

（2）焊接参数设置　中厚板 T 形角接焊接参数见表 2-19。

表 2-19　中厚板 T 形角接焊接参数

焊接层数	焊接电流 /A	焊接电压 /V	焊接速度 /(mm/min)	运枪方式	摆动频率	两边停留时间/s	气体流量 /(L/min)	干伸长度 /mm
第一层	90	17.4	100	“之”字形	0.6	上:0.5;下:0.1	13~15	15
第二层	120	22	100	“之”字形	0.6	上:0.5;下:0.1	13~15	15
盖面层	110	17.9	100	“之”字形	0.6	上:0.5;下:0.1	13~15	15

（3）示教程序　中厚板 T 形角接焊接示教程序见表 2-20。

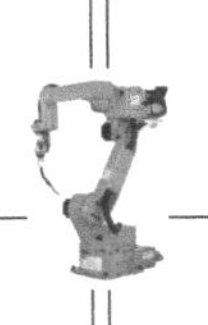

表 2-20 中厚板 T 形角接焊接示教程序

程序号	程 序	注 释
0011	1:Mech1:Robot	机构 1:机器人
	Begin of Program	程序开始
0001	TOOL=1: TOOL 01	工具坐标 1
0002●	MOVEP P001,10.00m/min	待机位置(原点),示教速度
0003●	MOVEP P002,10.00m/min	接近点,示教速度
0004●	MOVELW P003,10.00m/min,Ptn=1,F=0.6	焊接开始点,示教速度
0005	ARC—SET AMP=90 VOLT=17.4 S=0.10	焊接参数
0006	ARC—ON ArcStart 1 PROCESS=0	焊接开始指令(自动调用引弧程序)
0007■	WEAVEP P004,10.00m/min,D1 下:3 T 下=0.1	振幅点
0008■	WEAVEP P005,10.00m/min,D2 上:3 T 上=0.5	振幅点
0009●	MOVELW P006,10.00m/min,Ptn=1,F=0.6	焊接结束点
0010	CRATER AMP=80 VOLT=17.4 T=0.50	收弧参数
0011	ARC—OFF ArcEnd 1 PROCESS=0	焊接结束指令(自动调用收弧子程序)
0012●	MOVEP P007,10.00m/min	退枪点(移动中与工件及夹具不干涉的位置),示教速度
0013●	MOVEP P008,10.00m/min	接近点,示教速度
0014●	MOVELW P009,10.00m/min,Ptn=1,F=0.6	焊接开始点,示教速度
0015	ARC—SET AMP=120 VOLT=18.4 S=0.10	焊接参数
0016	ARC—ON ArcStart 1 PROCESS=0	焊接开始指令(自动调用引弧程序)
0017■	WEAVEP P010,10.00m/min,D1 下:5 T 下=0.1	振幅点
0018■	WEAVEP P011,10.00m/min,D2 上:5 T 上=0.5	振幅点
0019●	MOVELW P012,10.00m/min,Ptn=1,F=0.6	焊接结束点
0020	CRATER AMP=110 VOLT=18.4 T=0.50	收弧参数
0021	ARC—OFF ArcEnd 1 PROCESS=0	焊接结束指令(自动调用收弧子程序)
0022●	MOVEP P013,10.00m/min	退枪点(移动中与工件及夹具不干涉的位置),示教速度
0023●	MOVEP P014,10.00m/min	接近点,示教速度
0024●	MOVELW P015,10.00m/min,Ptn=1,F=0.6	焊接开始点,示教速度
0025	ARC—SET AMP=110 VOLT=17.9 S=0.10	焊接参数
0026	ARC—ON ArcStart 1 PROCESS=0	焊接开始指令(自动调用引弧程序)
0027■	WEAVEP P016,10.00m/min,D1 下:6 T 下=0.1	振幅点
0028■	WEAVEP P017,10.00m/min,D2 上:6 T 上=0.5	振幅点
0029	MOVELW P018,10.00m/min,Ptn=1,F=0.6	焊接结束点
0030	CRATER AMP=110 VOLT=17.9 T=0.50	收弧参数
0031	ARC—OFF ArcEnd 1 PROCESS=0	焊接结束指令(自动调用收弧子程序)
0032●	MOVEP P019,10.00m/min	退枪点(移动中与工件及夹具不干涉的位置),示教速度
0033●	MOVEP P020,10.00m/min	回到待机位置(原点),示教速度
	End of Program	程序结束

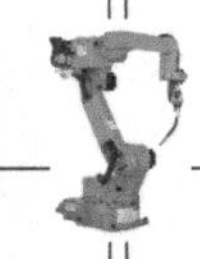

（4）焊接效果　焊接效果图如图2-22所示。

图 2-22　焊接效果图

（三）方形搭接

1. 方形中厚板平角搭接焊缝

（1）焊件结构和尺寸　方形中厚板平角搭接产品的结构和尺寸如图 2-23 所示。该焊件为 2014 年北京“嘉克杯”国际焊接技能大赛机器人焊接竞赛项目试题中的内容。

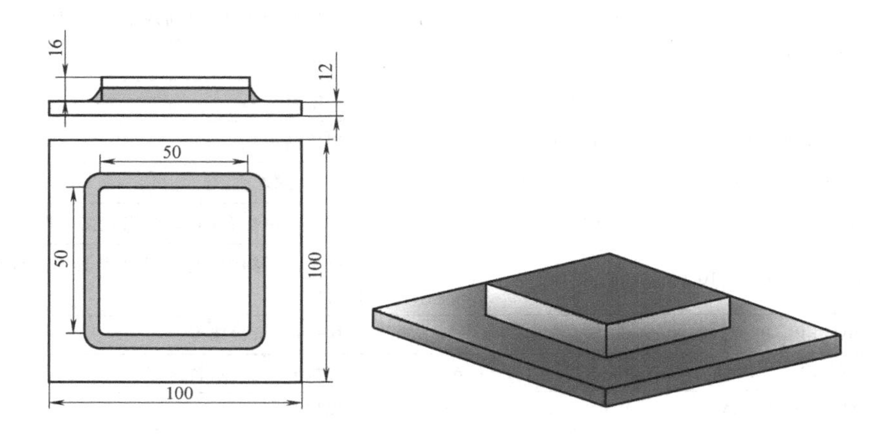

图 2-23　方形中厚板平角搭接产品的结构和尺寸

（2）焊件材料　Q235 钢板，尺寸为 100mm×100mm×12mm 和 50mm×50mm×16mm。

（3）接头形式　平角搭接。

（4）焊接位置　平角焊。

（5）技术要求

1）采用 CO_2作为保护气体，使用 ϕ1.2mm 的 H08Mn2SiA 焊丝，通过在线示教编程完成焊接作业。

2）焊缝质量要求。焊缝外观质量要求见表 2-21。

表 2-21　焊缝外观质量要求

检查项目	标准值/mm	检查项目	标准值/mm
焊脚高度	12～14	焊缝宽窄差	0～1
焊缝高低差	0～1	咬边	深度≤0.5,长度≤15
焊缝脱节	≤2	焊缝正面外观成形	波纹均匀整齐,焊缝成形良好

2. 机器人 CO_2 气体保护焊焊接工艺与编程分析

（1）材料焊接性　产品材料为 Q235 钢，属于常用低碳钢，焊接性能较好。

（2）焊件装配　两板平直，间隙为 0～0.5mm，各边离两端约 20mm 处定位焊，长度约为 15mm。

（3）焊件的焊接工艺与编程要点

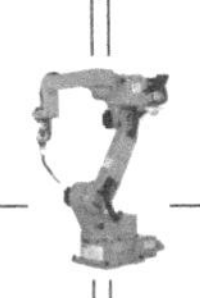

1）采用直线+直线摆动示教编程与焊接，选用多层焊。

2）为防止平角焊缝焊趾咬边，编程时可参考T形角焊缝操作要点。

3）方形板焊件四个90°转角处的焊缝易产生脱节及咬边等缺陷，编程时设置直线摆动的终点与圆弧摆动的起点重合，设定稍快的焊接速度，以防止产生脱节及咬边等缺陷。

4）手动操作机器人完成焊接作业。

3. 设备选择

（1）机器人品牌　机器人本体型号选择 Panasonic TA-1400，控制系统型号选择 Panasonic GⅢ1400。

（2）焊接电源　焊接电源选择 Panasonic YD-500GR3。

4. 示教编程

（1）示教运动轨迹　方形中厚板平角搭接产品的示教运动轨迹如图2-24所示，由编号为①~69的69个示教点组成。图2-24a所示为第一层焊接示教运动轨迹，图2-24b所示为第二层焊接示教运动轨迹及其拐角处放大图。

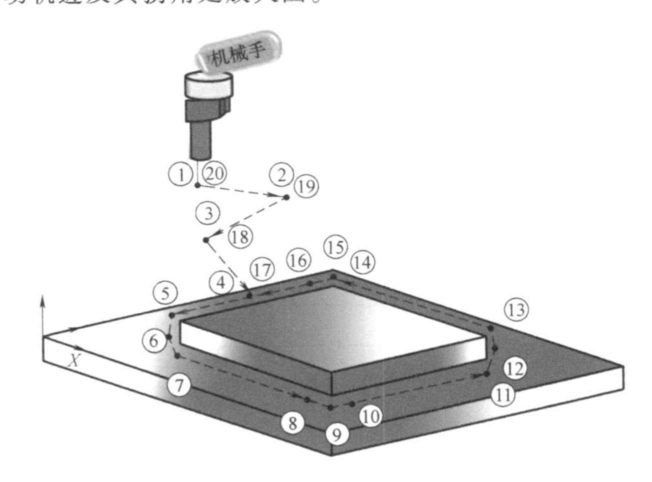

a) 第一层焊接示教运动轨迹

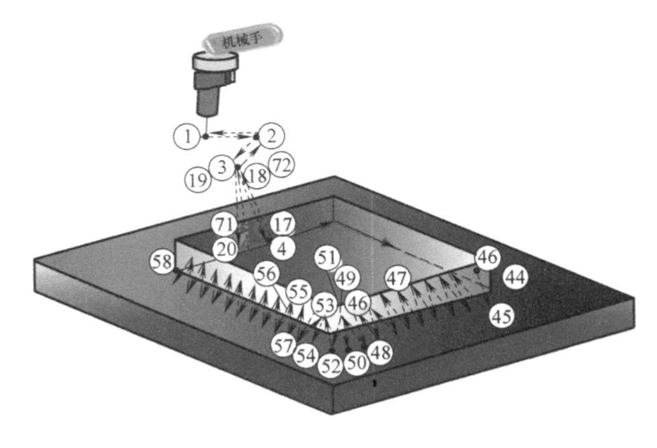

b) 第二层焊接示教运动轨迹

图2-24　方形中厚板平角搭接产品的示教运动轨迹

①点、⑥⑨点为原点（或待机位置点），其应处于与工件、夹具不干涉的位置，焊枪姿态一般为45°（相对于 X 轴）。

②点、③点、㉖点、⑥⑦点、⑥⑧点为过渡点（前进点或退避点），也要处于与工件、夹具不干涉的位置，焊枪角度任意。

其余示教点为试件的焊接轨迹，焊枪姿态为与两工件成45°夹角，与焊缝待焊方向成95°~100°夹角。

（2）焊接参数设置　方形中厚板平角搭接焊接参数见表2-22。

表2-22　方形中厚板平角搭接焊接参数

焊接层数	焊接电流/A	焊接电压/V	焊接速度/(mm/min)	运枪方式	摆动频率	两边停留时间/s	气体流量/(L/min)	干伸长度/mm
第一层	145	21.6	300	直线	—	—	13~15	15
第二层（直线摆动）	130	19	80	“之”字形	0.5	上:0.5;下:0.2	13~15	15
拐角处（圆弧摆动）	130	19	120	“之”字形	0.8	上:0.1;下:0.8	13~15	15

（3）示教程序　方形中厚板平角搭接焊接示教程序见表2-23。

表2-23　方形中厚板平角搭接焊接示教程序

程序号	程　序	注　释
0011	1:Mech1:Robot	机构1:机器人
	Begin of Program	程序开始
0001●	TOOL=1:TOOL 01	工具坐标1
0002●	MOVEP　P001,10.00m/min	待机位置(原点)位置,示教速度
0003●	MOVEP　P002,10.00m/min	空走点,示教速度
0004●	MOVEP　P003,10.00m/min	接近点位置,示教速度
0005●	MOVEL　P004　10.00m/min	焊接开始点,示教速度
0006	ARC-SET　AMP=145　VOL T=21.6　S=0.30	焊接参数
0007	ARC-ON　ArcStart 1　PROCESS=0	焊接开始指令(自动调用引弧程序)
0008●	MOVEL　P005　10.00m/min	焊接点,示教速度
0009●	MOVEC　P006　10.00m/min	焊接点,示教速度
0010●	MOVEC　P007　10.00m/min	焊接点,示教速度
0011●	MOVEL　P008　10.00m/min	焊接点,示教速度
0012●	MOVEL　P009　10.00m/min	焊接点,示教速度
0013●	MOVEL　P010　10.00m/min	焊接点,示教速度
0014●	MOVEC　P011　10.00m/min	焊接点,示教速度
0015●	MOVEC　P012　10.00m/min	焊接点,示教速度
0016●	MOVEC　P013　10.00m/min	焊接点,示教速度
0017●	MOVEL　P014　10.00m/min	焊接点,示教速度

（续）

程序号	程　　序	注　　释
0018●	MOVEL　P015　10.00m/min	焊接点，示教速度
0019●	MOVEC　P016　10.00m/min	焊接点，示教速度
0020●	MOVEC　P017　10.00m/min	焊接点，示教速度
0021●	MOVEC　P018　10.00m/min	焊接点，示教速度
0022●	MOVEL　P019　10.00m/min	焊接点，示教速度
0023●	MOVEL　P020　10.00m/min	焊接点，示教速度
0024●	MOVEC　P021　10.00m/min	焊接点，示教速度
0025●	MOVEC　P022　10.00m/min	焊接点，示教速度
0026●	MOVEC　P023　10.00m/min	焊接点，示教速度
0027●	MOVEL　P024　10.00m/min	焊接点，示教速度
0028●	MOVEL　P025　10.00m/min	焊接结束位置点
0029	CRATER　AMP=100　VOLT=18.0　T=0.08	收弧参数
0030	ARC-OFF　Arcstart 1　PROCESS=0	焊接结束指令（自动调用收弧子程序）
0031●	MOVEP　P026　10.00m/min	退枪点（移动中与工件及夹具不干涉的位置）示教速度
0032●	MOVELW　P027　10.00m/min，Ptn=1，F=0.5	焊接开始点，示教速度
0033	ARC-SET　AMP=130　VOLT=19.0　S=0.08	焊接参数
0034	ARC-ON　ArcStart 1　PROCESS=0	焊接开始指令（自动调用引弧程序）
0035■	WEAVEP　P028　10.00m/min，D_1 下：5.50　T 下=0.2	振幅点
0036■	WEAVEP　P029　10.00m/min，D_1 上：4.50　T 上=0.5	振幅点
0037●	MOVELW　P030　10.00m/min，Ptn=1，F=0.5	焊接点，示教速度
0038●	MOVECW　P031　10.00m/min，Ptn=1，F=0.5	焊接点，示教速度
0039	ARC-SET　AMP=130　VOLT=19.0　S=0.12	焊接参数
0040■	WEAVEP　P032　10.00m/min，D1 下：5.50　T 下=0.8	振幅点
0041■	WEAVEP　P033　10.00m/min，D1 上：4.50　T 上=0.1	振幅点
0042●	MOVECW　P034　10.00m/min，Ptn=1，F=0.5	焊接点，示教速度
0043●	MOVECW　P035　10.00m/min，Ptn=1，F=0.5	焊接点，示教速度
0044●	MOVELW　P036　10.00m/min，Ptn=1，F=0.5	焊接点，示教速度
0045	ARC-SET　AMP=130　VOLT=19.0　S=0.08	焊接参数
0046■	WEAVEP　P037　10.00m/min，D_1 下：5.50　T 下=0.2	振幅点
0047■	WEAVEP　P038　10.00m/min，D_2 上：4.50　T 上=0.5	振幅点
0048●	MOVELW　P039　10.00m/min，Ptn=1，F=0.5	焊接点，示教速度
0049●	MOVECW　P040　10.00m/min，Ptn=1，F=0.5	焊接点，示教速度
0050	ARC-SET　AMP=130　VOLT=19.0　S=0.12	焊接参数
0051■	WEAVEP　P041　10.00m/min，D_1 下：5.50　T 下=0.8	振幅点
0052■	WEAVEP　P042　10.00m/min，D_1 上：4.50　T 上=0.1	振幅点

（续）

程序号	程　　序	注　　释
0053●	MOVECW　P043　10.00m/min,Ptn=1,F=0.5	焊接点,示教速度
0054●	MOVECW　P044　10.00m/min,Ptn=1,F=0.5	焊接点,示教速度
0055●	MOVELW　P045　10.00m/min,Ptn=1,F=0.5	焊接点,示教速度
0056	ARC-SET　AMP=130　VOLT=19.0　S=0.08	焊接参数
0057■	WEAVEP　P046　10.00m/min,D_1 下:5.50　T 下=0.2	振幅点
0058■	WEAVEP　P047　10.00m/min,D_1 上:4.50　T 上=0.5	振幅点
0059●	MOVELW　P048　10.00m/min,Ptn=1,F=0.5	焊接点,示教速度
0060●	MOVECW　P049　10.00m/min,Ptn=1,F=0.5	焊接点,示教速度
0061	ARC-SET　AMP=130　VOLT=19.0　S=0.12	焊接参数
0062■	WEAVEP　P050　10.00m/min,D_1 下:5.50　T 下=0.8	振幅点
0063■	WEAVEP　P051　10.00m/min,D_1 上:4.50　T 上=0.1	振幅点
0064●	MOVECW　P052　10.00m/min,Ptn=1,F=0.5	焊接点,示教速度
0065●	MOVECW　P053　10.00m/min,Ptn=1,F=0.5	焊接点,示教速度
0066●	MOVELW　P054　10.00m/min,Ptn=1,F=0.5	焊接点,示教速度
0067	ARC-SET　AMP=130　VOLT=19.0　S=0.08	焊接参数
0068■	WEAVEP　P055　10.00m/min,D_1 下:5.50　T 下=0.2	振幅点
0069■	WEAVEP　P056　10.00m/min,D_1 上:4.50　T 上=0.5	振幅点
0070●	MOVELW　P057　10.00m/min,Ptn=1,F=0.5	焊接点,示教速度
0071●	MOVECW　P058　10.00m/min,Ptn=1,F=0.5	焊接点,示教速度
0072	ARC-SET　AMP=130　VOLT=19.0　S=0.12	焊接参数
0073■	WEAVEP　P059　10.00m/min,D_1 下:5.50　T 下=0.8	振幅点
0074■	WEAVEP　P060　10.00m/min,D_1 上:4.50　T 上=0.1	振幅点
0075●	MOVECW　P061　10.00m/min,Ptn=1,F=0.5	焊接点,示教速度
0076●	MOVECW　P062　10.00m/min,Ptn=1,F=0.5	焊接点,示教速度
0077●	MOVELW　P063　10.00m/min,Ptn=1,F=0.5	焊接点,示教速度
0078	ARC-SET　AMP=130　VOLT=19.0　S=0.08	焊接参数
0079■	WEAVEP　P064　10.00m/min,D_1 下:5.50　T 下=0.2	振幅点
0080■	WEAVEP　P065　10.00m/min,D_1 上:4.50　T 上=0.5	振幅点
0081●	MOVELW　P066　10.00m/min,Ptn=1,F=0.5	焊接结束位置点
0082	CRATER　AMP=100　VOLT=18.0　T=0.08	收弧参数
0083	ARC-OFF　Arcstart 1　PROCESS=0	焊接结束指令(自动调用收弧子程序)
0084●	MOVEP　P067　10.00m/min	退枪点(移动中与工件及夹具不干涉的位置)示教速度
0085●	MOVEP　P068　10.00m/min	空走点,示教速度
0086●	MOVEP　P069　10.00m/min	待机位置(原点)位置,示教速度
	End of Program	程序结束

(4) 焊接效果　焊接效果图如图 2-25 所示。

(四) 立内角接

1. 立内角接焊缝

(1) 焊件结构和尺寸　立内角接产品的结构和尺寸如图 2-26 所示。

图 2-25　焊接效果图

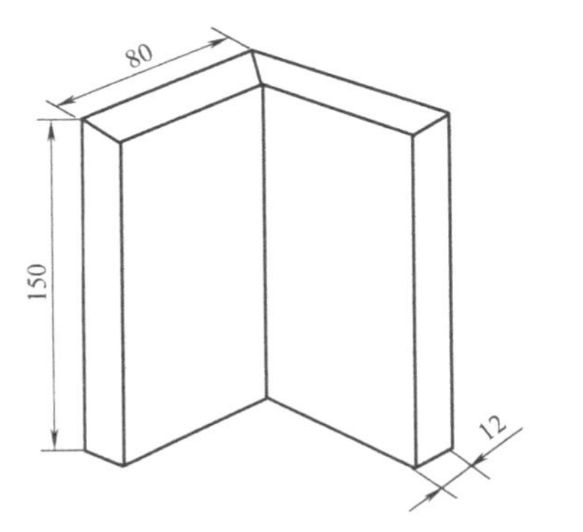

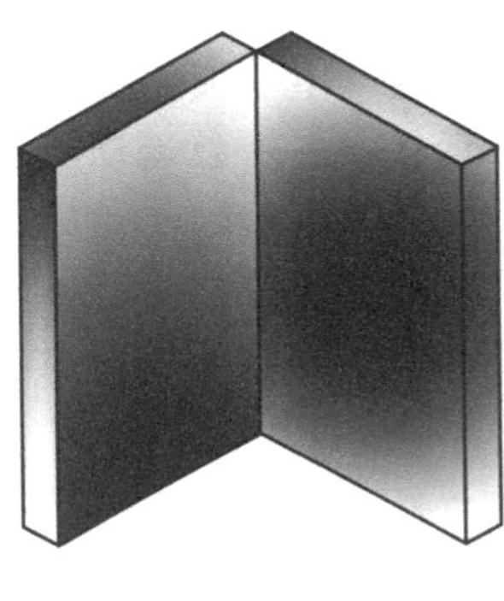

图 2-26　立内角接产品的结构和尺寸

（2）焊件材料　Q235 钢板两块，尺寸为 150mm×80mm×12mm。

（3）接头形式　角接接头。

（4）焊接位置　立焊位置。

（5）技术要求

1）采用 CO_2 作为保护气体，使用 ϕ1.2mm 的 H08Mn2SiA 焊丝，通过在线示教编程完成焊接作业。

2）焊缝质量要求。焊缝外观质量要求见表 2-24，要求焊缝根部全焊透，焊脚高度为 16～17mm，焊缝两侧无咬边，焊缝表面无气孔、焊瘤、夹渣和裂纹等缺陷，波纹均匀整齐。

表 2-24　焊缝外观质量要求

检查项目	标准值/mm	检查项目	标准值/mm
焊脚高度	16～17	焊缝宽窄差	0～1
焊缝高低差	0～1	咬边	深度≤0.5，长度≤15
焊缝正面外观成形	波纹均匀整齐，焊缝成形良好	角变形	0°～5°

2. 机器人 CO_2 气体保护焊焊接工艺与编程分析

（1）材料焊接性　产品材料为 Q235 钢，属于常用低碳钢，焊接性良好。

（2）焊件装配　用 90°角尺定位装配，装配间隙为 0～0.2mm，离接头两端约 20mm 处定位焊，定位焊缝长 15mm。

（3）焊件的焊接工艺与编程要点

1）焊接方向为由下往上。

2）采用多层单道焊。

3）底层焊易产生未焊透、焊瘤等缺陷，编程时选用直线摆动插补，控制焊丝摆动轨迹点在离坡口两侧以内约2mm处，停留时间以0.2~0.3s为宜。焊接参数不宜过大。

4）盖面焊缝易产生咬边缺陷，编程时选用直线摆动插补，焊丝摆动轨迹点的停留时间不宜过短，焊接参数不宜过大。

3. 设备选择

（1）机器人品牌　机器人本体型号选择 Panasonic TA-1400，控制系统型号选择 Panasonic GⅢ1400。

（2）焊接电源　焊接电源选择 Panasonic YD-500GR3。

4. 示教编程

（1）示教运动轨迹　中厚板立角内接产品的焊接直接采用直线摆动轨迹示教，其示教运动轨迹如图2-27所示，主要由编号为①~⑮的15个示教点组成。

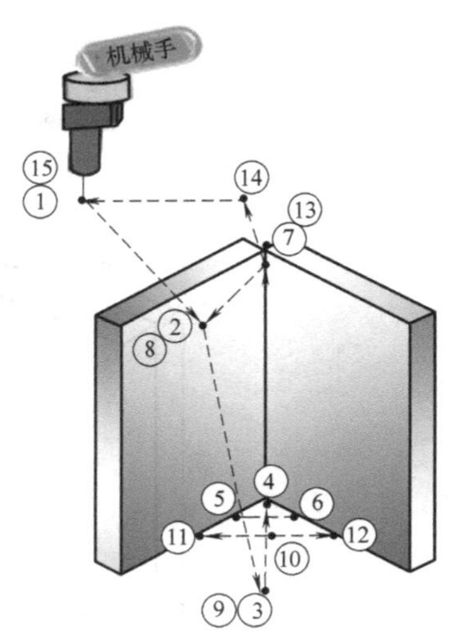

图2-27　中厚板立内角接产品的示教运动轨迹

①点、⑮点为原点（或待机位置点），应其处于与工件、夹具不干涉的位置，焊枪姿态一般为45°（相对于 X 轴）。

②点、③点、⑧点、⑨点为过渡点（前进点或退避点），也要处于与工件、夹具不干涉的位置，焊枪角度任意。

⑩点为焊接开始点，⑬点为焊接结束点，焊枪姿态为与两工件成45°夹角，与焊缝待焊方向成95°~100°夹角。

（2）焊接参数设置　中厚板立内角接焊接参数见表2-25。

表2-25　中厚板立内角接焊接参数

焊接层数	焊接电流/A	焊接电压/V	焊接速度/(mm/min)	运枪方式	摆动频率	两边停留时间/s	气体流量/(L/min)	干伸长度/mm
第一层	120	18.4	100	“之”字形	0.8	左:0.1;右:0.1	13~15	15
第二层（盖面层）	130	19	80	“之”字形	0.5	左:0.4;右:0.4	13~15	15

（3）焊接程序　中厚板立内角接焊接示教程序见表2-26。

表2-26　中厚板立内角接焊接示教程序

程序号	程　序	注　释
0011	1:Mech1:Robot	机构1:机器人
	Begin of Program	程序开始
0001	TOOL=1:　TOOL 01	工具坐标1
0002●	MOVEP　P001,10.00m/min	待机位置(原点),示教速度
0003●	MOVEP　P002,10.00m/min	空走点,示教速度
0004●	MOVEP　P003,10.00m/min	接近点,示教速度
0005●	MOVELW　P004,10.00m/min,Ptn=1,F=0.8	焊接开始位置点,示教速度
0006	ARC—SET　AMP=120　VOLT=18.4　S=0.1	焊接参数

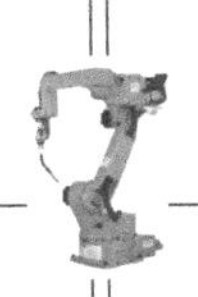

（续）

程序号	程　序	注　释
0007	ARC—ON　ArcStart 1　PROCESS = 0	焊接开始指令（自动调用引弧程序）
0008■	WEAVEP　P005，10.00m/min，D 右：4.50　T 右 = 0.1	振幅点，示教速度
0009■	WEAVEP　P006，10.00m/min，D2 左：4.50　T 左 = 0.1	振幅点，示教速度
0010●	MOVELW　P007，10.00m/min，Ptn = 1，F = 0.8	焊接结束位置点，示教速度
0011	CRATER　AMP = 120　VOLT = 18.4　T = 1.0	收弧参数
0012	ARC—OFF　ArcEnd1　PROCESS = 0	焊接结束指令（自动调用收弧子程序）
0013●	MOVEP　P008，10.00m/min	退枪点（移动中与工件及夹具不干涉的位置），示教速度
0014●	MOVEP　P009，10.00m/min	接近点，示教速度
0015●	MOVELW　P010，10.00m/min，Ptn = 1，F = 0.5	焊接开始点，示教速度
0016	ARC—SET　AMP = 130　VOLT = 19.0　S = 0.08	焊接参数
0017	ARC—ON　ArcStart 1　PROCESS = 0	焊接开始指令（自动调用引弧程序）
0018■	WEAVEP　P011，10.00m/min，D 右：7.50　T 右 = 0.4	振幅点，示教速度
0019■	WEAVEP　P012，10.00m/min，D2 左：7.50　T 左 = 0.4	振幅点，示教速度
0020●	MOVELW　P013，10.00m/min，Ptn = 1，F = 0.5	焊接结束点，示教速度
0021	CRATER　AMP = 130　VOLT = 19.0　T = 1.0	收弧参数
0022	ARC—OFF　ArcEnd 1　PROCESS = 0	焊接结束指令（自动调用收弧子程序）
0023●	MOVEP　P014，10.00m/min	退枪点（移动中与工件及夹具不干涉的位置），示教速度
0024●	MOVEP　P015，10.00m/min	回到待机位置（原点），示教速度
	End of Program	程序结束

（4）焊接效果　焊接效果图如图 2-28 所示。

（五）立外角接

1. 立外角接焊缝

（1）焊件结构和尺寸　中厚板立外角接产品的结构和尺寸如图 2-29 所示。

图 2-28　焊接效果图

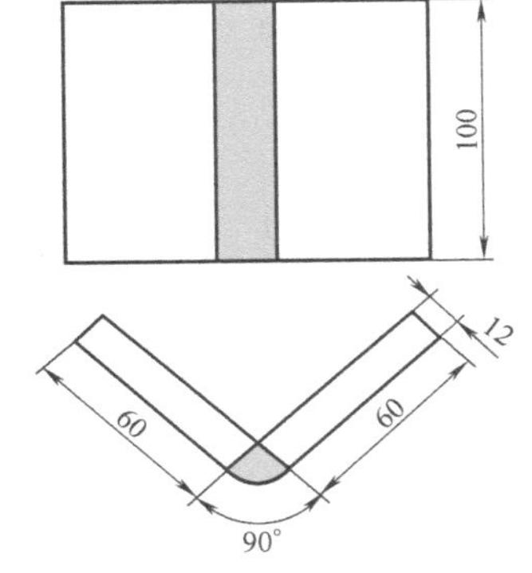

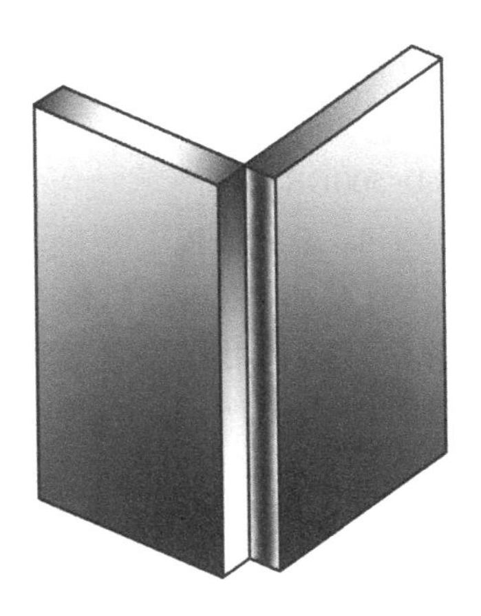

图 2-29　中厚板立外角接产品的结构和尺寸

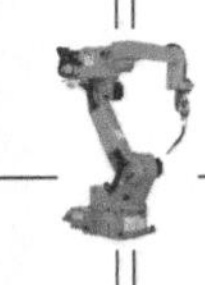

（2）焊件材料　Q235钢板两块，尺寸为60mm×100mm×12mm。

（3）接头形式　角接接头。

（4）焊接位置　立焊位置。

（5）技术要求

1）采用CO_2作为保护气体，单面焊双面成形，使用ϕ1.0mm的H08Mn2SiA焊丝，通过在线示教编程完成焊接作业。

2）焊缝质量要求。焊缝外观质量要求见表2-27，要求焊缝根部全焊透，焊脚高度为16~17mm，焊缝两侧无咬边，焊缝表面无气孔、焊瘤、夹渣和裂纹等缺陷，波纹均匀整齐，焊缝成形良好。

表2-27　焊缝外观质量要求

检查项目	标准值/mm	检查项目	标准值/mm
角变形	0°~3°	焊缝宽窄差	0~1
焊缝高低差	0~1	咬边	深度≤0.5，长度≤15
焊脚高度	6~7	焊缝正面外观成形	波纹均匀整齐，焊缝成形良好

2. 机器人CO_2气体保护焊焊接工艺与编程分析

（1）材料焊接性　焊件材料为Q235钢，属于常用低碳钢，焊接性良好。

（2）焊件装配　用90°角尺定位装配，装配间隙为1~1.5mm，离接头两端约20mm处定位焊，定位焊缝长15mm。

（3）焊件的焊接工艺与编程要点

1）焊接方向为由下往上焊。采用多层单道焊。

2）底层单面焊双面成形易产生未熔合、焊瘤等缺陷，编程时可参考立内角接焊缝焊接操作要点。

3）盖面焊缝易产生咬边缺陷，编程时可参考立内角接焊缝焊接操作要点。

3. 设备选择

（1）机器人品牌　机器人本体型号选择Panasonic TA-1400，控制系统型号选择Panasonic GⅢ1400。

（2）焊接电源　焊接电源选择Panasonic YD-500GR3。

4. 示教编程

（1）示教运动轨迹　中厚板立外角接产品的焊接直接采用直线摆动轨迹示教，其示教运动轨迹如图2-30所示，主要由编号为①~⑮的15个示教点组成。

①点、⑮点为原点（或待机体位置点），其应处于与工件、夹具不干涉的位置，焊枪姿态一般为45°（相对于X轴）。

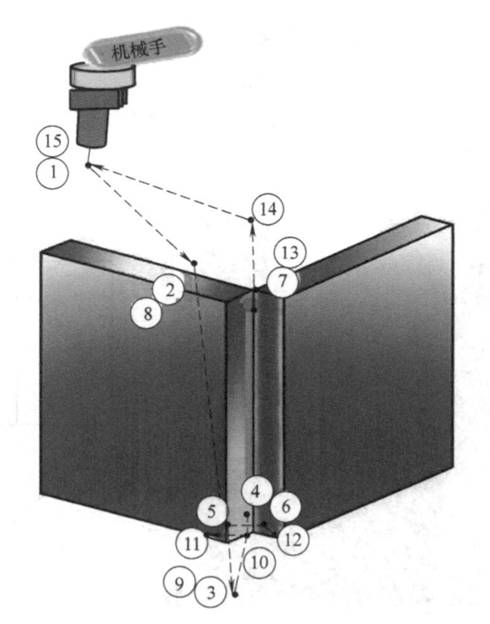

图2-30　中厚板立外角接产品的示教运动轨迹

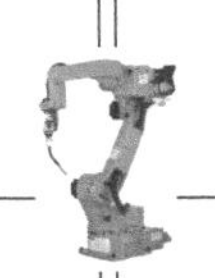

②点、③点、⑧点、⑨点为过渡点（前进点或退避点），也要处于与工件、夹具不干涉的位置，焊枪角度任意。

④点、⑩点为焊接开始点，⑦点、⑬点为焊接结束点，焊枪姿态为与两工件成45°夹角，与焊缝待焊方向成95°~100°夹角。

（2）焊接参数设置　中厚板立外角接焊接参数见表2-28。

表2-28　中厚板立外角接焊接参数

焊接层数	焊接电流/A	焊接电压/V	焊接速度/(mm/min)	运枪方式	摆动频率	两边停留时间/s	气体流量/(L/min)	干伸长度/mm
第一层	110	18.2	100	“之”字形	0.8	0.2	13~15	15
第二层（盖面层）	95	18	90	“之”字形	0.6	0.2	13~15	15

（3）焊接程序　中厚板立外角接焊接示教程序见表2-29。

表2-29　中厚板立外角接焊接示教程序

程序号	程　序	注　释
0011	1:Mech1:Robot	机构1:机器人
	Begin of Program	程序开始
0001	TOOL=1:　TOOL 01	工具坐标1
0002●	MOVEP　P001,10.00m/min	待机位置(原点),示教速度
0003●	MOVEP　P002,10.00m/min	空走点,位置,示教速度
0004●	MOVEP　P003,10.00m/min	接近点,位置,示教速度
0005●	MOVELW　P004,10.00m/min,Ptn=1,F=0.8	焊接开始点位置,示教速度
0006	ARC—SET　AMP=110　VOLT=18.2　S=0.10	焊接参数
0007	ARC—ON　ArcStart 1　PROCESS=0	焊接开始指令(自动调用引弧程序)
0008■	WEAVEP　P005,10.00m/min,D右:6.00　T右=0.2	振幅点,示教速度
0009■	WEAVEP　P006,10.00m/min,D2左:6.00　T左=0.2	振幅点,示教速度
0010●	MOVELW　P007,10.00m/min,Ptn=1,F=0.8	焊接结束位置点,示教速度
0011	CRATER　AMP=110　VOLT=18.2　T=0.50	收弧参数
0012	ARC—OFF　ArcEnd 1　PROCESS=0	焊接结束指令(自动调用收弧子程序)
0013●	MOVEP　P008,10.00m/min	退枪点(移动中与工件及夹具不干涉的位置),示教速度
0014●	MOVEP　P009,10.00m/min	接近点,示教速度
0015●	MOVELW　P010,10.00m/min,Ptn=1,F=0.6	焊接开始点,示教速度
0016	ARC—SET　AMP=95　VOLT=18.0　S=0.09	焊接参数
0017	ARC—ON　ArcStart 1　PROCESS=0	焊接开始指令(自动调用引弧程序)
0018■	WEAVEP　P011,10.00m/min,D右:7.50　T右=0.2	振幅点,示教速度
0019■	WEAVEP　P012,10.00m/min,D2左:7.50　T左=0.2	振幅点,示教速度
0020●	MOVELW　P013,10.00m/min,Ptn=1,F=0.6	焊接结束点
0021	CRATER　AMP=95　VOLT=18.0　T=0.50	收弧参数

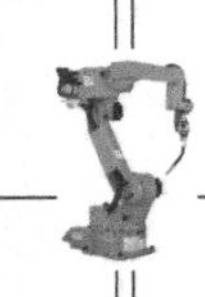

（续）

程序号	程　序	注　释
0022	ARC—OFF　ArcEnd 1　PROCESS＝0	焊接结束指令（自动调用收弧子程序）
0023●	MOVEP　P014，10.00m/min	退枪点（移动中与工件及夹具不干涉的位置），示教速度
0024●	MOVEP　P015，10.00m/min	回到待机位置（原点），示教速度
	End of Program	程序结束

（4）焊接效果　焊接效果图如图 2-31 所示。

图 2-31　焊接效果图

第四节　机器人 MIG 焊/MAG 焊焊接工艺与编程应用

本节以案例的形式学习机器人 MIG 焊/MAG 焊焊接工艺，了解一元、二元、多元气体焊接的工艺特点，编程时应根据这些特点，合理规划焊接轨迹点、设置焊枪角度及设定合适的焊接参数来控制焊接质量。

一、一元气体焊接

一元气体焊接是指采用 Ar、He 气体作为保护气体进行焊接。下面以铝散热器为例，了解机器人 MIG 焊/MAG 焊焊接工艺。

1. 铝散热器焊接

（1）焊件结构　铝散热器的结构及焊缝位置如图 2-32 所示。

（2）焊件材料　选用 6061 铝合金。

（3）接头形式　对接接头，如图 2-33 所示。

（4）焊接位置　水平位置。

（5）技术要求

a) 产品结构图　　b) 焊缝位置

图 2-32　铝散热器的结构及焊缝位置

1）采用 Ar 作为保护气体进行焊接，使用 ϕ1.2mm 的 AER5356 焊丝。

2）焊缝质量要求。焊缝外观质量要求见表 2-30。

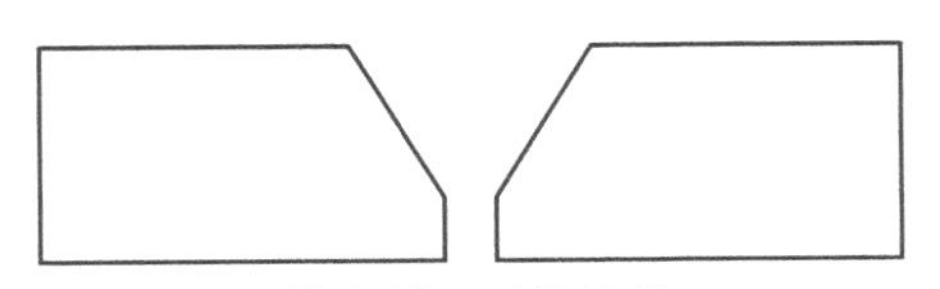

图 2-33　对接接头

表 2-30　焊缝外观质量要求

检查项目	标准值/mm	检查项目	标准值/mm
焊缝余高	0~1.5	未焊透	无
焊缝高低差	0~1.0	正面焊缝凹陷	无
焊缝宽度	8~10	错边量	0~1.0
焊缝宽窄差	0~1.5	表面气孔	无
咬边	深度≤0.5,长度≤10.0	焊缝正面外观成形	焊缝均匀整齐,成形美观

2. 机器人 MIG 焊/MAG 焊焊接工艺与编程分析

（1）材料焊接性　产品材料为铸造铝合金，焊接性能较好。

（2）焊件装配　夹具定位装配，间隙为 2~2.5mm，对接错边量为 0，定位焊设在离焊缝两端约 50mm 处，定位焊缝长约 25mm。

（3）焊件的焊接工艺与编程要点

1）靠近翅片边焊缝易烧损，应注意焊枪角度，焊枪应垂直于翅片边焊缝，焊接方向后倾约 10°并稍偏向焊缝中心。编程示教设两个振幅点，靠翅片边焊缝的一个振幅点的焊接电流及停留时间稍小于另一个振幅点。

2）起弧/收弧处编程时设置合适的焊接参数，防止引弧处焊缝偏高、窄以及收弧处产生弧坑等缺陷。

3）焊缝轨迹采用正弦波摆动，在焊接编程时，应注意控制电弧摆动轨迹在熔池中的过渡位置（以熔池前半部分为宜）。

4）通过在线示教编程完成焊接。

3. 设备选择

（1）机器人品牌　机器人本体型号选择 M-10iA，控制系统型号选择 R-30iB Mate。

（2）焊接电源　焊接电源选择 TPS4000CMT。

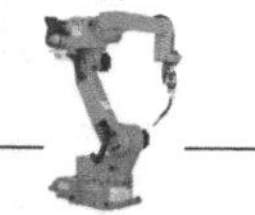

4. 示教编程

（1）示教运动轨迹　采用机器人示教盒完成编程、示教运动轨迹。其示教运动轨迹如图 2-34 所示，主要由根据工件焊缝直线前进方向采用正弦波摆动形状的示教点组成。

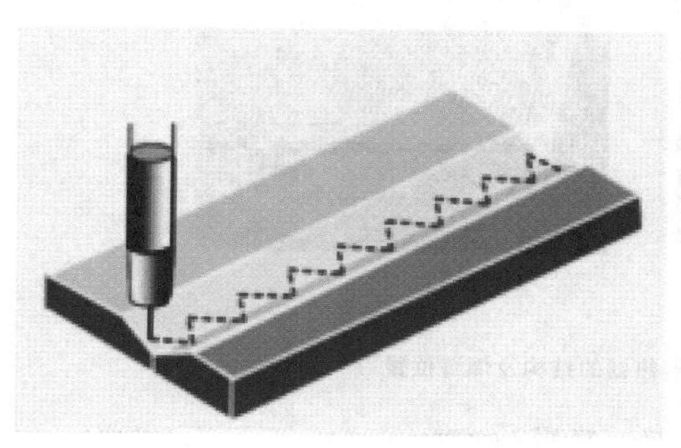

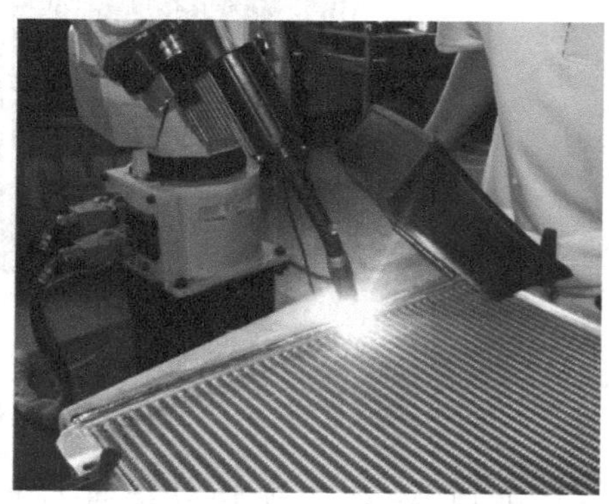

图 2-34　铝散热器焊接的示教运动轨迹

（2）焊接参数设置　铝散热器机器人焊接参数见表 2-31。

表 2-31　铝散热器机器人焊接参数

JOB 号	焊接电流/A	焊接电压/V	焊接速度/(mm/min)	运枪方式	摆幅/mm	摆动停留时间/s	气体流量/(L/min)
1	145	13.7	600	正弦波形	1.0	0.06	18～20

（3）焊接程序　铝散热器机器人焊接示教程序见表 2-32。

表 2-32　铝散热器机器人焊接示教程序

程序号	程　序	注　释
	Program Weld	程序名
1	MOVE HOME	基准点
2	J　P[1] 30%　CNT100	前进点
3	J　P[2] 30%　CNT100	退避点
4	L　P[3] 800cm/min　FINE	起弧点
5	Weld Start [1 , 0.0% , 0.0% , 1.0]	JOB Mole 起弧，JOB1
6	Wait 0.2s	起弧等待 0.2s
7	Weave Sine[5.0Hz,1.0mm, 0.060s, 0.060s]	正弦值摆动指令，频率为 5.0Hz，摆幅为 1.0mm，左停留时间为 0.060s，右停留时间为 0.060s
8	L　P[4] 60cm/min　CNT100	焊接轨迹点，直线
9	L　P[5] 60cm/min　CNT100	焊接轨迹点，直线
10	L　P[6] 60cm/min　FINE	收弧点
11	Weave End	正弦值摆动指令，停止
12	Weld End [1 , 0.0% , 0.0% , 1.0]	JOB Mole 收弧，JOB1
13	Wait 0.2s	收弧等待 0.2s
14	J　P[7] 30%　CNT100	退避点
15	J　P[8] 30%　CNT100	前进点
16	MOVE HOME	基准点
	END	程序结束

（4）焊接效果　焊接效果图如图 2-35 所示。

图 2-35　焊接效果图

二、二元气体焊接

二元气体焊接是采用 Ar+CO_2或 Ar+He 作为保护气体进行焊接。下面以车轮为例，介绍二元气体焊接工艺。

1. 车轮焊接

（1）焊件结构　车轮的结构及焊缝分布如图 2-36 所示。

a) 产品结构

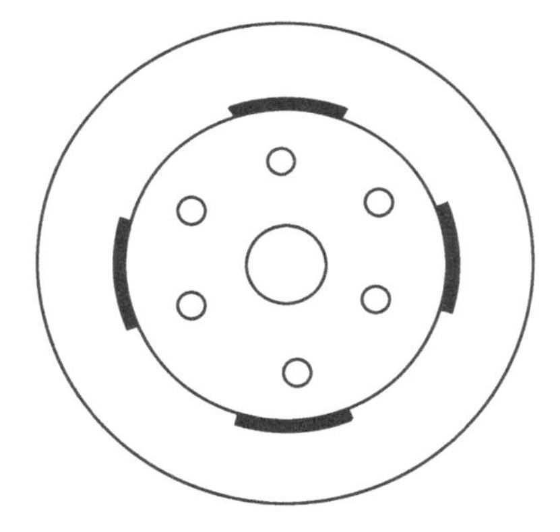

b) 焊缝分布

图 2-36　车轮的结构及焊缝分布

（2）焊件材料　材料为 Q235 钢。

（3）接头形式　搭接接头，如图 2-37 所示。

（4）焊接位置　水平位置焊接。

（5）技术要求

1）采用 82%的 Ar 和 18%的 CO_2 混合气体作为保护气体进行焊接；焊丝牌号为 G3Si1，直径为 1.2mm。

2）焊缝质量要求。焊缝外观质量要求见表 2-33。

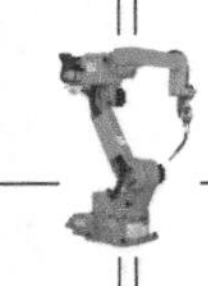

2. 机器人 MIG 焊/MAG 焊焊接工艺与编程分析

（1）材料焊接性　产品材料为 Q235 热轧型钢，属于常用低碳钢，焊接性良好。

（2）焊件装配　使用胎夹装配。

（3）焊件的焊接工艺与编程要点

1）采用机器人示教盒完成示教编程和焊接参数设置，然后由外部 PLC 控制焊接信号进行焊接作业。

2）起弧/收弧点应饱满，避免产生未熔合缺陷，编程设置引弧/收弧焊接参数后应进行调试，选择合适的焊接参数以防止焊接缺陷的产生。

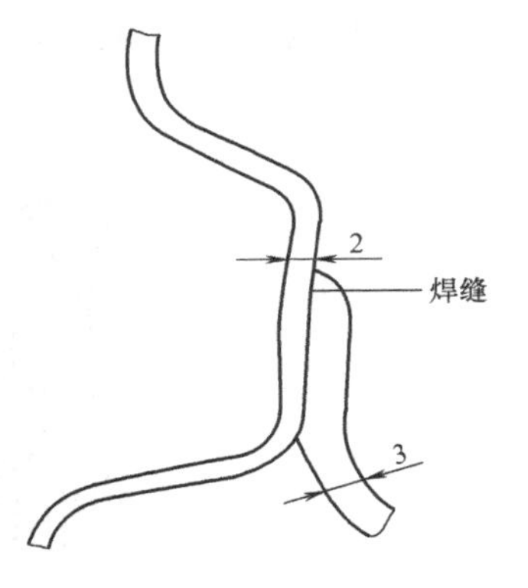

图 2-37　搭接接头

表 2-33　焊缝外观质量要求

检查项目	标准值/mm	检查项目	标准值/mm
焊缝余高	0~1.5	未焊透	无
焊缝高低差	0~1.0	正面焊缝凹陷	无
焊缝宽度	8~10	错边量	0~1.0
焊缝宽窄差	0~1.0	表面气孔	无
咬边	深度≤0.5,长度≤10.0	焊缝正面外观成形	焊缝均匀整齐,成形美观

3）为保证焊缝断续跳转点连续、顺畅，变位机要协同不同角度变化，应采用手动操作机器人和 PLC 电气控制协同完成焊接作业。

3. 设备选择

（1）机器人品牌　机器人选择 M-10iA，控制系统选择 R-30iB Mate。

（2）焊接电源　焊接电源选择 TPS5000。

4. 示教编程

（1）示教运动轨迹　采用机器人示教盒完成编程、示教运动轨迹，其示教运动轨迹如图 2-38 所示，主要由按工件焊缝接头圆弧形状形成的示教点组成。

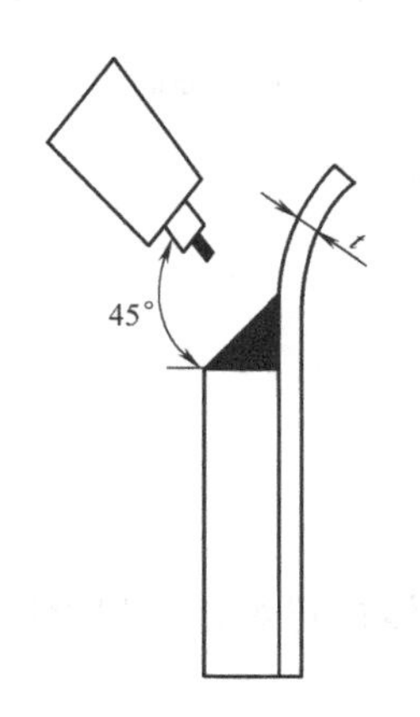

图 2-38　车轮焊接的示教运动轨迹

（2）焊接参数设置　车轮的机器人焊接参数见表 2-34。

表 2-34　车轮的机器人焊接参数

JOB 号	焊接电流/A	焊接电压/V	焊接速度/(mm/min)	运枪方式	摆幅/mm	摆动停留时间/s	气体流量/(L/min)
1	292	26.3	150	圆弧	0	0	15

（3）焊接程序　车轮的机器人焊接示教程序见表 2-35。

表 2-35　车轮的机器人焊接示教程序

程序号	程序	注释
1	! **********************	
2	! STYLE01:PROCESS1	
3	! **********************	
4	! SAIC Motor	
5	! Station RBS001 Robot 1	
6	! **********************	
7	! BEGIN PROCESS-PATH SEGMENT	
8	SET SEGMENT(50)	进入工作区域指令
9	UTOOL_NUM=1	工具坐标号 1
10	UFRAME_NUM=0	机械坐标号 0
11	J P[1]100% CNT100	
12	J P[2]100% CNT100	
13	J P[3]100% CNT100	
14	J P[4]100% CNT50	
15	L P[5]150cm/min FINE	引弧轨迹点
16	Weld Start[1,0.0%,0.0%,1.0]	引弧指令
17	C P[6]	
18	P[7]150cm/min FINE	圆弧轨迹点
19	C P[8]	
20	P[9]150cm/min FINE	收弧轨迹点
21	Weld End[1,0.0%,0.0%,1.0,0.0s]	收弧指令
22	WAIT　0.50s	收弧等待吹气时间
23	L P[10]2000cm/min CNT50	退避轨迹点
24	J P[11]100% CNT 100	
25	J P[12]100% CNT 100	
26	J P[13]100% CNT 100	
27	! END PROCESS-PATH SEGMENT	
28	SET SEGMENT(63)	退出工作区域指令

（4）焊接效果　焊接效果图如图 2-39 所示。

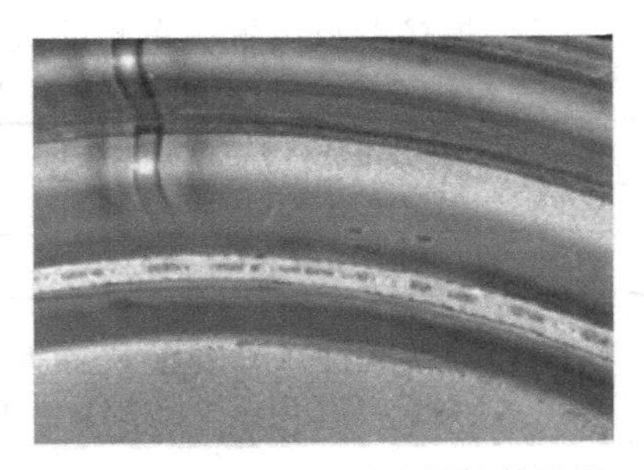

图 2-39　车轮的机器人焊接效果图

三、多元气体焊接

多元气体焊接是采用 Ar+O_2+CO_2或 Ar+He+CO_2作为保护气体进行焊接。下面以车桥的焊接为例介绍多元气体焊接工艺。

1. 车桥焊接

（1）焊件结构　车轿的结构与焊缝接头如图 2-40 所示。

a) 产品结构

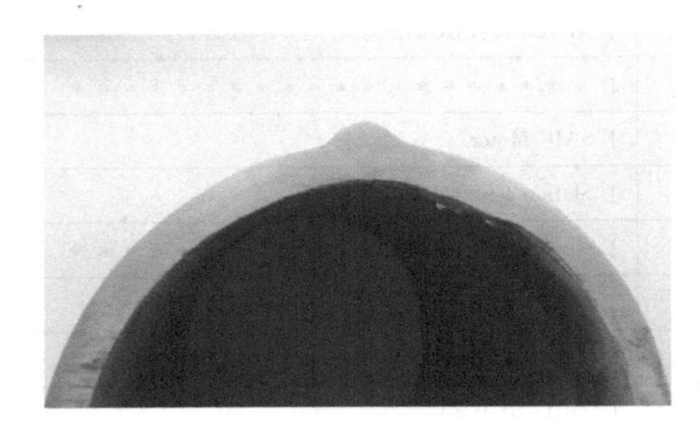

b) 焊缝接头

图 2-40　车桥的结构与焊缝接头

（2）焊件材料　材料为 Q235 钢。

（3）接头形式　对接接头，如图 2-41 所示。

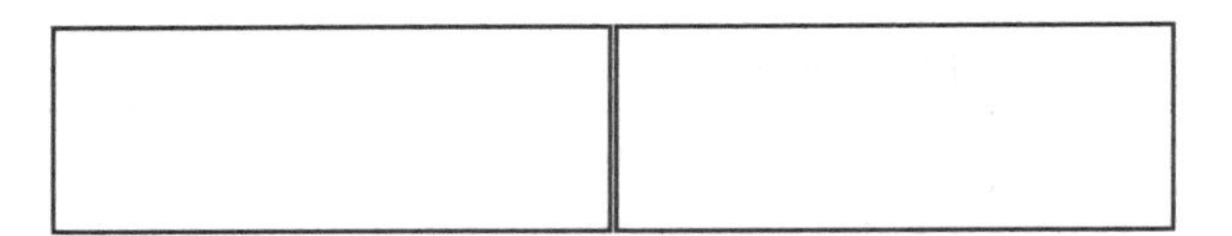

图 2-41　对接接头

（4）焊接位置　水平位置焊接。

（5）技术要求

1）采用 25% CO_2 + 25% He + 50% Ar 三元混合气体作为保护气体进行焊接；焊丝牌号为 CG3Si1，直径为 1.2mm；

2）焊缝质量要求。焊缝外观质量要求见表 2-36。

表 2-36　焊缝外观质量要求

检查项目	标准值/mm	检查项目	标准值/mm
焊缝余高	0~1.5	熔 深	大于板厚的 75%
焊缝高低差	0~1.0	正面焊缝凹陷	无
焊缝宽度	8~10	错边量	0~1.0
焊缝宽窄差	0~1.0	表面气孔	无
咬边	深度≤0.5,长度≤10.0	焊缝正面外观成形	焊缝均匀整齐,成形美观

2. 机器人 MIG 焊/MAG 焊焊接工艺与编程分析

（1）材料焊接性　产品材料为 Q235 钢，属于常用低碳钢，焊接性较好。

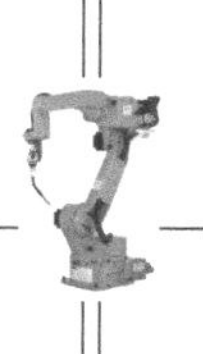

（2）焊件装配　选用胎夹具装配，装配间隙为0，不允许错边。

（3）焊件的焊接工艺与编程要点

1）采用机器人示教盒完成示教编程和焊接参数设置，然后由外部PLC控制焊接信号进行焊接作业。

2）焊件厚度为5mm，要求不开坡口、不留间隙，焊缝为单面焊双面成形，焊接速度不低于700mm/min。因此，编程时应结合焊件进行调试，选择合适的焊接参数；注意控制焊枪姿态，焊接轨迹应处于焊缝中心。

3）引弧要保证焊透，引弧电流应大于正常焊接电流约15%，停留时间应稍长。

4）收弧要保证焊透，应饱满美观且不产生弧坑。因此，在离收弧示教点约15mm处应增设一个示教点，该示教点的设定焊接电流应适当减小，收弧时停留时间应稍长。

5）干伸长应保持稳定，焊接参数应细分多段分别设置。

6）采用手动操作机器人和PLC控制完成焊接。

3. 设备选择

（1）机器人品牌　机器人选择M-10iA，控制系统选择R-30iB Mate。

（2）焊接电源　焊接电源选择TPS5000TIME高速焊机。

4. 示教编程

（1）示教运动轨迹　采用机器人示教盒完成编程、示教运动轨迹，其示教运动轨迹如图2-42所示，根据工件焊缝接头形状按直线行走。

图2-42　车轿焊接的示教运动轨迹

（2）焊接参数设置　车桥的机器人焊接参数见表2-37。

（3）焊接程序　车桥的机器人焊接示教程序见表2-38。

表2-37　车桥的机器人焊接参数

JOB号	焊接电流/A	焊接电压/V	焊接速度/(mm/min)	运枪方式	摆幅/mm	摆动停留时间/s	气体流量/(L/min)
1	300	28.0	800	直线	0	0	18

表2-38　车轿的机器人焊接示教程序

程序号	程　序	注　释
0	Program　Weld	程序名
1	MOVE　HOME	基准点
2	J　P[1] 30%　CNT100	前进点
3	J　P[2] 30%　CNT100	退避点
4	L　P[3] 800cm/min　FINE	引弧点，焊缝I
5	Weld Start [1，0.0%，0.0%，1.0]	JOB Mole引弧，JOB1
6	Wait 0.2s	引弧等待0.2s

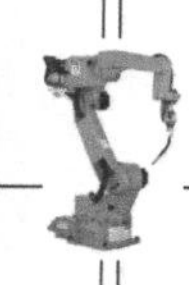

（续）

程序号	程序	注释
7	L P[4] 80cm/min CNT100	焊接轨迹点，直线
8	L P[5] 80cm/min FINE	收弧点，焊缝Ⅰ
9	Weld End [1，0.0%，0.0%，1.0]	JOB Mole 收弧，JOB1
10	Wait 0.2s	收弧等待 0.2s
11	J P[6] 30% CNT100	退避点
12	J P[7] 30% CNT100	前进点
13	L P[8] 800cm/min FINE	引弧点，焊缝Ⅱ
14	Weld Start [1，0.0%，0.0%，1.0]	JOB Mole 引弧，JOB1
15	Wait 0.2s	引弧等待 0.2s
16	L P[9] 80cm/min CNT100	焊接轨迹点，直线
17	L P[10] 80cm/min FINE	收弧点，焊缝Ⅱ
18	Weld End [1，0.0%，0.0%，1.0]	JOB Mole 收弧，JOB1
19	Wait 0.2s	收弧等待 0.2s
20	J P[11] 30% CNT100	退避点
21	J P[12] 30% CNT100	前进点
22	MOVE HOME	基准点
	END	程序结束

（4）焊接效果　焊接效果图如图 2-43 所示。

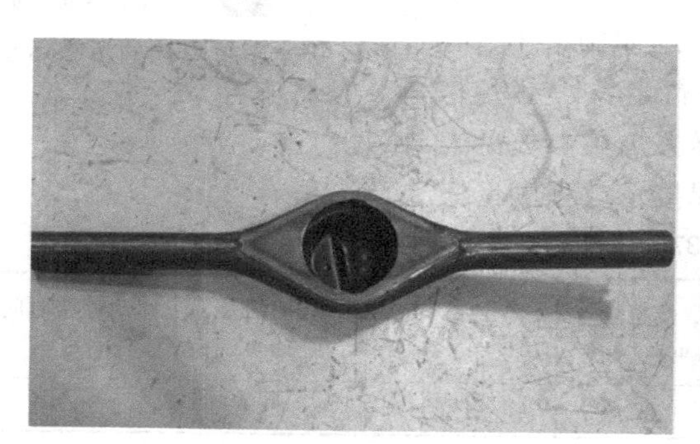

图 2-43　车桥机器人焊接效果图

复习思考题

一、填空题

1. 弧焊机器人焊接位置不正确或焊枪寻位时出现问题，要考虑________是否准确。
2. 使用焊接机器人焊接时，应严格控制零件的________，提高焊件装配质量。
3. 为了减少更换焊丝的时间，机器人选择________焊丝。
4. 弧焊机器人焊接时，为了获得最佳焊接参数，试件应按产品技术要求进行________

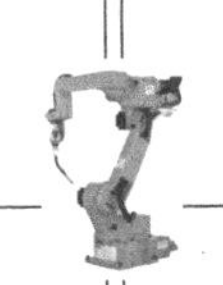

和________。

5. 编制程序一般不能一步到位，要在机器人焊接过程中不断检测和________，调整焊接参数等，才能得到好程序。

二、简答题

1. 适合机器人使用的焊接电源应具备哪些特点？

2. 简述熔化极气体保护焊的缺点。

3. 机器人焊接时，如何提高零件制备质量和焊接装配精度。

第三章 机器人钨极氩弧焊焊接工艺

非熔化极惰性气体钨极保护焊（Tungsten Inert Gas Welding，TIG 焊），是使用纯钨或活化钨（如钍钨、铈钨等）作为非熔化电极，在惰性气体的保护下，利用钨电极与工件间产生的电弧热熔化母材和填充焊丝的焊接方法。本章主要介绍 TIG 焊的焊接工艺特点、影响机器人 TIG 焊焊接质量的因素以及机器人 TIG 焊的焊接工艺与编程方法。以常用金属薄板焊接为例，熟悉机器人 TIG 焊的焊接工艺，学会根据机器人 TIG 焊的焊接工艺特点合理地编程。

第一节　TIG 焊的焊接工艺特点及焊缝质量影响因素

TIG 焊可采用填丝或自熔两种焊接方式。图 3-1 和图 3-2 所示分别为 TIG 焊的焊接原理和填丝焊的电弧形貌。焊枪运动靠手工完成的称为手工 TIG 焊，焊枪运动与填丝动作全靠机械完成的则称为自动 TIG 焊。按所用惰性气体的种类又分为钨极氩弧焊和钨极氦弧焊。由于氦的价格很贵，故钨极氩弧焊更为常用。

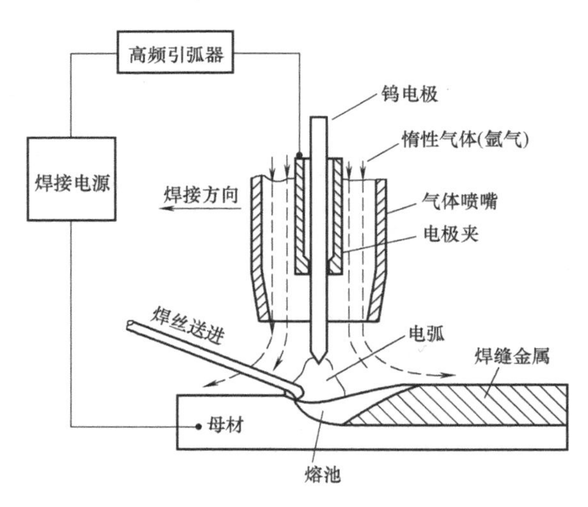

图 3-1　TIG 焊的焊接原理

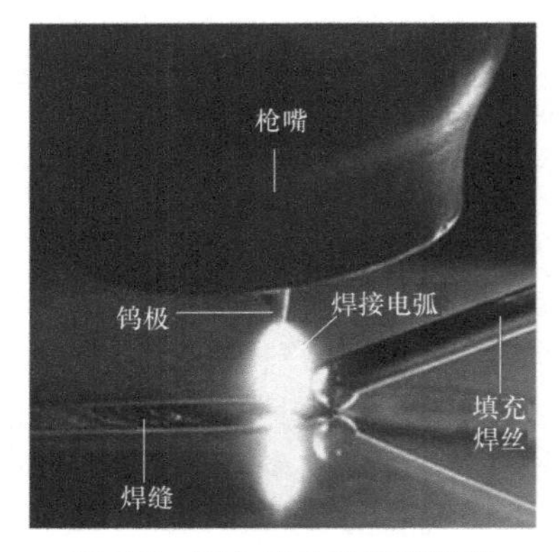

图 3-2　TIG 填丝焊电弧形貌

一、TIG 焊的工艺特点

1. TIG 焊的优点

（1）保护效果好　TIG 焊使用惰性气体完全覆盖电弧和熔化金属，使电弧不受周围空气

的影响和避免熔化金属与周围的氧、氮等发生反应，从而起到保护作用，能够实现高质量焊接，得到优良焊缝。

（2）电弧稳定　钨极氩弧焊时的电弧是各种电弧焊接方法中稳定性最好的电弧之一。焊接过程中钨电极是不熔化的，故易于保持恒定的电弧长度。电弧呈典型的钟罩形态，焊接熔池可见性好，焊接操作容易进行。

（3）热输入容易控制　焊接电流的使用范围通常为5~500A。即使焊接电流小于10A，仍能正常焊接，因此特别适合薄板焊接。如果采用脉冲电流焊接，则可以方便地对焊接热输入进行调节和控制。

2. TIG焊的缺点

（1）载流能力差　钨极的承载电流范围有限。在焊枪冷却良好的前提下，常用直径为2.0 mm的钨极最高持续焊接电流一般也不超过200A，直径为3.2mm的钨极最高持续焊接电流一般不超过300A。若焊接电流过高，则可能导致钨极烧损，甚至熔化过渡到焊缝中去，引起焊缝夹钨，严重时会导致焊枪烧毁漏水，甚至酿成事故。

（2）生产率低　TIG焊的焊接效率低于其他焊接方法。由于钨极承载电流的能力有限，且电流易扩展而不集中，因此TIG焊的功率密度受到制约，致使焊缝熔深小，熔敷速度慢，焊接速度不高和生产率低。

（3）生产成本高　由于生产率低和惰性气体价格较高，生产成本比焊条电弧焊、埋弧焊和CO_2气体保护焊都要高。

二、机器人TIG焊的质量影响因素

1. 焊接电流

焊接电流是决定熔深的重要焊接参数，其大小的选择应综合考虑母材金属的特性、工件厚度、接头形式、坡口形式、焊接方式（是否填丝）、焊接位置及钨极的载流极限等因素。钨极可承受的电流（载流）范围见表3-1。电流的选择应相对适中，电流过大时，钨极容易烧损，焊缝易产生夹钨缺陷；而电流过小时，电弧不稳定，会产生“漂移”现象，交流TIG焊时更加明显。

表3-1　钨极的载流范围

电极直径/mm	直流				交　流	
	正接（电极为负）		反接（电极为正）			
	纯钨	加入氧化物的钨	纯钨	加入氧化物的钨	纯钨	加入氧化物的钨
0.5	2~20	2~20	—	—	2~15	2~15
1.0	10~75	10~75	—	—	15~55	15~70
1.6	40~130	60~150	10~20	10~20	45~90	60~125
2.0	75~180	100~200	15~25	15~25	65~125	85~160
2.5	130~230	170~250	17~30	17~30	80~140	120~210
3.2	160~310	225~330	20~35	20~35	150~190	150~250
4.0	275~450	350~480	35~50	35~50	180~260	240~350
5.0	400~625	500~675	50~70	50~70	240~350	330~460
6.3	550~675	650~950	65~100	65~100	300~450	430~575

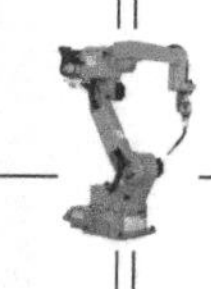

2. 电弧电压

在焊接电流种类等条件一定的情况下，电弧电压（后文简称弧压）主要由弧长决定，弧长增大，焊缝的宽度增大，熔深略微减小。电弧过长时，保护效果变差，电弧热量散失较多，容易产生未焊透或未熔合等缺陷；电弧过短时，填丝时钨极容易碰到焊丝而导致粘丝或引起钨极烧损。一般来说，近似等于钨极直径的弧长较为合理。

3. 焊接速度

焊接速度（后文简称焊速）是除焊接电流外对热输入影响最大的参数。金属导热性、工件尺寸与厚度是影响焊速选择的重要因素。焊速应该与焊接电流、弧压和保护气体流量等相匹配，焊速过快容易产生咬边和未熔合缺陷，焊速过慢则会产生焊穿、焊缝变形等缺陷。

4. 焊丝直径与送丝速度

焊丝直径需根据工件厚度及接头间隙选择，当板厚、坡口角度与接头间隙均较大时，一般选用较粗的焊丝，反之选用细焊丝。焊丝直径选择不当时，也容易引起焊缝未焊透、未熔合、余高过大及焊缝凹陷等缺陷。

送丝速度与焊丝直径、焊接电流、焊速、接头间隙及坡口尺寸等有关。一般焊丝直径大时，送丝速度慢；焊接电流、焊速、接头间隙、坡口尺寸大时，送丝速度快，反之则慢。送丝速度选择不当，也可能使焊缝出现熔合不良、焊穿、表面凹陷、成形不光滑等缺陷。

5. 喷嘴孔径与气体流量

在一定条件下，喷嘴孔径与保护气体流量有一个最佳范围，这时保护效果最好，且有效保护区最大。喷嘴孔径过大时，浪费保护气体，且气体流速降低，影响保护效果；孔径过小时，则气体保护范围减小，保护效果同样较差。如果气体流量过大，则容易形成紊流而致使空气卷入，降低了保护效果；若流量太小，则气流挺度差，排出空气的能力弱，保护效果同样较差。喷嘴孔径及保护气体流量与电流种类、极性、大小的关系见表 3-2。

表 3-2 电流种类、极性、大小与喷嘴孔径及保护气体流量的关系

焊接电流 /A	直流正接		直接反接		交流	
	喷嘴孔径 /mm	气体流量 /(L/min)	喷嘴孔径 /mm	气体流量 /(L/min)	喷嘴孔径 /mm	气体流量 /(L/min)
10~100	4~9.0	4~5	8~9.5	6~8	8~10	6~8
110~150	4~9.0	5~7	9.5~11	7~10	9~11	7~10
160~200	6~13	6~8	11~13	7~10	11~13	7~10
210~300	8~13	8~9	13~16	8~15	13~16	8~15
310~500	13~16	9~12	16~19	8~15	16~20	8~16

喷嘴孔径可按以下经验公式进行选择

$$D=(2.5\sim3.5)d$$

式中，d 是钨极直径（mm）；D 是喷嘴孔径（mm）。

保护气体流量可按照以下经验公式选取

$$Q=\delta D$$

式中，Q 是保护气体流量（L/min）；δ 是比例系数，一般取 0.8~1.2（大喷嘴取上限，小喷嘴取下限）。

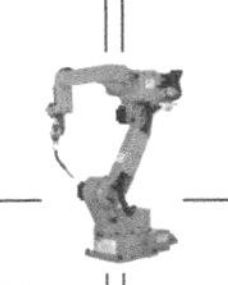

保护气体的保护效果可以通过焊缝的表面颜色来判断，不同材料在不同保护效果下的焊缝颜色见表 3-3。

表 3-3　不同材料在不同保护效果下的颜色

颜色 / 保护效果 / 焊接接头材料	最好	良好	一般	不良	最差
低碳钢	灰白色有光高	灰色	—	—	灰黑色
不锈钢	金黄色或银色	蓝色	红灰色	灰色	黑色
钛及钛合金	银白色（合格）	金黄色（合格）	蓝色（去除蓝色适用于非重要场合）	紫色（去除紫色且只适用于常压容器）	灰色或黄色粉末（返修）
铝及铝合金	银白色有光亮	白色无光	灰白色	灰色	黑色
锆	银白色（合格）	金黄色（合格）	蓝色（去除蓝色且只适用于非重要场合）	紫色（返修）	
纯铜	金黄色	黄色	—	灰黄色	灰黑色

6. 钨极伸出长度

钨极伸出长度是指露出喷嘴外面的钨极长度，如图 3-3所示。钨极伸出长度过大时，钨极与焊缝的保护效果均会变差，且钨极容易过热；钨极伸出长度过小时，则不利于操作者实时观测电弧与熔池的状态，且会妨碍施焊。钨极伸出长度一般应维持在 5～8mm，在不影响视线和操作的情况下可取下限。

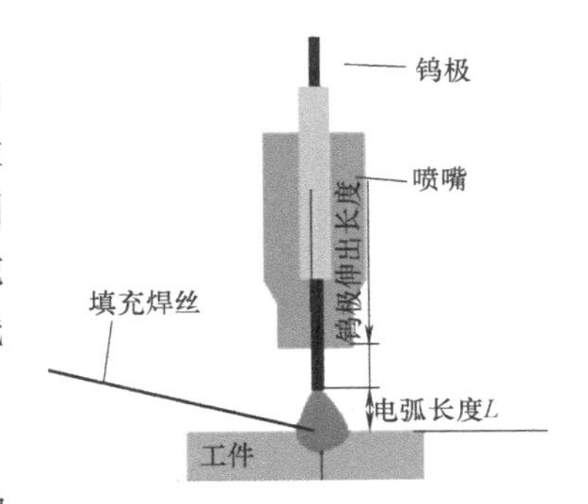

图 3-3　钨极伸出长度

7. 钨极直径与端部形状

钨极直径的选择与工件的材料、尺寸，焊接电流的种类和极性等有关。钨极直径越大，许用电流越大。直流正接时承载电流最大，直流反接时承载电流最小，交流时介于二者之间。原则上，在满足可承载电流的条件下，应选择尽量小的钨极直径。

钨极端部形状的选择应根据电流种类和大小来确定，如图 3-4 所示。200A 以下直流正接时，电极前端角度为 30°～50°，电弧吹力最强，熔深最大；电流超过 200A 时，电极温度更高，同时电弧吹力增加，保护状态恶化，电极前端形成伞形，但仍可以维持稳定的焊接，下一次焊接需要重新修磨、更换；电流超过 250A 后，电极前端会产生熔化损失，焊前需将钨极前端磨出一定尺寸的平台。

直流反接和交流焊接时钨极发热量大，同时电流也不是集中在阳极的某一区域，这时把电极前端形状磨成圆形较为合适。大电流焊接，不论电极开始时是何种形状，一旦电弧引燃，电极前端熔化，便会自然形成半球形，如图 3-5 所示。

8. 焊枪角度与送丝角度

这里的焊枪角度主要是指焊枪的轴线与焊缝长度方向轴线之间的夹角，分为前倾夹角（焊枪与焊接方向之间的夹角）和后倾夹角（焊枪与已焊方向之间的夹角），如图 3-6 中的 β 为后倾夹角。焊接时，β 取 10°～15°为宜。送丝角度是指焊丝与焊枪之间的夹角，如图 3-6 中的 α 角，该角度一般为 90°，其大小直接影响着焊缝的成形与质量。α 角减小，则送丝阻力增加，

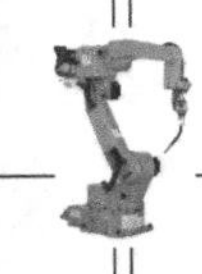

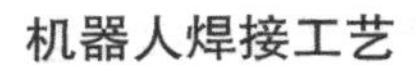

送丝稳定性变差，将影响焊接的稳定性；同时，在钨极伸出长度不变的情况下，减小 α 角就意味着产生如同弧长增加的影响。α 角增加（在 $\alpha+\beta$ 范围内），则送丝阻力减小，焊接稳定性提高；但在钨极伸出长度不变的情况下，减小 α 角就意味着产生如同弧长变短的影响。

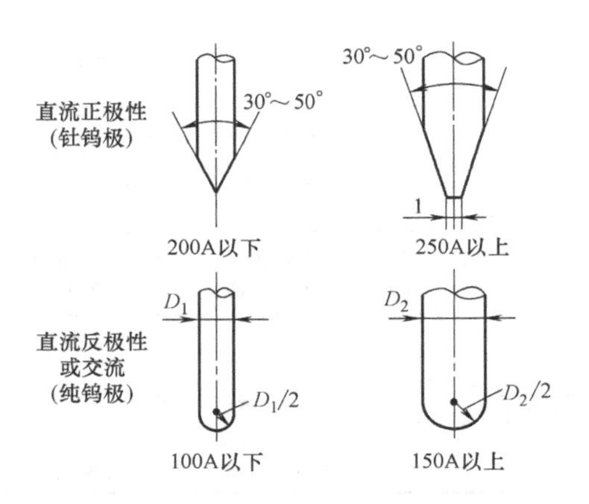

图 3-4　电流种类和大小与钨极端部形状的关系

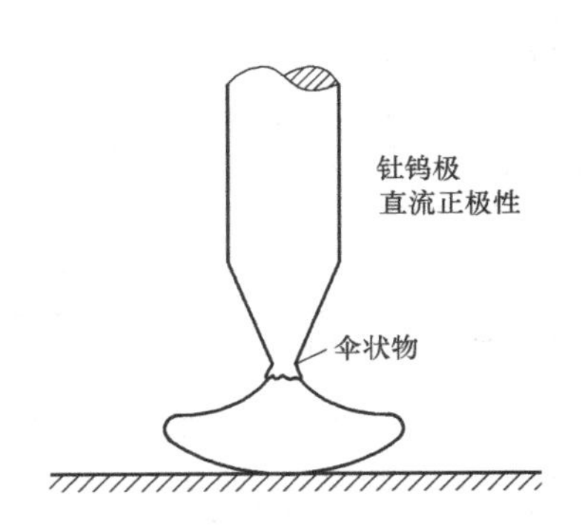

图 3-5　大电流时钨极前端烧损

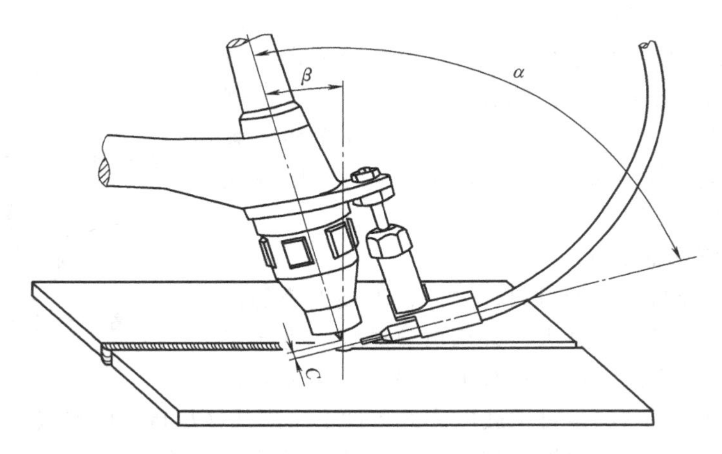

图 3-6　焊枪角度和送丝角度

9. 焊丝与钨极间的距离

焊丝与钨极间的距离，是指在钨极轴线上钨极的尖端点到焊丝轴线与钨极轴线的交点之间的距离，即图 3-6 中的 C 值。C 值太小时对焊接效果的影响与弧长太短时的情况相似；C 值太大时产生的影响与弧长太长时的情况相似，如保持弧长不变，则还易出现送丝偏离熔池的现象。

10. 保护气体的选用

（1）氩气　氩气为无色、无臭的单原子惰性气体，比空气重约 25%。它的电离势较高，不易电离，故氩弧较难引燃，其热导率小，电弧热量损失较少。焊接用氩气一般要求纯度（体积分数）为 99.9%~99.99%。焊接铝合金、钛合金等易氧化金属时，应采用高纯度氩气以避免焊缝氧化。焊接用氩气采用瓶装，常温下满瓶压力为 14.7MPa。

（2）氦气　氦气为无色、无臭的单原子惰性气体，氦气的热导率较高，与氩气相比，氦弧要求更高的电弧电压和热输入。由于氦弧的能量较高，故对于热导率高的材料的焊接和

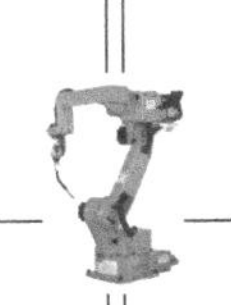

高速机械化焊接十分有利。焊接厚板时，应采用氦气作为保护气体，使用 Ar+He 混合气体时，则可提高焊接速度。由于氦气的密度比空气小，从喷嘴中喷出的氦气容易流失，为了获得与氩气相同的保护效果，氦气的流量需要达到氩气的 2~3 倍。

第二节 机器人 TIG 焊的焊接工艺与编程

本节根据机器人 TIG 焊的焊接工艺特点，分别对不同金属材料薄板的焊接结构及其焊接技术要求进行分析，编程时合理设置焊接轨迹点及选择合适的焊枪角度和焊接参数，控制焊接质量，提高焊接效率。

一、薄板焊接工艺

1. 薄板焊接时存在的主要问题

（1）容易烧穿　烧穿是薄板焊接中最容易产生的缺陷，并且修补困难，所以防止烧穿是提高薄板结构焊接质量的关键。

（2）焊缝成形问题　焊接薄板结构时，除了对焊缝的外形尺寸有较高的要求外，焊缝表面还应美观，接头要求平整光滑，有的对接焊缝还要求单面焊双面成形。因此要保证薄板焊接的质量，必须在选择正确的焊接方法和接头形式的前提下，选择合适的焊接参数，并保证焊接过程中这些参数的稳定。

（3）容易变形　薄板结构的刚度小，抗变形能力差，在焊接时容易发生变形。防止薄板焊接变形的主要措施是使用胎夹具。

钨极氩弧焊焊接时焊缝受到氩气的保护，故焊缝质量高。另外，焊接时加热集中，焊件变形小，生产率高，因此钨极氩弧焊非常适合于薄板焊接。但为了应对薄板焊接中可能出现的一系列问题，必须在焊接之前以及焊接过程中采取相应的措施。这些措施主要包括焊前对板件进行清理以及焊接时正确选择焊接参数。

2. 薄板焊接的基本要求

（1）焊前对板件进行清理　钨极氩弧焊时，因无冶金的脱氧和去氢措施，需要使用锉刀或细钢丝刷等工具对材料表面进行处理。化学方法是在 5%~8%的氢氧化钠溶液（50~60℃）中浸泡后用冷水冲洗，然后在浓度约为 30%的硝酸溶液中浸泡 1~3min，再用 50~60℃的热水冲洗，最后进行干燥处理或风干。化学处理后的工件表面仍有极薄的氧化膜，依靠阴极清理作用就可将其完全去除。但对于铝、镁等比较活泼的金属材料，必须在化学清洗后 2~3h 内进行焊接，最多不超过 24h，否则会由于长时间放置而再次生成较厚的氧化膜，焊前仍需清理。

（2）焊接参数的选择　选择合适的焊接参数是解决薄板焊接时易烧穿、易变形问题，同时保证焊接质量的关键因素。对于 TIG 焊而言，在薄板焊接中主要是对焊接电流和焊接速度进行选择。

二、Q235 钢薄板焊接实例

（一）平板对接

1. 平板对接焊缝

（1）焊件结构和尺寸　平板对接产品的结构和尺寸如图 3-7 所示。

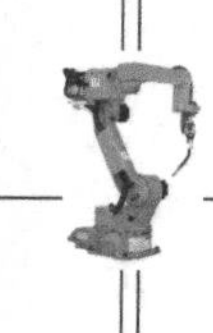

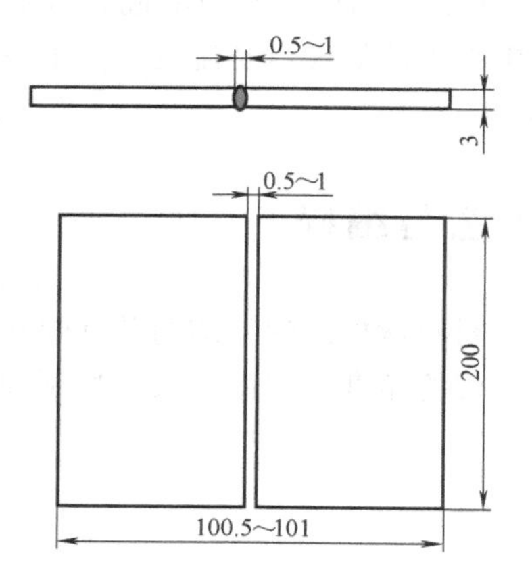

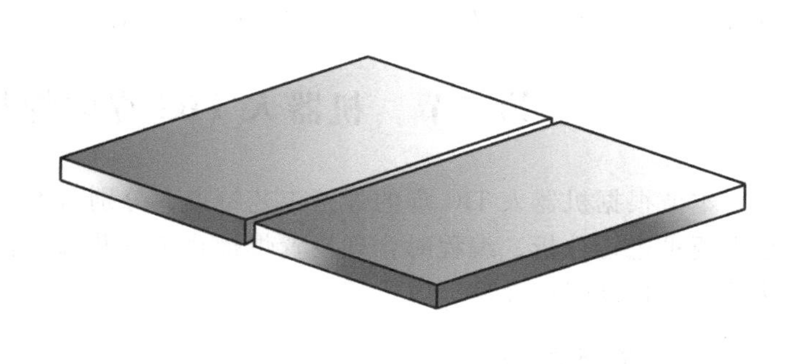

图 3-7 平板对接产品的结构和尺寸

（2）焊件材料　Q235 钢板两块，尺寸为 200mm×50mm×3mm。

（3）接头形式　对接 I 形坡口。

（4）焊接位置　水平位置焊接。

（5）技术要求。

1）采用 Ar 作为保护气体，使用 ϕ1.0mm 的 H08Mn2SiA 焊丝，手动操作机器人完成焊接作业。

2）焊缝质量要求。焊缝外观质量要求见表 3-4。

表 3-4　焊缝外观质量要求

检查项目	标准值/mm	检查项目	标准值/mm
焊缝余高	0~2	焊缝高低差	0~1
焊缝宽度	4~6	错边量	0~1
焊缝宽窄差	0~1	角变形	0°~3°
咬边	深度≤0.5,长度≤15	焊缝正面外观成形	波纹均匀整齐,焊缝成形良好

2. 焊接工艺与编程分析

（1）材料焊接性　产品材料为 Q235 钢，属于常用低碳钢，焊接性能较好。

（2）焊件装配　焊件为平板对接，因焊接过程中焊缝逐渐收缩，易引起焊接缺陷，应考虑后焊间隙大于先焊间隙约 2mm，焊件两端定位焊长度约为 5mm。

（3）焊件的焊接工艺与编程要点

1）该焊件属薄板焊接，其接头形式为 I 形坡口对接，焊接位置为水平焊，采用机器人钨极氩弧焊易焊接，操作简单。

2）焊前将焊件坡口两端清理干净。

3）单面焊双面成形焊缝编程时，要根据焊件板厚、坡口间隙，考虑焊缝的熔合性、焊透性、双面焊缝的均匀性，设定合适的焊接参数、焊枪角度。

4）起焊处编程时，考虑焊缝的熔合性、焊透性、焊缝宽窄和高低的均匀性，设定焊接参数时应适当增大焊接电流和电压。

5）收弧处易产生弧坑及焊穿缺陷，编程中设定焊接参数时应适当减小焊接电流和焊接

电压。

6）手动操作机器人直线行走完成焊接。

3. 设备选择

（1）机器人品牌　机器人选择ABB IRB1400，控制系统选择ABB IRC5 M2004。

（2）焊接电源　焊接电源选择LORCH V30。

4. 示教编程

（1）示教运动轨迹　示教运动轨迹一般包括原点、前进点或退避点、焊接开始点和结束点、焊枪姿态等。平板对接产品的示教运动轨迹如图3-8所示，主要由编号为①~⑥的六个示教点组成。

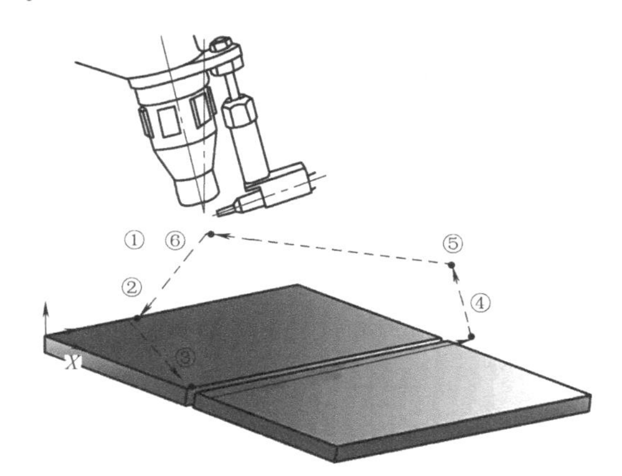

图3-8　平板对接产品的示教运动轨迹

①点、⑥点为原点（或待机位置点），其应处于与工件、夹具不干涉的位置，焊枪姿态一般为90°（相对于水平面）。

③点、④点为焊接开始点和结束点，焊枪姿态为平行于焊缝法线且与待焊方向成一夹角（95°~100°）。

②点、⑤点为过渡点，也要处于与工件、夹具不干涉的位置，焊枪角度任意。

（2）焊接参数设置　焊接参数包括焊接层数、峰值电流、脉冲频率、基值电流、占空比、焊接速度、送丝速度、气体流量等，见表3-5。

表3-5　平板对接焊接参数

焊接层数	峰值电流/A	脉冲频率/Hz	基值电流/A	占空比(%)	焊接速度/(mm/s)	送丝速度/(m/min)	气体流量/(L/min)	钨丝直径/mm	运枪方式
一层	145	1.3	65	40	2.6	2.0	5~6	2.4	直线

（3）焊接程序　平板对接焊接示教程序见表3-6。

表3-6　平板对接焊接示教程序

程　序	注　释
PROC duijie(　)	程序名称
MoveAbsJ　* \NoEOffs, v1000, z50, toolgun;	待机位置(原点),示教速度,逼近参数,工具坐标
MoveJ　*,　v1000,　z50,　toolgun;	接近点,示教速度,逼近参数,工具坐标
ArcLStart　*,　v1000,　seam1,　weld1,　fine,　toolgun;	焊接开始点,示教速度,停留参数,焊接参数,逼近参数,工具坐标
ArcLEnd　*,　v1000,　seam1,　weld1,　fine,　toolgun;	焊接结束点,示教速度,停留参数,焊接参数,逼近参数,工具坐标
MoveJ　*,　v1000,　z50,　toolgun;	退枪点(移动中与工件及夹具不干涉的位置),示教速度,逼近参数,工具坐标
MoveAbsJ　jpos10\NoEOffs,　v1000,　z50, toolgung;	待机位置(原点),示教速度,逼近参数,工具坐标
ENDPROC	程序结束

（4）焊接效果　焊接效果图如图3-9所示。

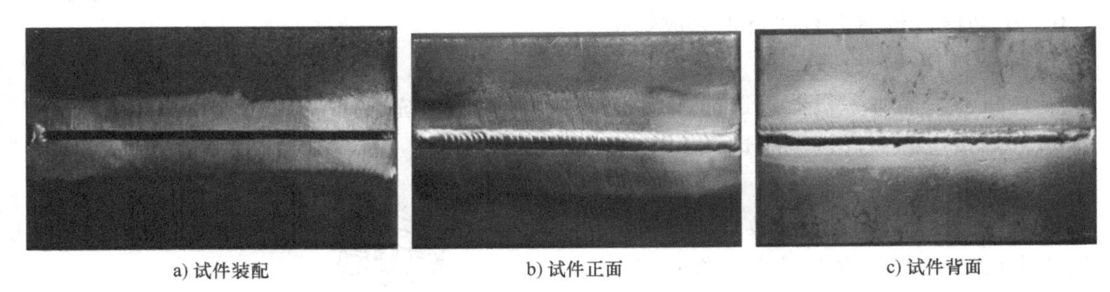
a) 试件装配　b) 试件正面　c) 试件背面

图3-9　焊接效果图

（二）T形角接

1. T形角接焊缝

（1）焊件结构和尺寸　T形角接产品的结构和尺寸如图3-10所示。

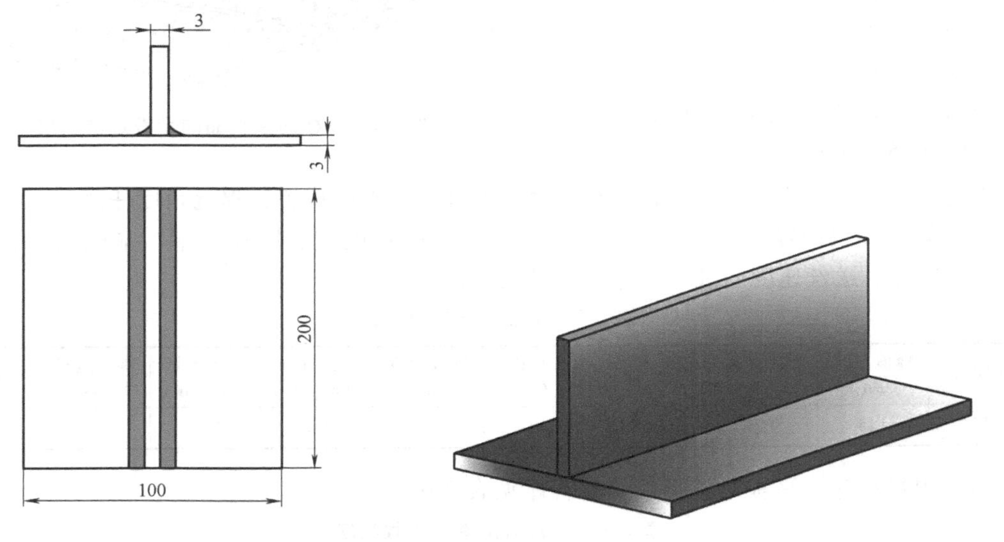

图3-10　T形角接产品的结构和尺寸

（2）焊件材料　Q235钢板，尺寸为200mm×100mm×3mm和50mm×100mm×3mm。

（3）接头形式　T形接头。

（4）焊接位置　水平位置平角焊。

（5）技术要求

1）采用Ar作为保护气体，使用ϕ1.0mm的H08Mn2SiA焊丝，手动操作机器人完成焊接作业。

2）焊缝质量要求。焊缝外观质量要求见表3-7。

表3-7　焊缝外观质量要求

检查项目	标准值/mm	检查项目	标准值/mm
焊缝高低差	0~1	焊脚尺寸	3~5
焊缝宽窄差	0~1	角变形	0°~5°
咬边	深度≤0.5,长度≤15	焊缝外观成形	波纹均匀整齐,焊缝成形良好

2. 焊接工艺与编程分析

（1）材料焊接性　焊件材料为 Q235 钢，属于常用低碳钢，焊接性较好。

（2）焊件装配　立板垂直于水平板，间隙为零，接头两端定位焊长度约为 5mm。

（3）焊件的焊接工艺与编程要点

1）焊趾处易产生咬边缺陷。焊枪与立板、水平板之间的角度为 45°，相对于焊接方向后倾约 10°。设定合适的焊接参数，防止焊接电流过大而产生咬边缺陷。

2）引弧处易产生未熔合缺陷。编程时设定引弧电流大于正常焊接电流约 15%，停留时间稍长，以防止产生未熔合缺陷。

3）收弧处易产生弧坑或裂纹缺陷。编程时设定收弧焊接参数应适当减小焊接电流，稍停留一段时间，以控制弧坑及裂纹的产生。

4）采用单层直线不摆动方式一次焊接成形。

3. 设备选择参数

（1）机器人品牌　机器人选择 ABB IRB1400，控制系统选择 ABB IRC5 M2004。

（2）焊接电源　焊接电源选择 LORCH V30。

4. 示教编程

（1）示教运动轨迹　T 形角接产品的示教运动轨迹如图 3-11 所示，主要由编号为①~⑦的七个示教点组成。

①点、⑦点为原点（或待机位置点），其应处于与工件、夹具不干涉的位置，焊枪姿态一般为 90°（相对于地面）。

④点、⑤点为焊接开始点和结束点，焊枪姿态为平行于焊缝法线且与待焊方向成一夹角（100°~110°）。

②点、③点、⑥点为过渡点，也要处于与工件、夹具不干涉的位置，焊枪角度任意。

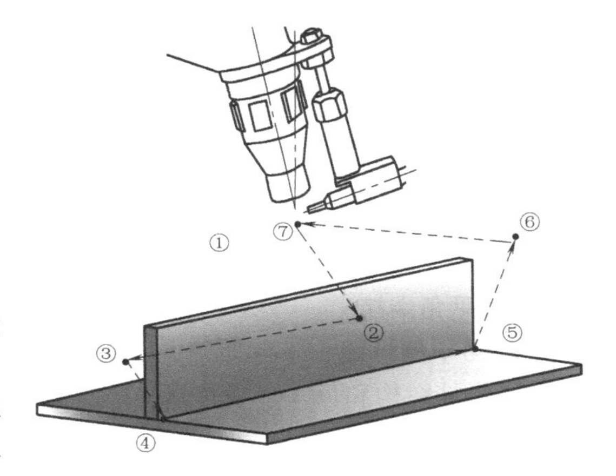

图 3-11　T 形角接产品的示教运动轨迹

（2）焊接参数设置　T 形角接焊接参数见表 3-8。

表 3-8　T 形角接焊接参数

焊接层数	峰值电流/A	脉冲频率/Hz	基值电流/A	占空比(%)	焊接速度/(mm/s)	送丝速度/(m/min)	气体流量/(L/min)	钨丝直径/mm	运枪方式
一层	180	1.2	70	40	1.9	2.0	2~3	2.4	直线

（3）焊接程序　T 形角接焊接示教程序见表 3-9。

表 3-9　T 形角接焊接示教程序

程　　序	注　　释
PROC Txingjiaojie( )	程序名称
MoveAbsJ　* \NoEOffs, v1000, z50, toolgun;	待机位置（原点），示教速度，逼近参数，工具坐标

（续）

程　序	注　释
MoveJ　*，　v1000，　z50，　toolgun；	接近点，示教速度，逼近参数，工具坐标
ArcLStart　*，　v1000，　seam1，　weld1，　fine，　toolgun；	焊接开始点，示教速度，停留参数，焊接参数，逼近参数，工具坐标
ArcLEnd　*，　v1000，　seam1，　weld1，　fine，　toolgun；	焊接结束点，示教速度，停留参数，焊接参数，逼近参数，工具坐标
MoveJ　*，　v1000，　z50，　toolgun；	退枪点（移动中与工件及夹具不干涉的位置），示教速度，逼近参数，工具坐标
MoveAbsJ jpos10\NoEOffs，　v1000，　z50，toolgung；	待机位置（原点），示教速度，逼近参数，工具坐标
ENDPROC	程序结束

（4）焊接效果　焊接效果图如图 3-12 所示。

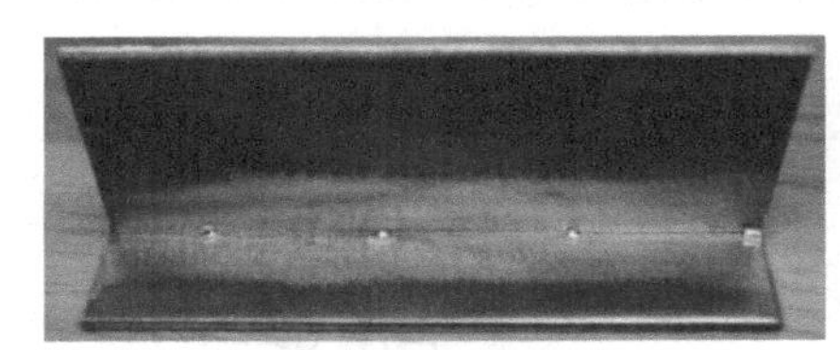
a) 试件装配

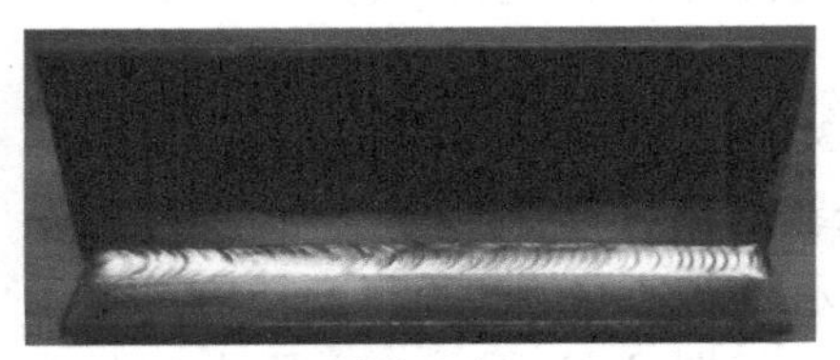
b) 试件正面

图 3-12　焊接效果图

（三）平角端接

1. 平角端接焊缝

（1）焊件结构和尺寸　平角端接产品的结构和尺寸如图 3-13 所示。

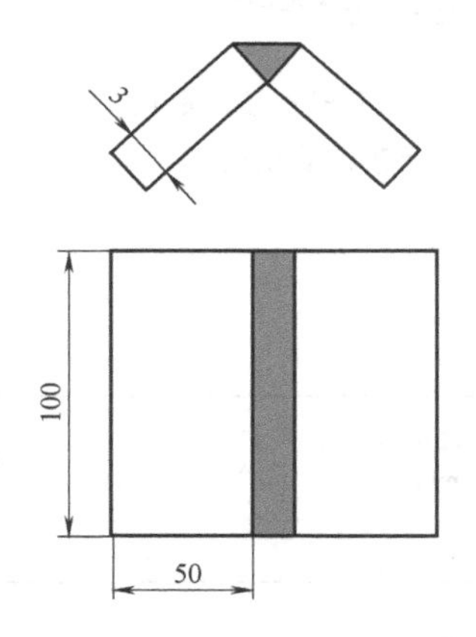

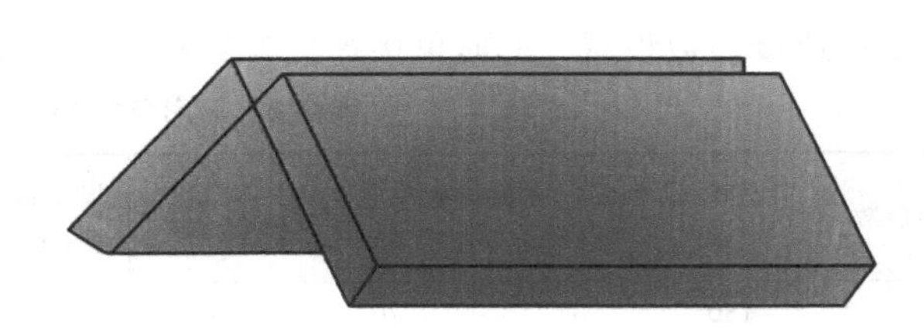

图 3-13　平角端接产品的结构和尺寸

（2）焊件材料　Q235 钢板两块，尺寸为 50mm×100mm×3mm。

（3）接头形式　端接接头。

（4）焊接位置　水平位置平角焊。

（5）技术要求

1）采用 Ar 作为保护气体，使用 ϕ1.0mm 的 H08Mn2SiA 焊丝，手动操作机器人完成焊接作业。

2）焊缝质量要求。焊缝外观质量要求见表 3-10。

表 3-10　焊缝外观质量要求

检查项目	标准值/mm	检查项目	标准值/mm
焊缝高低差	0～1	焊脚尺寸	3～5
焊缝宽窄差	0～1	角 变 形	0°～5°
咬边	深度≤0.5,长度≤15	焊缝外观成形	波纹均匀整齐,焊缝成形良好

2. 焊接工艺与编程分析

（1）材料焊接性　焊件材料为 Q235 钢，属于常用低碳钢，焊接性较好。

（2）焊件装配　立板垂直于水平板，间隙为零，接头两端定位焊长度约为 5mm。

（3）焊件的焊接工艺与编程要点

1）焊趾处易产生咬边缺陷。焊枪与立板、水平板之间的夹角为 135°，相对于焊接方向后倾约 10°。设定合适的焊接参数，防止因焊接电流过大而产生咬边。

2）引弧处易产生未熔合缺陷。编程时设定引弧电流大于正常焊接电流约 15%，停留时间稍长，以防止产生未熔合缺陷。

3）收弧处易产生弧坑或裂纹缺陷。编程时设定收弧焊接参数应适当减小焊接电流，稍停留一段时间，以控制弧坑及裂纹的产生。

4）采用单层直线不摆动方式一次焊接成形。

3. 设备选择

（1）机器人品牌　机器人选择 ABB IRB1400，控制系统选择 ABB IRC5 M2004。

（2）焊接电源　焊接电源选择 LORCH V30。

4. 示教编程

（1）示教运动轨迹　平角端接产品的示教运动轨迹如图 3-14 所示，主要由编号为①～⑥的 6 个示教点组成。

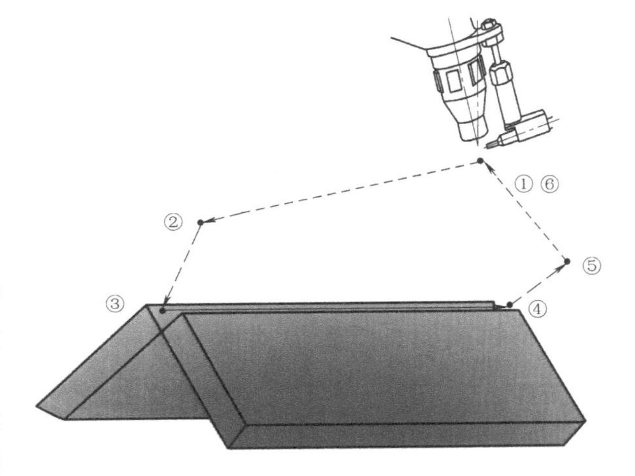

图 3-14　平角端接产品的示教运动轨迹

①点、⑥点为原点（或待机位置点），其应处于与工件、夹具不干涉的位置，焊枪姿态一般为 90°（相对于地面）。

③点、④点为焊接开始点和结束点，焊枪姿态为平行于焊缝法线且与待焊方向成一夹角（100°～110°）。

②点、⑤点为过渡点，也要处于与工件、夹具不干涉的位置，焊枪角度任意。

（2）焊接参数设置　平角端接焊接参数见表 3-11。

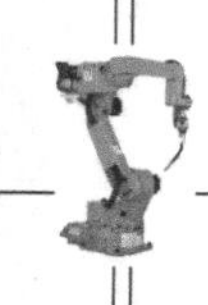

表 3-11　平角端接焊接参数

焊接层数	峰值电流/A	脉冲频率/Hz	基值电流/A	占空比(%)	焊接速度/(mm/s)	送丝速度/(m/min)	气体流量/(L/min)	钨丝直径/mm	运枪方式
一层	115	1.2	63	40	2.9	1.85	4~5	2.4	直线

（3）焊接程序　平角端接焊接示教程序见表 3-12。

表 3-12　平角端接焊接示教程序

程　序	注　释
PROC duanjie( )	程序名称
MoveAbsJ　* \NoEOffs, v1000, z50, toolgun;	待机位置(原点),示教速度,逼近参数,工具坐标
MoveJ　*,　v1000,　z50,　toolgun;	接近点,示教速度,逼近参数,工具坐标
ArcLStart　*,　v1000,　seam1,　weld1,　fine,　toolgun;	焊接开始点,示教速度,停留参数,焊接参数,逼近参数,工具坐标
ArcLEnd　*,　v1000,　seam1,　weld1,　fine,　toolgun;	焊接结束点,示教速度,停留参数,焊接参数,逼近参数,工具坐标
MoveJ　*,　v1000,　z50,　toolgun;	退枪点(移动中与工件及夹具不干涉的位置),示教速度,逼近参数,工具坐标
MoveAbsJ jpos10\NoEOffs,　v1000,　z50, toolgung;	待机位置(原点),示教速度,逼近参数,工具坐标
ENDPROC	程序结束

（4）焊接效果　焊接效果图如图 3-15 所示。

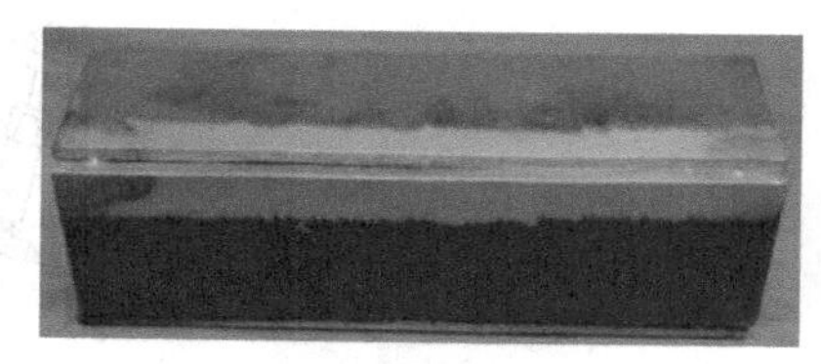

a) 试件装配

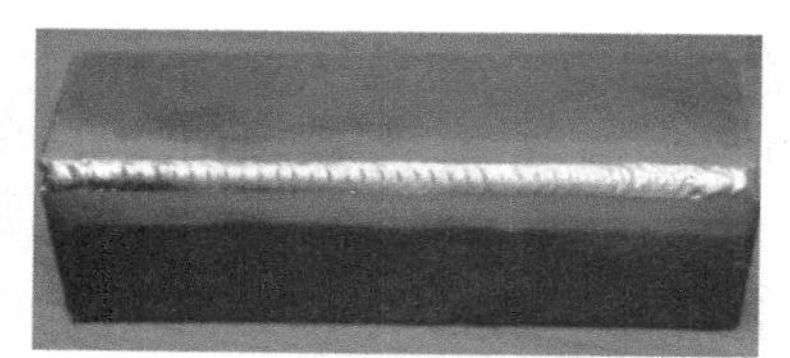

b) 试件正面

图 3-15　焊接效果图

三、不锈钢厨具灶台焊接件

1. 厨具灶台

厨具灶台结构和尺寸如图 3-16a 所示，实物图如图 3-16b 所示。

（1）产品材料　厨具灶台材料采用 06Cr18Ni11Ti 不锈钢。

（2）接头形式　角接 I 形坡口。

（3）焊接位置　水平、横、立焊缝。

（4）技术要求

1）采用氩气（100% Ar）作为保护气体进行 TIG（自熔或填丝）焊；焊丝牌号为 H08Cr21Ni10Si，直径为 1.2mm，钨丝直径为 2.4mm。

2）焊缝外观质量要求见表 3-13。

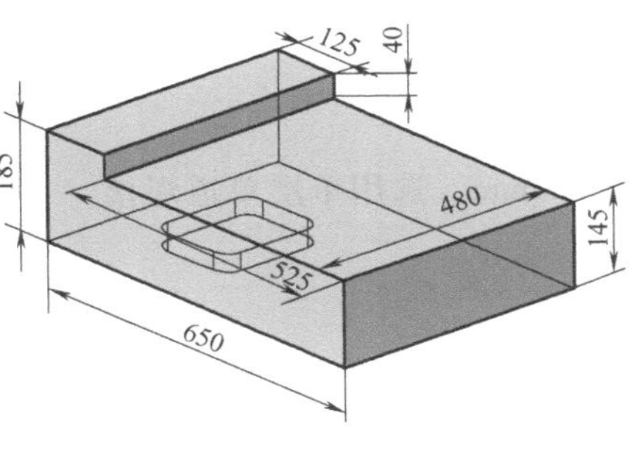

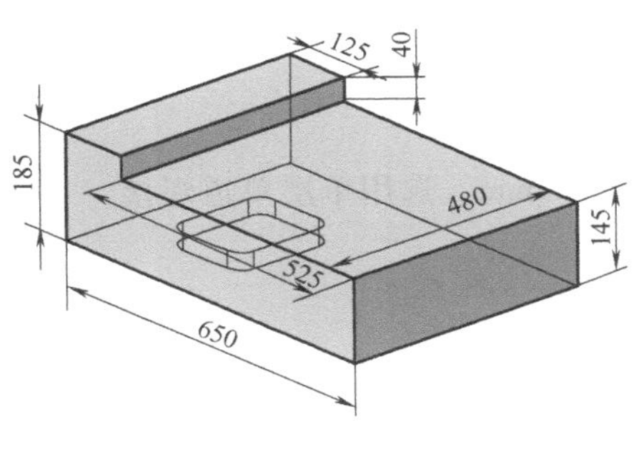

a) 结构和尺寸三维图

b) 实物图

图 3-16　厨具灶台

表 3-13　焊缝外观质量要求

检查项目	标准值/mm	检查项目	标准值/mm
焊缝余高	0~0.5	咬边	0
焊缝高低差	0~0.2	错边量	0
焊缝宽度	4~5	角变形	0
焊缝宽窄差	0~0.5	焊缝外观成形	波纹均匀整齐，焊缝成形良好

2. 焊接工艺与编程分析

（1）材料焊接性　产品材料为06Cr18Ni11Ti，属于常用奥氏体型不锈钢，焊接性能好。

（2）钣金下料、成形及装配

1）下料和成形对装配质量的影响。下料选用剪板机，成形选用折边机时，若定位挡板使用不当，则容易使零件产生变形或尺寸偏差而影响装配质量。装配顺序及方法若选用不当，则会因变形或间隙大而直接影响装配质量。

2）下料措施。该产品应根据产量并结合具体生产条件，合理选用下料、成形加工及装配方法。如果选用压力机进行下料成形加工，则容易保证零件尺寸符合要求；如果下料时采用剪板机，成形时选用折边机，则必须选择合适的定位挡板配合使用，并严格按工艺文件要求进行操作。

3）装配措施。选用合适的胎架进行装配，严格按要求控制装配间隙，注意胎夹具的正确使用与保养，保证板件装配质量。

（3）焊接工艺及编程难点

1）该产品采用机器人焊接，手动操作机器人完成焊接作业。

2）焊接工艺难点：①填丝方向和位置不好控制，易造成焊缝不美观；②90°拐角焊缝易产生焊缝不美观缺陷；③立向下焊施焊困难；④焊缝较长，工件易变形。

3）编程难点：①在示教编程过程中，一定要提前对枪头及送丝机构距离工件两侧的位置进行详细的测量，且测量时必须选择专用的测量工具以保证示教编程效果，钨丝与工件之间的距离约为3mm；②对于90°拐角接头，编程时应设置合适的焊接轨迹点、焊接参数及焊枪角度，接续时，搭接前序焊缝3~5mm，自熔行走后再填丝；③对于立向下焊，在编程时

要结合熔融金属下淌的规律分段设置轨迹点，并选择合适的焊接参数及焊枪角度，以控制熔融金属下淌；④避免选择过大的焊接参数，使用脉冲（控制基值电流和占空比）控制热量并配合脉动送丝，以减小工件变形。

4）焊接顺序：先立角焊，后横焊。

5）焊接位置为立、横焊位置，工件板材厚度为1.5mm，选用单层单道焊接。

3. 机器人编程

（1）设备选择

1）机器人品牌：机器人为MA1440，控制系统为DX200。

2）焊接电源：RFONIUS MW3000。

（2）示教运动轨迹

1）1点、39点为工作原点，其应处于与工件、夹具不干涉的位置，焊枪姿态一般为90°（垂直于水平面）。

2）2点、8点、14点、20点、26点、32点、38点为空间点（前进点或退避点）或接近点，要处于与工件、夹具不干涉的位置，保持与引弧/收弧点大致相同的焊枪姿态，焊枪角度与水平面平行并与焊缝待焊方向垂直。

3）3点、6点、9点、12点、15点、18点为立焊的引弧点和收弧点，21点、24点、27点、30点、33点、36点为横焊的引弧点和收弧点，焊枪角度与工件之间的夹角为80°~85°，钨丝与工件表面之间的距离为2.5~3mm。

4）5点、11点、17点、23点、29点、35点为焊缝调整点。

5）4点、10点、16点、22点、28点、34点（立焊引弧）为起弧指令，调用JOB号数（1）（2）等。

6）7点、13点、19点、25点、31点、37点（立焊收弧）为收弧指令，调用JOB号数（1）（2）等。

7）右侧的焊接方式以及焊枪角度均与左侧相同。

8）焊枪角度如图3-17所示。

a) 立焊角度

b) 横焊角度

图3-17　焊枪角度

（3）焊接参数　厨具灶台的焊接参数见表 3-14。

表 3-14　厨具灶台的焊接参数

焊接位置	焊接电流 I /A	焊接速度 /(mm/min)	送丝速度 /(m/min)	脉冲频率 /Hz	基值电流 /A	占空比 (%)	气体流量 /(L/min)
立焊①	80	220	0.2	3.2	50%I	50	8~10
立焊②	85	220	0.2	3.2	50%I	50	8~10
立焊③	85	220	0.2	3.2	50%I	50	8~10
横焊④	90	240	0.2	3.2	50%I	50	8~10
横焊⑤	120	240	0.2	3.2	45%I	40	8~10
横焊⑥	120	240	0.2	3.2	45%I	40	8~10

（4）焊接程序　厨具灶台的焊接示教程序见表 3-15。

表 3-15　厨具灶台的焊接示教程序

程序号	程　　序	注　　释
0000	NOP	
0001	MOVJ VJ=60	工作原点
0002	MOVJ VJ=60	空间安全点
0003	MOVL V=400	立焊引弧点
0004	ARCON ASF#(1)	立焊引弧
0005	MOVL V=22	调整点
0006	MOVL V=22	立焊收弧点
0007	ARCOF AEF#(1)	立焊收弧
0008	MOVL V=1000	空间安全点
0009	MOVL V=400	立焊引弧点
0010	ARCON ASF#(2)	立焊引弧
0011	MOVL V=22	调整点
0012	MOVL V=22	立焊收弧点
0013	ARCOF AEF#(2)	立焊收弧
0014	MOVL V=1000	空间安全点
0015	MOVL V=400	立焊引弧点
0016	ARCON ASF#(3)	立焊引弧
0017	MOVL V=22	调整点
0018	MOVL V=22	立焊收弧点
0019	ARCOF AEF#(3)	立焊收弧
0020	MOVL V=1000	空间安全点

（续）

程序号	程　序	注　释
0021	MOVL V=400	横焊引弧点
0022	ARCON ASF#(4)	横焊引弧
0023	MOVL V=24	调整点
0024	MOVL V=24	横焊收弧点
0025	ARCOF AEF#(4)	横焊收弧
0026	MOVL V=1000	空间安全点
0027	MOVL V=400	横焊引弧点
0028	ARCON ASF#(5)	横焊引弧
0029	MOVL V=24	调整点
0030	MOVL V=24	横焊收弧点
0031	ARCOF AEF#(5)	横焊收弧
0032	MOVL V=1000	空间安全点
0033	MOVL V=400	横焊引弧点
0034	ARCON ASF#(6)	横焊引弧
0035	MOVL V=24	调整点
0036	MOVL V=24	横焊收弧点
0037	ARCOF AEF#(5)	横焊收弧
0038	MOVL V=1000	空间安全点
0039	MOVJ VJ=60	工作原点
0040	END	程序结束

4. 焊接效果

（1）直段焊缝（立焊、横焊）　直段焊缝形貌如图 3-18 所示。

a) 立焊

b) 横焊

图 3-18　直段焊缝形貌

（2）三边连接焊缝 三边连接焊缝形貌如图 3-19 所示。

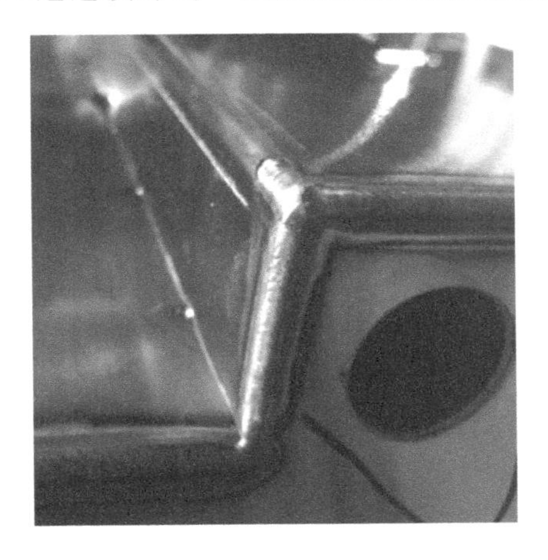

图 3-19 三边连接焊缝形貌

（3）工件整体焊接效果 工件整体焊接效果如图 3-20 所示。

图 3-20 工件整体焊接效果

复习思考题

一、填空题

1. ＿＿＿＿＿＿是决定熔深的重要焊接参数。

2. 机器人 TIG 焊时，在焊接电流种类等条件一定的情况下，＿＿＿＿＿＿主要由弧长决定，弧长增大，焊缝的＿＿＿＿＿＿增大，＿＿＿＿＿＿略微减小。

3. ＿＿＿＿＿＿是除焊接电流外对热输入影响最大的参数。

4. 机器人 TIG 焊时，原则上在满足可承载电流的情况下应选择尽量＿＿＿＿＿＿的钨极直径。

5. 直流反接和交流焊接时钨极发热量大，同时电流也不是集中的阳极的某一区域上的，这时把电极前端形状磨成__________形较为合适。

二、简答题

1. 影响机器人 TIG 焊质量的因素有哪些？
2. 简述机器人 TIG 焊时，钨极伸出长度对焊接质量的影响。
3. 机器人 TIG 焊时，如何确定焊枪角度与送丝角度？

第四章

机器人电阻点焊焊接工艺与编程

本章学习机器人电阻点焊工艺，了解电阻点焊的原理、特点及其工艺参数对接头质量的影响，了解常用金属电阻点焊的焊接性，以案例的形式介绍机器人电阻点焊的工艺特点及编程方法。通过本章的学习，应能根据焊件的技术要求和工艺特点，选用合适的焊接参数并合理编程。

第一节　电阻点焊基础知识

一、电阻点焊的定义及本质

将焊件装配成搭接接头，并紧压在两电极之间，利用电阻热把焊接区局部金属加热到焊接温度，在压力下形成焊点的焊接方法称为电阻点焊。

电阻点焊装置简图如图 4-1 所示。电阻点焊的实质是通过热与力的综合作用在两板之间形成永久性连接。

电阻点焊的两要素包括内部热源和施加压力。

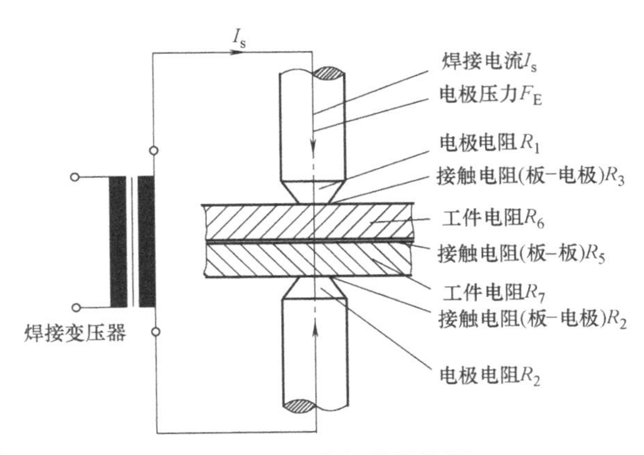

图 4-1　电阻点焊装置简图

二、电阻点焊的加热特点及原理

1. 电阻点焊的加热特点

电阻点焊的热源是电阻热。电阻点焊时，当焊接电流通过两电极间的金属区——焊接区时，由于焊接区具有电阻，根据焦耳定律（$Q=I^2Rt$），会在焊件内部形成热源——内部热源。因此，电阻点焊的特点是加热迅速、热量集中。为了获得合理的温度分布，焊接区的散热非常重要；加热过程与被焊金属材料的热物理性质关系密切。

2. 电阻点焊原理

（1）焊接区电阻及其变化规律　焊接时，焊接区同时存在三种电阻，即焊件本身电阻

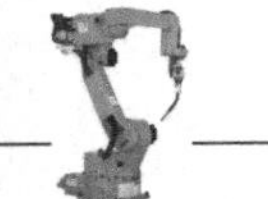

R_w、焊件间的接触电阻 R_c、焊件与电极间的接触电阻 R_{ew}，如图 4-2 所示。

1）焊件本身电阻。电流通过焊件时产生的电阻热与焊件本身电阻有关，该电阻按下式计算：

$$R = K\rho\,\frac{t_1 + t_2}{S}$$

式中，ρ 是焊件电阻系数；t_1、t_2 是两焊件厚度；S 是电极接触面积；K 是考虑电流在板中扩散的系统<1，K 与电极、焊件的几何形状有关。

由于 ρ 一般随温度升高而增大，故加热时间越长，电阻越大，产热越多，对形成焊点的贡献越大。

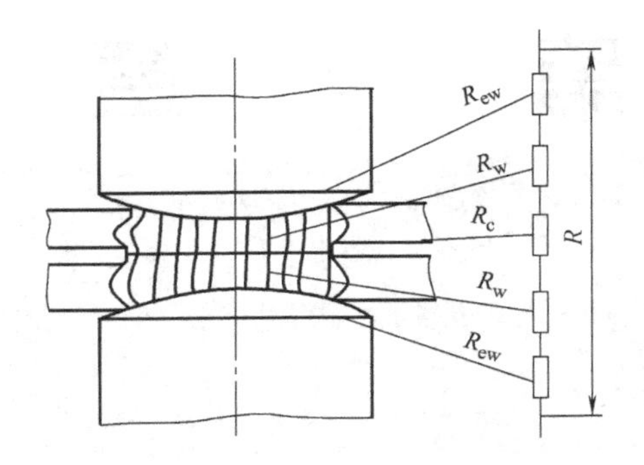

图 4-2 焊接区电阻组成

2）接触电阻（R_c+2R_{ew}）。接触电阻是一种附加电阻，通常是指在电阻点焊电极压力下所测定的接触面（焊件-焊件接触面、焊件-电极接触面）处的电阻值。

影响接触电阻的主要因素有表面状态、电极压力、加热温度（钢在 600℃、铝在 350℃时的接触电阻接近于零）、焊件清理方法等。其中，焊件清理方法对接触电阻 R_c 的影响见表 4-1。

表 4-1 焊件清理方法对接触电阻 R_c 的影响

清理方法	R_c/μΩ	测量条件
酸洗后	300	1. 低碳钢板 t 为 3mm 2. 电极压力 F_E = 2000N 3. 测试温度为 20℃
金刚石砂轮打磨后	100	
金刚石砂轮打磨清理后敷油保存	300	
金刚石砂轮打磨清理后又生锈	80000	
带氧化铁皮的表面	80000	
带氧化铁皮的表面再生锈	500000	
切削加工后的表面	1200	
锉刀加工后的表面	280	
研磨后的表面	110	

（2）接触电阻与电极压力间的关系（板厚为 1mm）（图 4-3）

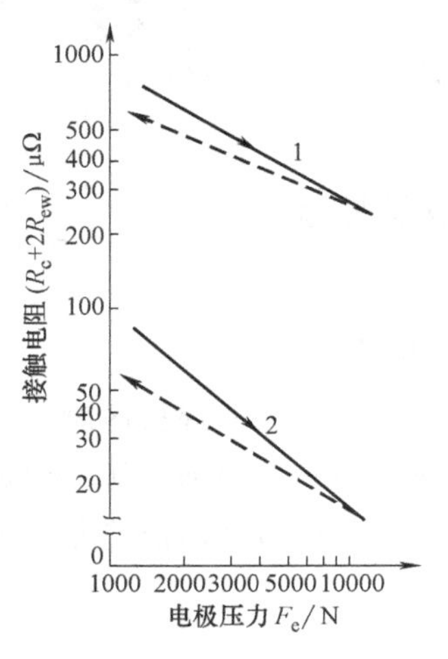

图 4-3 接触电阻与电极压力间的关系

1—低碳钢 2—铝合金

（3）电阻点焊过程中接触电阻的变化（图 4-4）

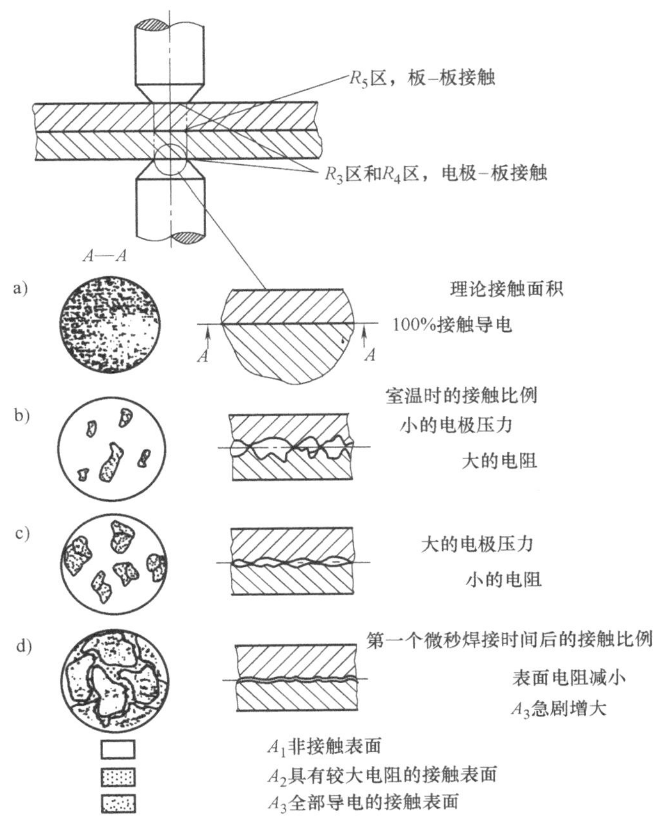

图 4-4 电阻点焊过程中接触电阻的变化

焊接区总电阻的分配如图 4-5 所示。

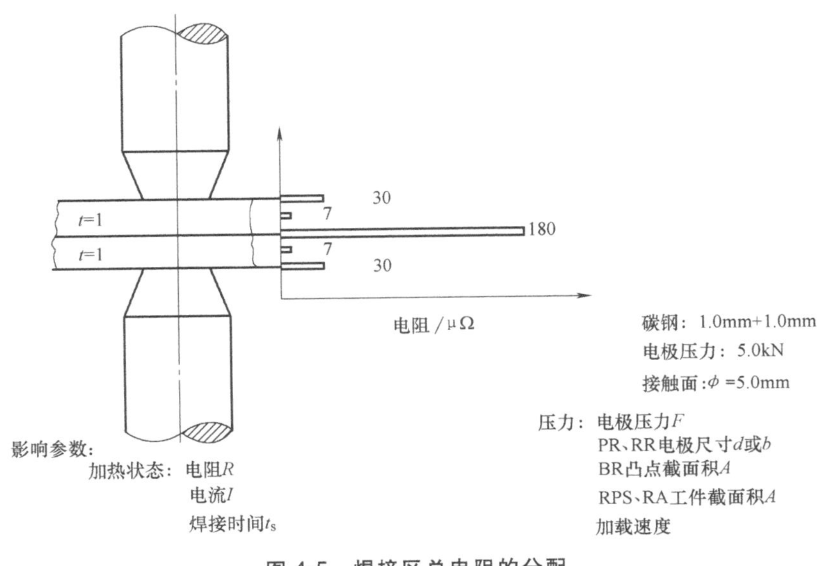

图 4-5 焊接区总电阻的分配

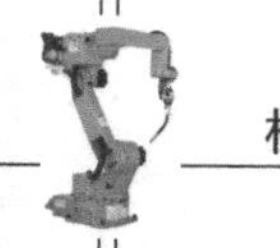

电阻点焊过程中焊接区电阻的变化规律如图 4-6 所示。

三、电阻点焊时的热量分配

电阻点焊时的热量分配如图 4-7 所示。

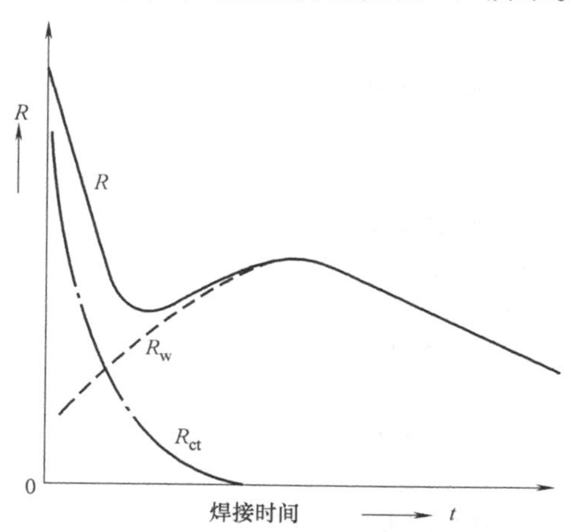

图 4-6 焊接区电阻的变化规律

R_w—工件本身电阻 $R_{ct}(R_c+2R_{ew})$—接触电阻

$R(R_w+R_{ct})$—焊接区总电阻

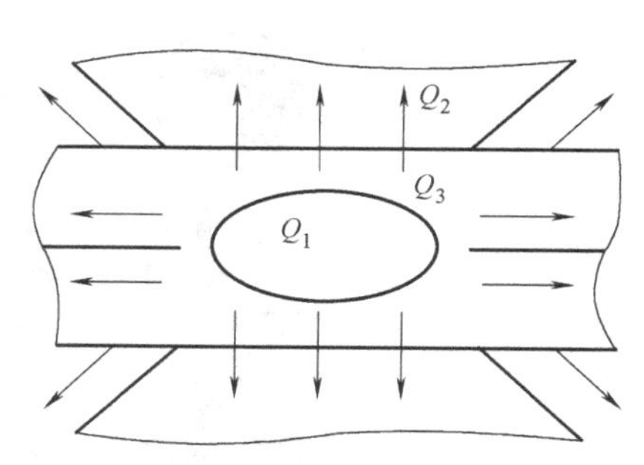

图 4-7 电阻点焊时的热量分配

Q_1—加热焊接区母材金属形成熔核的热量

Q_2—通过电极热传导损失的热量 Q_3—通过焊接区周围金属热传导损失的热量

单面电阻点焊和双面电阻点焊的热量分配分别如图 4-8 和图 4-9 所示。

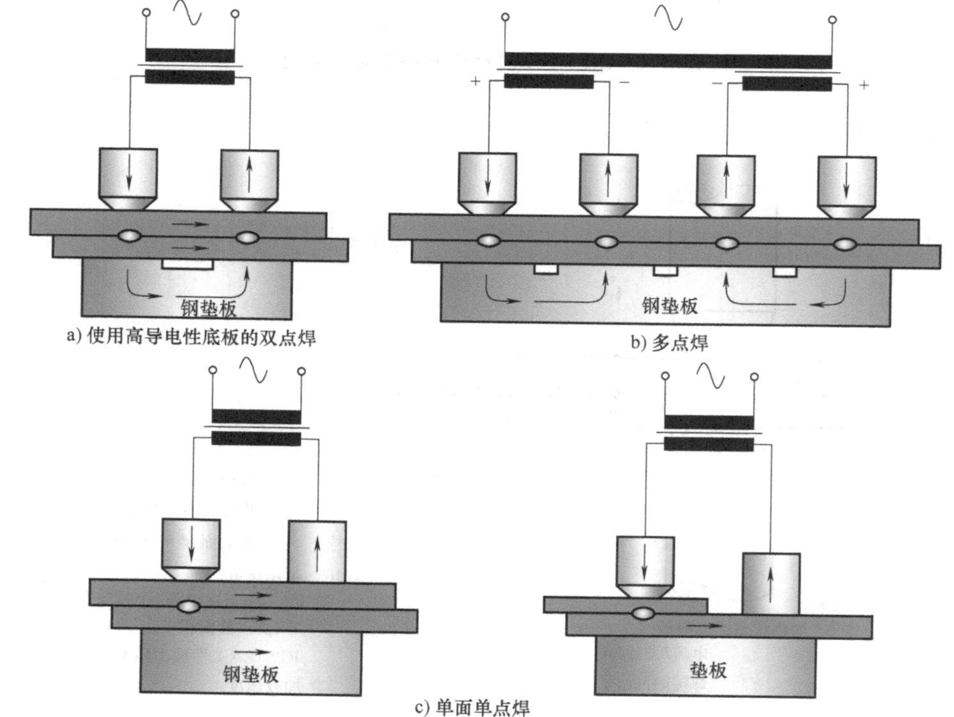

图 4-8 单面电阻点焊

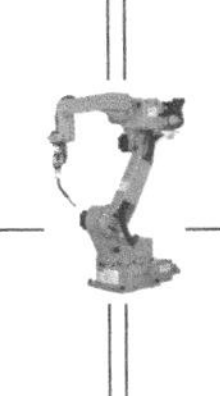

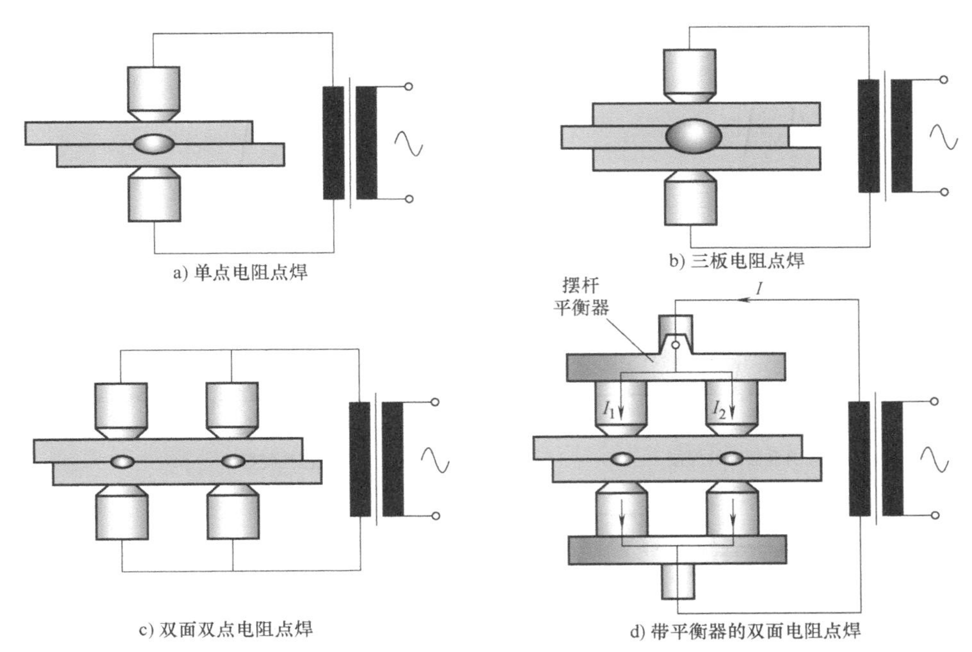

图 4-9 双面电阻点焊

电阻点焊机器人普遍选用双面电阻点焊。

第二节 机器人电阻点焊焊接工艺

机器人电阻点焊的焊接参数主要包括焊件的板厚、接头形式、下料方式、成形方式、装配方式、焊接电流、焊接电压、焊接压力、焊接时间、焊接电源种类等。本节主要学习电阻点焊机器人的焊接流程、典型焊接参数、分流的影响因素、常用金属的电阻电焊、缺陷产生原因及其控制等。

一、电阻点焊流程

电阻点焊流程如图 4-10 和图 4-11 所示。

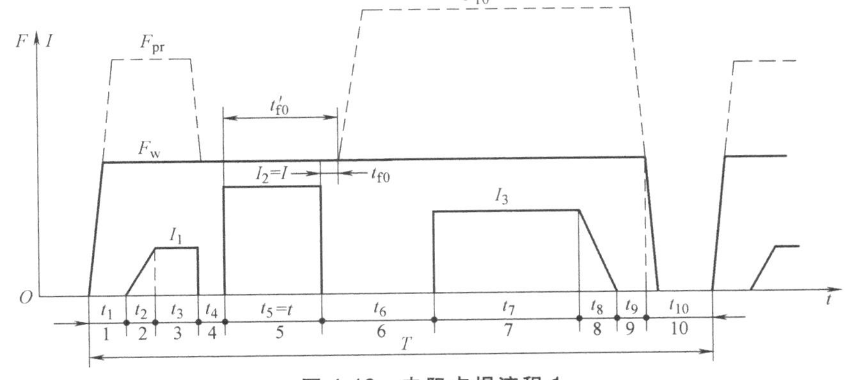

图 4-10 电阻点焊流程 1

1—加压程序 2—热量递增程序 3—加热程序 1 4—冷却程序 1 5—加热程序 2 6—冷却程序 2 7—加热程序 3 8—热量递减程序 9—维持程序 10—休止程序

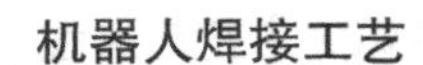

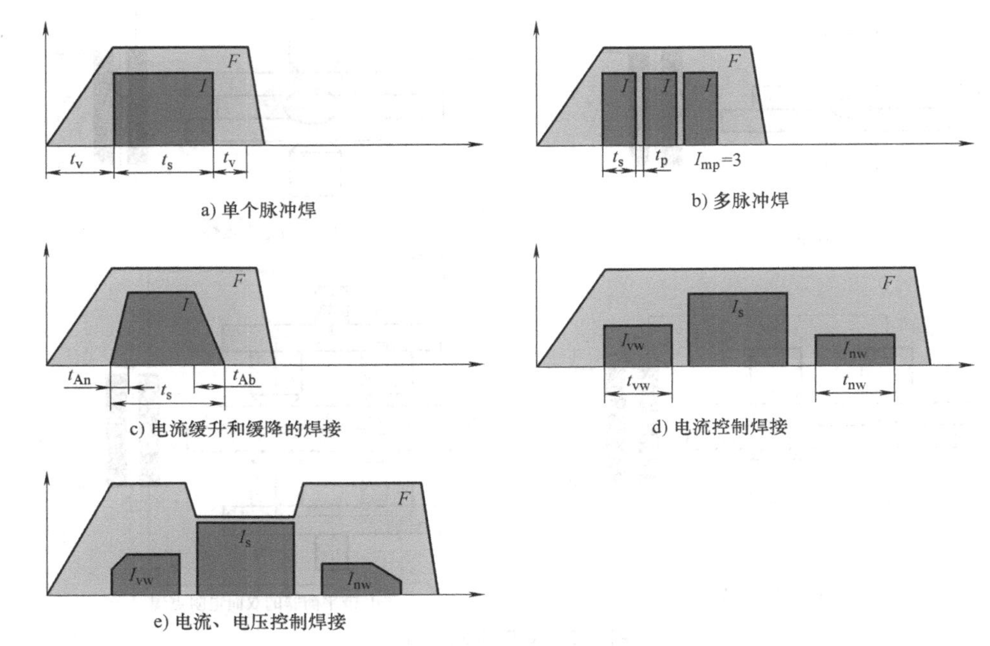

图 4-11 电阻点焊流程 2

t_v—加压时间 t_s—焊件时间 F—电极压力 I—焊接电流 t_p—间歇时间 I_{mp}—脉冲数 t_{An}—电流缓升时间 t_{Ab}—电流缓降时间 t_{vw}—预热时间 t_{nw}—热处理时间 I_{vw}—预热电流 I_{nw}—热处理电流

二、典型焊接参数

1. 碳钢的电阻点焊参数

碳钢的电阻点焊参数见表 4-2。

表 4-2 碳钢的电阻点焊参数

焊接时间	短	中等	长
焊点直径 d_p/mm	$5.5\sqrt{t}$	$5.5\sqrt{t}$	$5.5\sqrt{t}$
电极压力 F_E/N	$2800t$	$2000t$	$1000t$
焊接时间 t_s	$4t$	$8t$	$16t$
焊接电流 I_s/kA	$11\sqrt{t}$	$9.5\sqrt{t}$	$6.5\sqrt{t}$
焊点剪切力 F_{max}/N	$5000t$	$5000t$	$5000t$

注：t 为板厚。

2. 几种材料的电阻点焊参数

几种材料的电阻点焊参数见表 4-3。

表 4-3 几种材料的电阻点焊参数

参数	铬镍钢	纯铝	镀锌钢板	黄铜	锌
焊点直径 d_p/mm	$5\sqrt{t}$	$11\sqrt{t}$	$5.5\sqrt{t}$	$7\sqrt{t}$	$7\sqrt{t}$
电极压力 F_E/N	$4000t$	$2500t$	$2500t$	$1200t$	$1200t$

（续）

参数	铬镍钢	纯铝	镀锌钢板	黄铜	锌
焊接时间 t_s/P	$5\sqrt{t}$	$7\sqrt{t}$	$13\sqrt{t}$	$10\sqrt{t}$	$20\sqrt{t}$
焊接电流 I_s/kA	$6.5\sqrt{t}$	$30\sqrt{t}$	$12.5\sqrt{t}$	$15\sqrt{t}$	$8\sqrt{t}$
焊点剪切力 F_{max}/N	$6500t$	$1200t$	$6000t$	$3500t$	$2500t$

注：t 为板厚。

3. 电阻点焊参数对接头质量的影响

电阻点焊参数主要包括焊接电流、焊接通电时间、电极压力、电极工作端面的形状和材料性能等。

（1）焊接电流　焊接电流是决定产热大小的关键因素，将直接影响熔核直径和焊透率，进而影响焊点的强度。焊接电流对产热的影响比电阻和通电时间大，因此是必须严格控制的重要参数。当焊接电流较小时，热源强度不足，不能形成熔核，焊点的拉剪载荷较低且不稳定；随着电流的提高，内部热源急剧增加，熔核尺寸稳定增大，焊点的拉剪载荷不断提高；但当电流过大时，会引起金属过热和喷溅，接头性能反而会变差。焊接电流对拉剪载荷的影响如图 4-12 所示，BC 段曲线平稳上升，说明随着焊接电流的提高，内部热源产热量急剧增加，熔核尺寸稳定增大，拉剪载荷不断提高。临近 C 点时，由于板间翘离限制了熔核尺寸的增大和温度场进入准稳态，拉剪载荷变化不大。在 CD 段，由于电流过大，加热过于强烈，引起了金属过热、喷溅、压痕过深等缺陷，接头性能反而下降。

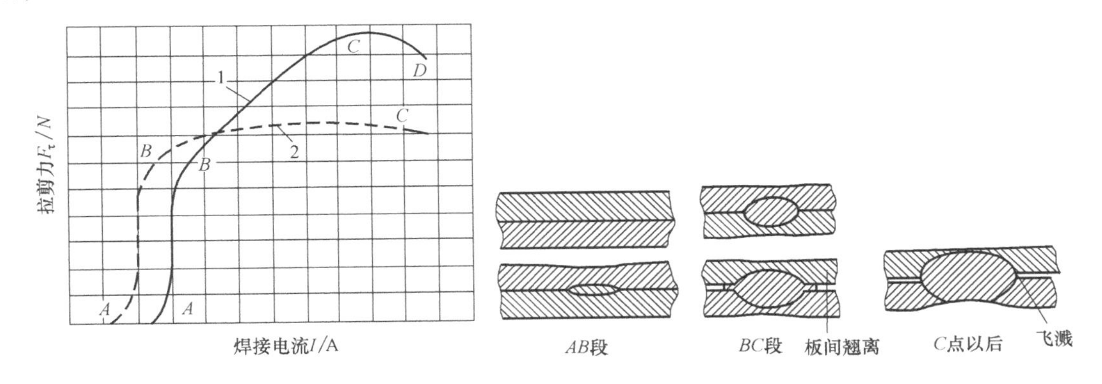

图 4-12　焊接电流对拉剪载荷的影响

焊接电流太小，则产热能力过差，无法形成熔核或熔核过小；电流太大，则产热能力过强，容易引起飞溅及焊透等问题。因此在电阻点焊过程中，焊接电流是一个必须严格控制的参数。注意：焊件越厚，BC 段越陡峭，焊接电流的变化对焊点拉剪载荷的影响越敏感。

（2）焊接通电时间　焊接通电时间对接头性能的影响与焊接电流相似，其对接头力学性能的影响如图 4-13 所示。

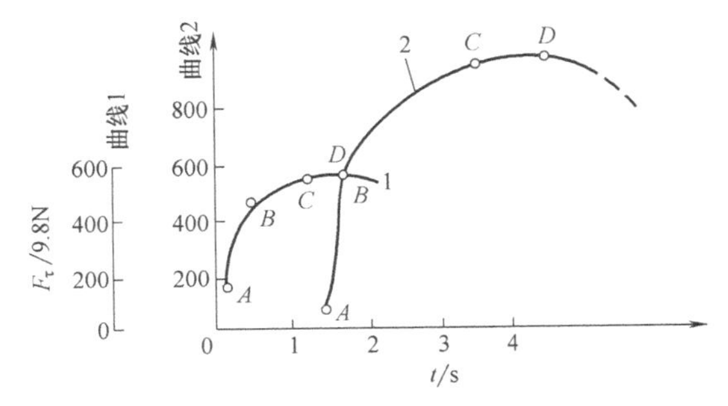

图 4-13　焊接通电时间对接头力学性能的影响

1—$t \geq 1.6$mm　2—$t < 1.6$mm

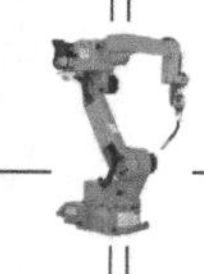

焊接通电时间对产热与散热均有一定的影响，在焊接通电时间内，焊接区产出的热量除部分散失外，将逐步积累，用来加热焊接区，使熔核扩大到所要求的尺寸。若焊接通电时间太短，则难以形成熔核或熔核太小。为了保证熔核尺寸和焊点强度，焊接时间与焊接电流在一定范围内可以互为补充。为了获得一定强度的焊点，可以采用大电流和短时间（强条件，又称强规范），也可以采用小电流和长时间（弱条件，又称弱规范）。选用强条件还是弱条件，则取决于金属的性能、厚度和所用焊机的功率。但对于不同性能和厚度的金属所需的电流和时间，都有一个上限和下限，超过极限值，将无法形成合格的熔核，即无法得到质量好的焊点。

（3）电极压力　电极压力的大小将影响焊接区的加热程度和塑性变形程度。随着电极压力的增大，接触电阻减小，电流密度降低，从而使加热速度减慢，导致焊点熔核直径减小。因此，焊点强度总是随着电极压力的增大而降低。在增大电极压力的同时，适当延长焊接时间或增大焊接电流，可使焊点熔核增大，从而提高焊点的强度。电极压力过小，将引起飞溅，也会使焊点强度降低。

（4）电极工作端面的形状和材料性能　电极工作端面分圆柱形、圆锥形和球面形三种，以圆锥形、球面形的应用最广泛。根据焊件结构形式、焊件厚度及表面质量要求等的不同，应使用不同形状的电极。由于电极的接触面积决定着电流密度，电极材料的电阻率和导热性能关系着热量的产生和散失，因而电极的形状和材料对熔核的形成有显著影响。随着电极工作端面的变形和磨损，接触面积将增大，焊点强度将降低。

（5）工件材料性能及表面状况　不同工件材料具有不同的电阻率，电阻率高的金属（如不锈钢）导热性能差，电阻率低的金属（如铝合金）导热性能好。因此，电阻点焊不锈钢时产热容易而散热困难，电阻点焊铝合金时则产热困难而散热容易。点焊时，前者可以采用较小的电流（几千安培），后者则必须采用很大的电流（几万安培）。

工件表面上的氧化物、污垢、油和其他杂质增大了接触电阻，过厚的氧化物层甚至会使电流不能通过。局部导通则会由于电流密度过大，而产生飞溅和表面烧损。氧化物层的不均匀性还会影响各个焊点加热的不一致，从而引起焊接质量的波动。因此，彻底清理工件表面是保证获得优质接头的必要条件。

三、分流的影响因素及其不良影响

1. 分流的影响因素

分流是指焊件组合后通过电极施加压力，利用电流通过接头的接触面及邻近区域产生的电阻热进行焊接的方法。

（1）焊点距离对分流的影响　焊点距离越小，板材越厚，材料的导电性能越好，分流就越严重，如图 4-14 所示。

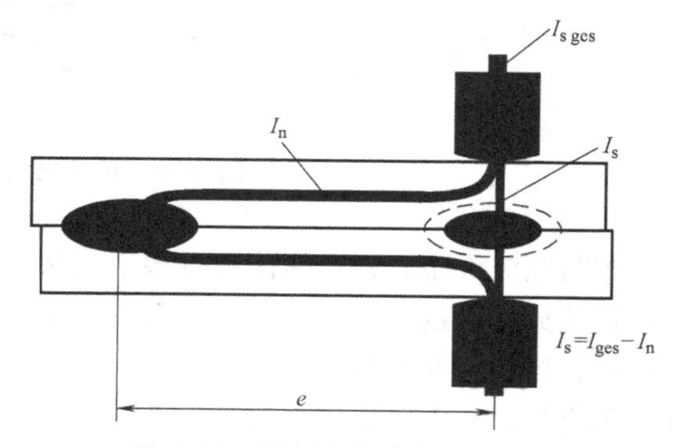

图 4-14　焊点距离对分流的影响

（2）焊接顺序对分流的影响　焊接顺序对分流的影响如图 4-15 所示，分流率按大小排列为图 c>图 b>图 a。

（3）焊件表面状态对分流的影响　焊件表面处理不良时，油污和氧化膜会使接触电阻

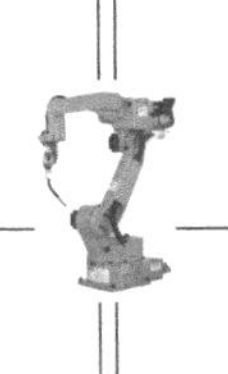

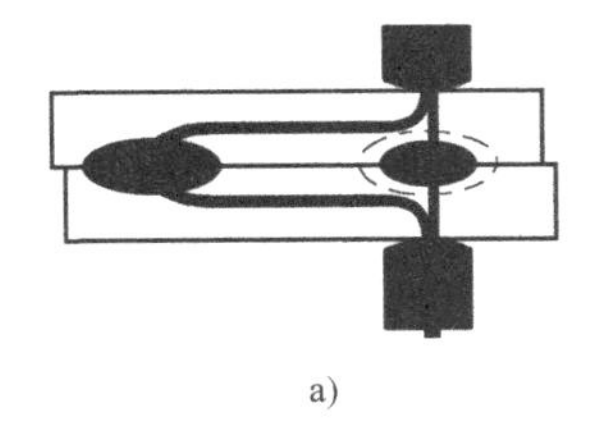

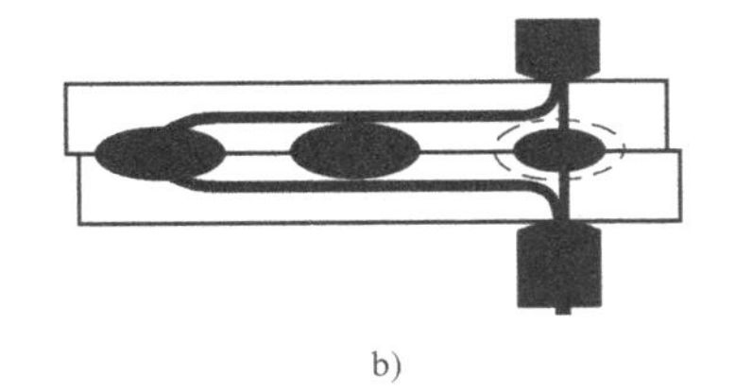

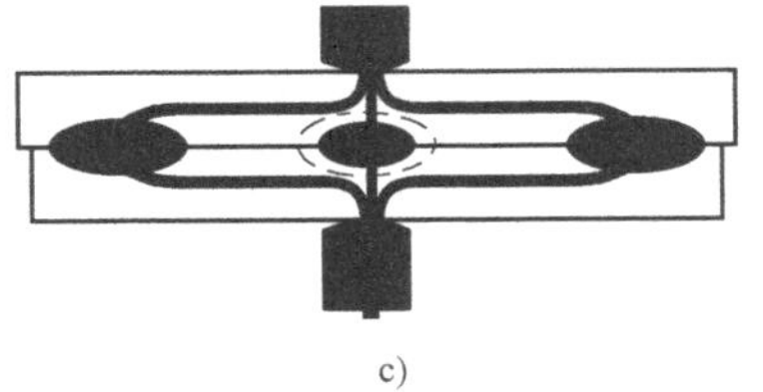

图 4-15　焊接顺序对分流的影响

增大，导致焊接区总电阻增大，分路电阻相对减小，从而使分流增大。另外，电极与工件非焊接区接触，焊件装配不良或装配过紧也会对分流产生影响。

（4）单面电阻点焊对分流的影响　单面电阻点焊对分流的影响如图 4-16 所示。

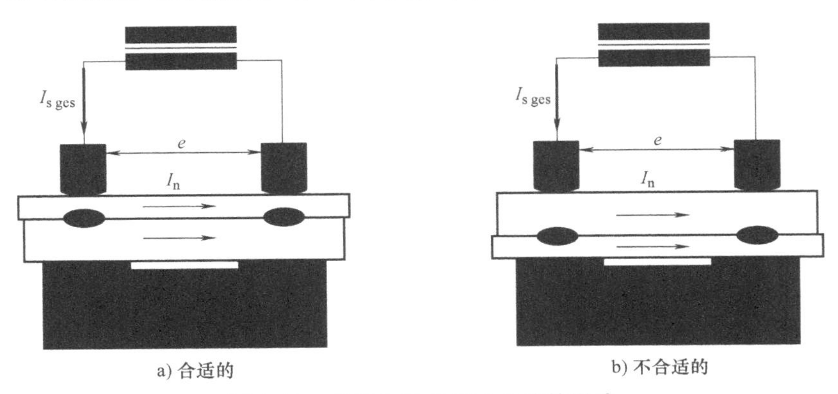

图 4-16　单面电阻点焊对分流的影响

2. 分流的不良影响及其消除措施

分流过大易引起焊点强度降低；对于单面电阻点焊，则会因局部接触而产生表面过热和飞溅。

消除和减少分流的措施如下：

1）选择合理的焊点距离。

2）严格清理被焊工件表面。

3）注意结构设计的合理性。

4）对于敞开式焊件，应采用专用电极和电极握杆。

5）连续电阻点焊时，可适当提高焊接电流。

6）单面多点焊时，应采用调幅焊接电流波形。

四、电阻点焊电极

1. 电极结构

电阻点焊电极的结构如图 4-17 所示。

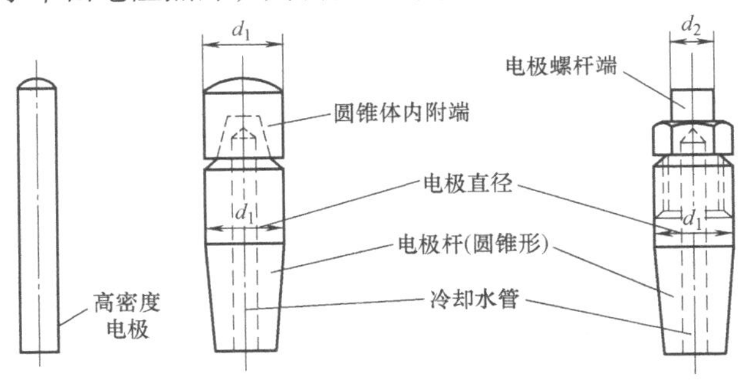

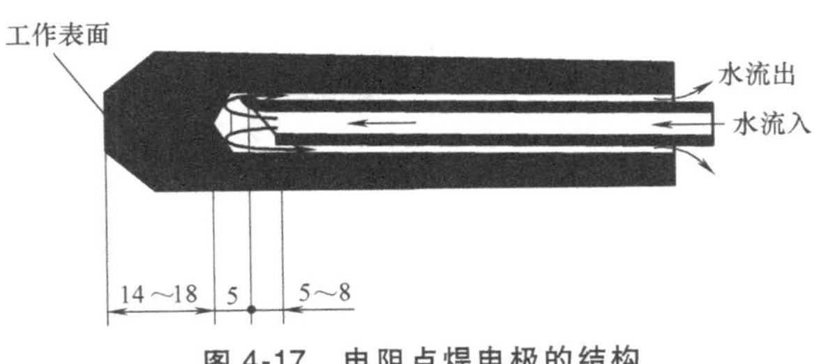

图 4-17　电阻点焊电极的结构

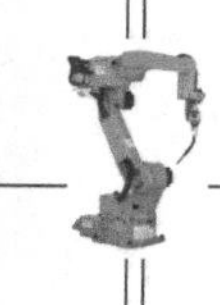

2. 电阻点焊电极的端面形状和材料

1）电极端面形状如图 4-18 所示。

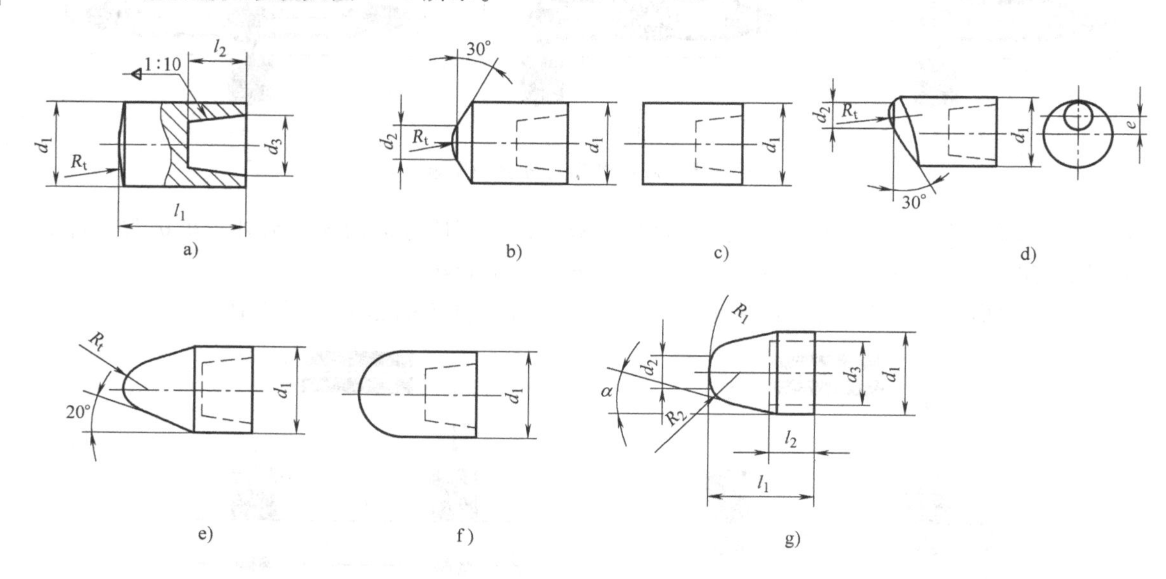

图 4-18 电极端面形状

2）电极材料的类别。

第一类：导电性能最好，强度最差，适用于要求电流密度高但高温强度差的焊件，如铝合金。

第二类：导电性能适中，强度也适中，适用于大多数焊件，如铜合金。汽车行业均采用此类铜合金，有 Cr-Cu 及 Cr-Zr-Cu 等。

第三类：导电性能较差，但强度（主要是高温强度）最好，适合焊接强度及硬度较高的不锈钢、高温合金等。

3）电极材料硬度和软化温度如图 4-19 所示。

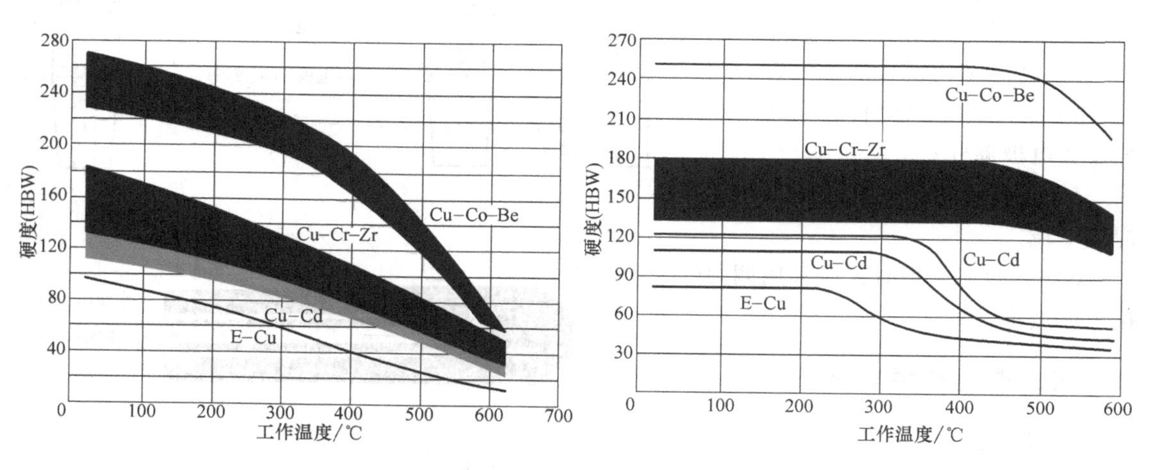

图 4-19 电极材料硬度和软化温度

4）电极材料的电导率如图 4-20 所示。

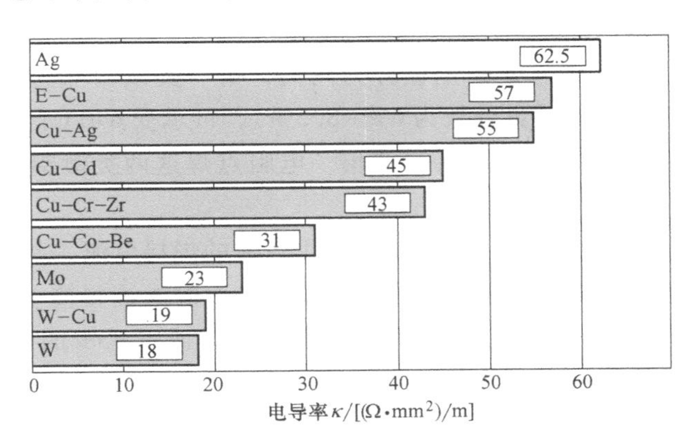

图 4-20 电极材料的电导率

五、常用金属的电阻点焊

金属电阻点焊前必须进行工件表面清理，以保证接头质量稳定。清理方法分为机械清理和化学清理两种。常用的机械清理方法有喷砂、喷丸、抛光以及用砂布或钢丝刷清理等。不同的金属和合金，应采用不同的清理方法。

1. 低碳钢的电阻点焊

低碳钢中碳的质量分数低于 0.25%。其电阻率适中，需要的焊机功率不大，塑性温度区宽，易于获得所需的塑性变形而不必使用很大的电极压力。碳与微量元素的含量低，无高熔点氧化物，一般不产主淬火组织或夹杂物；结晶温度区间窄、高温强度低、热膨胀系数小，因而开裂倾向小。低碳钢具有良好的焊接性，其焊接电流、电极压力和通电时间等焊接参数具有较大的调节范围。

2. 镀层钢板的电阻点焊

镀层钢板电阻点焊时的主要问题如下：

1）表层易破坏，从而会失去原有镀层的作用。

2）电极易与镀层粘附，从而会缩短电极的使用寿命。

3）与低碳钢相比，适用的焊接参数范围较窄，易形成未焊透或飞溅等缺陷，因而必须精确控制焊接参数。

4）镀层金属的熔点通常比低碳钢低，加热时先熔化的镀层金属使两板间的接触面积扩大、电流密度减小，因此，焊接电流应比无镀层时大。

5）为了将已熔化的镀层金属排挤出接合面，电极压力应比无镀层时高。

6）焊接贴聚氯乙烯塑料面的钢板时，除保证必要的强度外，还应保护贴塑面不被破坏，因此必须采用单面电阻点焊，并采用较短的焊接时间。

（1）镀锌钢板的电阻点焊　镀锌钢板大致分为电镀锌钢板和热浸镀锌钢板两类，前者的镀层比后者薄。电阻点焊镀锌钢板用的电极，推荐采用 2 类电极合金；当对焊点外观要求很高时，可以采用 1 类电极合金。

推荐采用圆锥形电极形状，圆锥角为 120°～140°。使用焊钳时，推荐采用端面半径为 25～50mm 的球面电极。

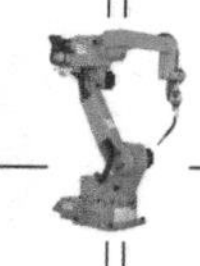

为提高电极使用寿命，也可采用嵌有钨电极头的复合电极。以2类电极合金制成的电极体，可以加强钨电极头的散热效果。

（2）镀铝钢板的电阻点焊　镀铝钢板分为两类，第一类以耐热为主，表面镀有一层厚20~25μm的Al-Si合金（Si的质量分数为6%~8.5%），可承受640℃高温；第二类以耐蚀为主，为纯铝镀层，镀层厚度为第一类的2~3倍。电阻点焊这两类镀铝钢板时都可以获得强度良好的焊点。

由于镀层的导电、导热性能好，因此需要采用较大的焊接电流，并应采用硬铜合金的球面电极。对于第二类镀铝钢板，由于镀层厚，应采用较大的电流和较小的电极压力。

（3）镀铅钢板的电阻点焊　镀铅钢板是在低碳钢板上镀以75%的铅和25%的锡的铅-锡合金镀层。这种材料的价格较高，故较少使用。镀铅钢板电阻点焊的情况较少，所用焊接参数与镀锌钢板相似。

3. 不锈钢的电阻点焊

不锈钢一般分为奥氏体型不锈钢、铁素体型不锈钢和马氏体型不锈钢三种。由于不锈钢的电阻率高、导热性差，因此与低碳钢相比，可采用较小的焊接电流和较短的焊接时间。这类材料有较高的高温强度，必须采用较高的电极压力，以防止产生缩孔、裂纹等缺陷。不锈钢的热敏感性强，通常采用较短的焊接时间、强有力的内部和外部水冷却，并且要准确地控制加热时间和焊接电流，以防热影响区晶粒长大和出现晶间腐蚀现象。电阻点焊不锈钢的电极推荐采用2类或3类电极合金，以满足高电极压力的需要。

马氏体型不锈钢由于有淬硬倾向，电阻点焊时要求采用较长的焊接时间。为消除淬硬组织，最好采用焊后回火的双脉冲电阻点焊工艺。电阻点焊时一般不采用电极的外部水冷却，以免因淬火而产生裂纹。

4. 铝合金的电阻点焊

铝合金的应用十分广泛，分为冷作强化铝合金和热处理强化铝合金两大类。

铝合金电阻点焊的焊接性较差，尤其是热处理强化铝合金。其原因及应采取的工艺措施如下：

（1）电导率和热导率较高　必须采用较大的焊接电流和较短的焊接时间，这样才能做到既有足够的热量形成熔核，又能减少表面过热，避免因电极黏附和电极铜离子向纯铝包覆层扩散而降低接头的耐蚀性。

（2）塑性温度范围窄，线胀系数大　必须采用较大的电极压力，电极随动性应好，这样才能避免熔核凝固时，因过大的内部拉应力而引起的裂纹。对裂纹倾向大的铝合金，如5A06、2A12、7A04等，还必须采取加大顶锻力的措施，使熔核凝固时有足够的塑性变形，减小拉应力，以避免裂纹产生。在弯电极难以承受大的顶锻力时，也可以采用在焊接脉冲之后加缓冷脉冲的方法避免裂纹的产生。对于大厚度的铝合金可以两种方法并用。

（3）表面易生成氧化膜　焊前必须严格清理工件表面，否则极易引起飞溅和熔核成形不良（撕开检查时，熔核形状不规则，凸台和孔不呈圆形），而使焊点强度降低。清理不均匀则会引起焊点强度不稳定。

基于上述原因，电阻点焊铝合金时应选用具有下列特性的焊机：

1）能在短时间内提供大电流。

2）电流波形最好有缓升缓降的特点。

3）能精确控制工艺参数，且不受电网电压波动的影响。

4）能提供台阶形和马鞍形的电极压力。

5）机头的惯性和摩擦力小，电极随动性好。

当前国内使用的多为300~600kV·A（个别可达1000kV·A）的直流脉冲、三相低频和整流焊机，这些焊机均具有上述特性。也有采用单相交流焊机的，但仅限于不重要的工件。电阻点焊铝合金的电极材料应采用1类电极合金，球形端面，以利于压固熔核和散热。

由于电流密度大和氧化膜的存在，电阻点焊铝合金时，很容易出现电极黏着问题。电极黏着不仅影响外观质量，还会因电流减小而降低接头强度，为此需经常修整电极。电极每修整一次后可焊的焊点数与焊接条件、被焊金属材料、清理情况、有无电流波形调制、电极材料及其冷却情况等因素有关。通常电阻点焊纯铝为5~10点，电阻点焊5A06、2A12为25~30点。

防锈铝3A21的强度低、塑性好，有较好的焊接性，不易产生焊接裂纹，因此通常采用固定不变的电极压力。

六、电阻点焊缺陷产生原因及其控制

良好的焊点如图4-21所示，它应该是焊在工艺规定的标准位置上，表面颜色比板材略深，直径大于或等于4mm，压痕小于50%板材厚度的焊点。注意：并非焊点颜色越深，焊点质量越好。

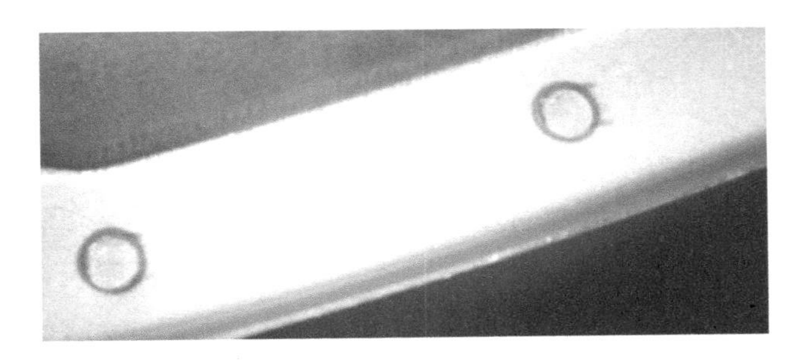

图4-21　良好的焊点

1. 焊穿

焊穿是焊点中含有穿透所有板材的通孔的现象，它是熔核成长过大穿过板材表面的结果，如图4-22所示。

（1）影响因素　焊接电流过大；焊接压力太小；板材表面有杂质；冷却效果差；电极头表面不平或有杂质；焊接时间长等。

（2）控制措施　打磨电极并适当增加电极接触面积；适当减小电流；适当增加压力；检查大电缆的温度；适当减少焊接时间。

2. 虚焊

无熔核或者熔核的尺寸小，不能满足额定载荷要求的焊点称为虚焊焊点，如图4-23所示。

（1）影响因素　焊接时间短；焊接压力大；焊接电流小；电极端部面积过小或过大；冷却效果差；配合状态差；焊点相邻太近；焊点接近板材边缘；板材金属焊接性不好；焊接

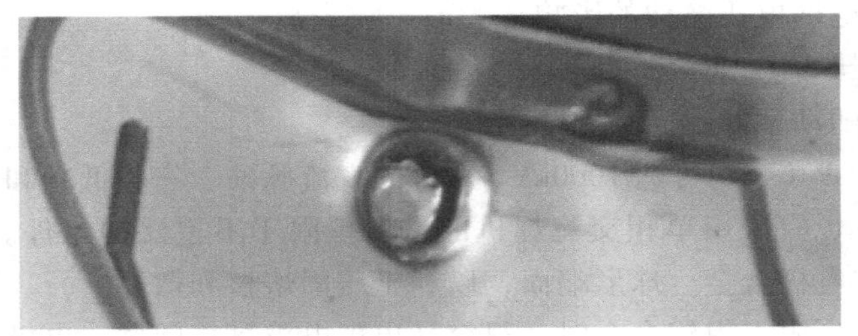

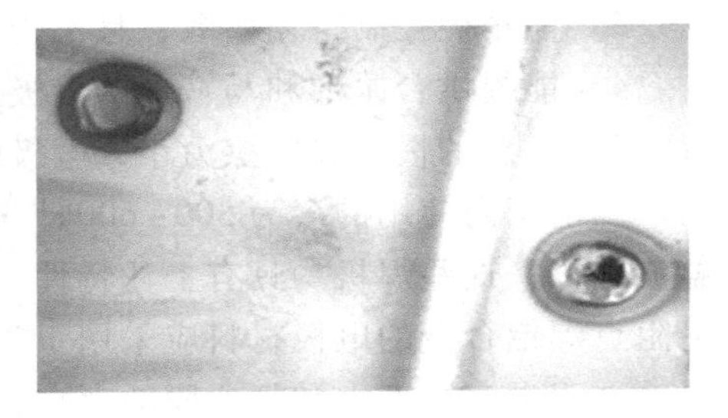

图 4-22　焊穿

角度不垂直。

（2）控制措施　重新调整焊接电流与焊接时间的配合；重新调整焊接压力；更换端部面积合适的电极；采用外部冷却辅助设备；重新调整焊点间距和位置；更换焊接性较好的材料；调整焊接角度。

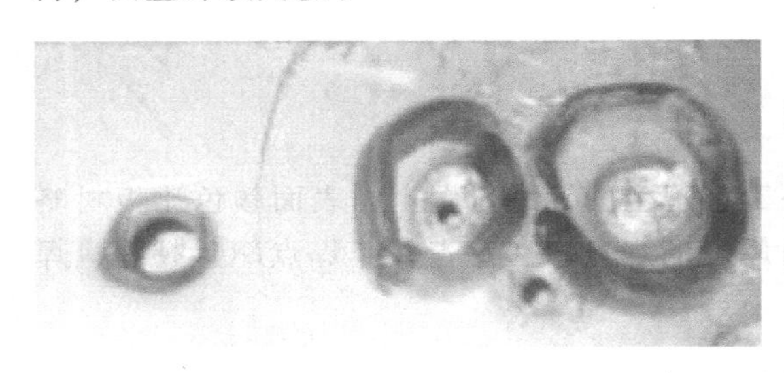

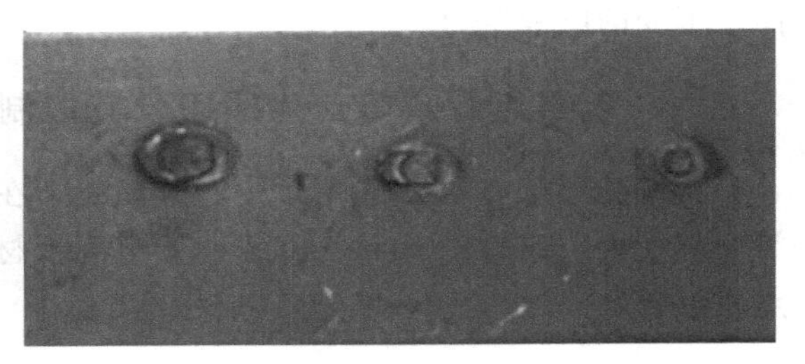

图 4-23　虚焊

3. 焊点扭曲

焊点造成板材表面扭曲变形的现象称为焊点扭曲，如图 4-24 所示。当变形角度超过 25° 时为不合格。

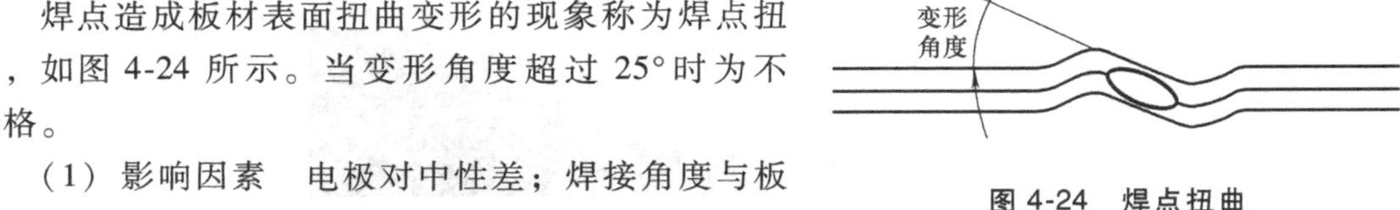

图 4-24　焊点扭曲

（1）影响因素　电极对中性差；焊接角度与板材不垂直；在焊接结束前焊钳有摆动。

（2）控制措施　调整电极使其对中；调整焊接角度；防止在焊接结束前焊钳出现摆动。

4. 毛刺

飞溅出的液体金属附着在板材表面，凝固后将形成毛刺，如图 4-25 所示，即毛刺来源于飞溅。飞溅分为内部飞溅和外部飞溅，飞溅产生的根本原因是接触电阻过大。

（1）内部飞溅的影响因素　预压时间短；焊接压力小；板材附着脏物；配合状态差；焊点接近板材边缘；焊接角度不垂直；焊接电流大；电极对中性差；板材金属焊接性不好。

（2）外部飞溅的影响因素　预压时间短；焊接时间长；保持时间短；焊接压力小；冷却不通畅；板材附着脏物；配合状态差；焊接角度不垂直；电极使用时间过长；焊接电流大；电极对中性差；板材金属焊接性不好。

（3）控制措施　清理板材表面；调整焊点位置；调整焊接角度；适当增加预压时间；适当增加焊接压力；适当减小焊接电流等。

5. 压痕过深

压痕过深是板材塑性变形太大的宏观表现，如图 4-26 所示。当焊点造成任一板材上压

痕超过 50%时为不合格。

(1) 影响因素　焊接时间长；电极使用时间过长；预压时间短；焊接压力小或大；焊接电流大；电极端部面积小；冷却不通畅；板材金属焊接性不好；焊接角度不垂直。

(2) 控制措施　打磨电极；适当增加电极接触面积；适当调节焊接参数。

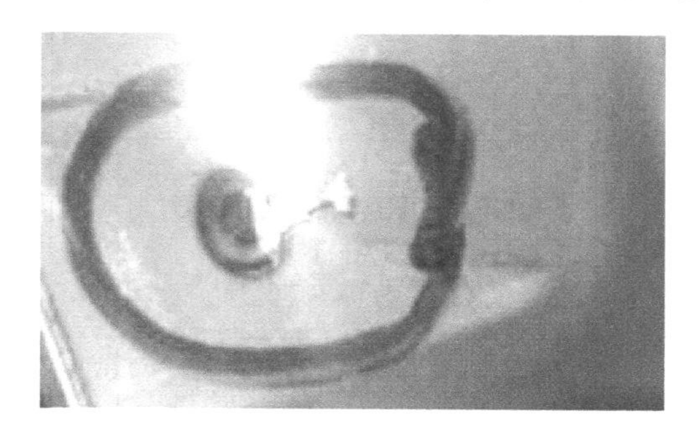

图 4-25　毛刺

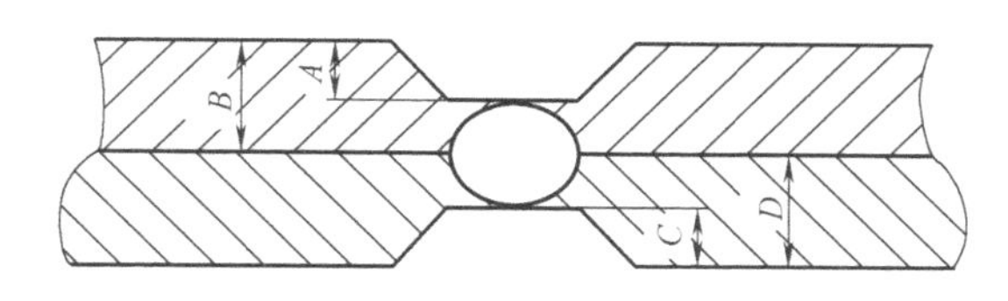

图 4-26　压痕过深示意图

第三节　机器人电阻点焊编程

本节主要学习电阻焊机器人伺服焊枪的初始设置、焊接设置、电阻点焊编程，为后续应用电阻焊机器人进行焊接打下基础。

一、伺服焊枪的初始设置

1. 伺服焊枪

完整的电阻点焊机器人系统是由机器人基体系统（本体、控制柜、示教器）和电阻点焊系统（焊接电源、焊枪/焊钳等）等构成的。其中，电阻点焊焊枪根据电极驱动装置的不同，又可分为气动电阻点焊焊枪和伺服电阻点焊焊枪。下面以伺服电阻点焊焊枪为例，介绍其在机器人系统中的初始设置方法。图 4-27 所示为常用伺服焊枪的两种类型。

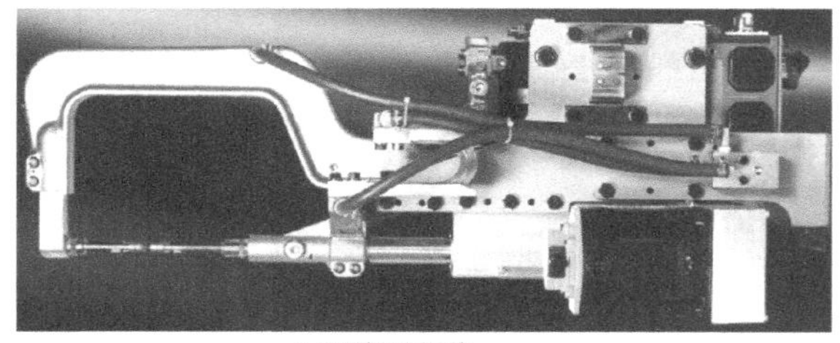

a) C型伺服焊枪

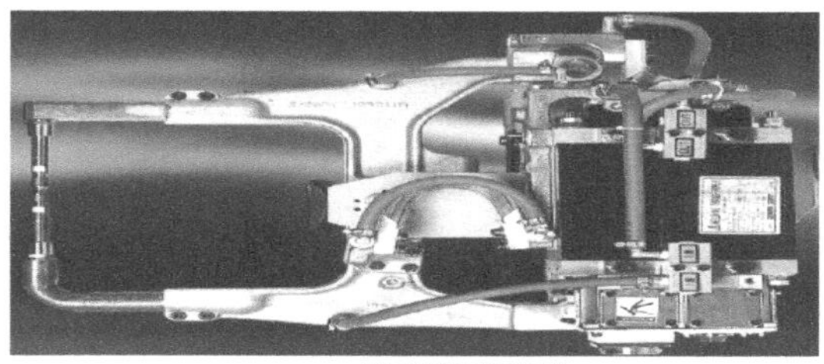

b) X型伺服焊枪

图 4-27　常用伺服焊枪的两种类型

伺服焊枪主要是由伺服电动机、焊枪电极、机器人电极和固定手臂等组成的，如图 4-28 所示。

2. 焊枪的初始设置

不同规格的焊机和焊枪，在机器人系统起动时都需要进行初始设置，这样才能通过机器人控制系统来控制焊枪进行相应的作业。焊枪的初始设置主要是对焊机型号、齿轮转速比、最大速度等参数进行设置。伺服焊枪初始设置的步骤如下。

（1）进入“CTRL START”界面。

1）开机的同时按住【Prev】键和【Next】键，直到出现图 4-29 所示的界面方可松手。

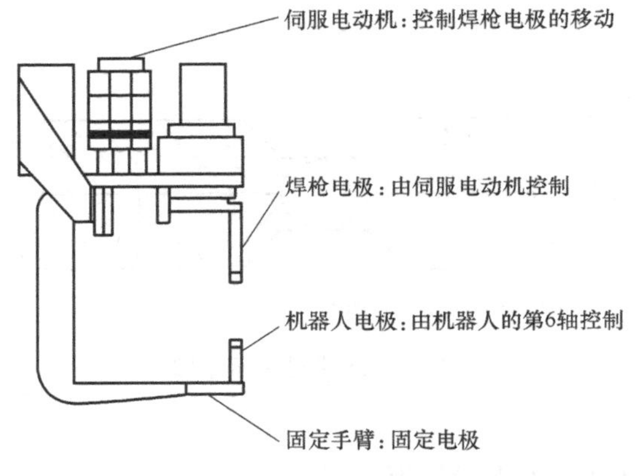

图 4-28　伺服焊枪的结构

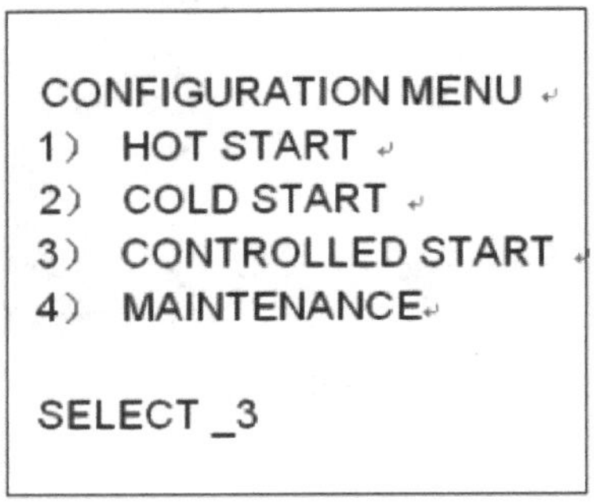

CONFIGURATION MENU
1） HOT START
2） COLD START
3） CONTROLLED START
4） MAINTENANCE

SELECT _3

图 4-29　“CTRL START”界面

2）用数字键输入 3，选择“CTRL START”，按【ENTER】键确认，进入“CTRL START”模式界面，如图 4-30 所示。

（2）添加伺服焊枪轴

1）按【MENU】键→【MAINTENANCE】键，显示“ROBOT MAINTENANCE”界面，如图 4-31 所示。

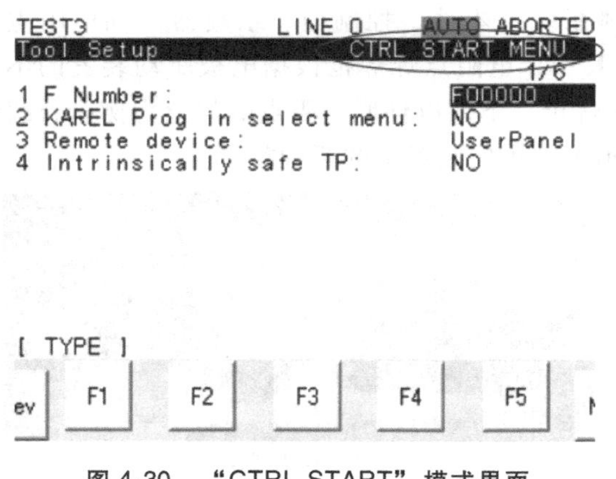

图 4-30　“CTRL START”模式界面

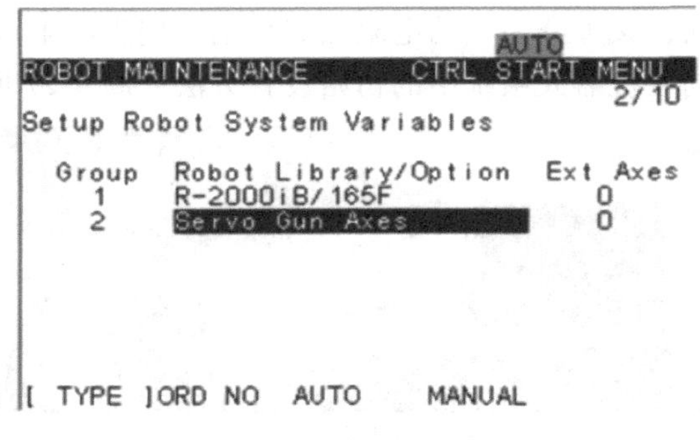

图 4-31　“ROBOT MAINTENANCE”界面

2）移动光标至“Servo Gun Axes”处，按【F4 MANUAL】键，进入“GROUP2” SERVO GUN AXIS SET UP PROGRAM”界面，如图 4-32 所示。

3）在“GROUP2 SERVO GUN AXIS SET UP PROGRAM”界面中用数字键输入 1，按【ENTER】键确认，进入“Hardware start axis setting”界面，如图 4-33 所示。

4）在“Hardware start axis setting”界面中用数字键输入 7（即伺服焊枪轴为第 7 轴），按【ENTER】键确认，进入第 7 轴设置界面，如图 4-34 所示。

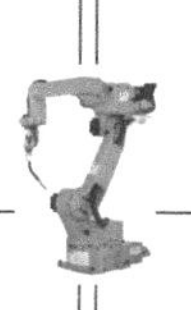

```
** GROUP 2 SERVO GUN AXIS SET UP PROGRAM

-- FSSB configuration setting --
 1: FSSB line 1 (main axis card)
 2: FSSB line 2 (main axis card)
 3: FSSB line 3 (auxiliary axis board)
Select FSSB line >
Default value =  1
```

图 4-32　“GROUP2 SERVO GUN AXIS SET UP PROGRAM”界面

```
** GROUP 2 SERVO GUN AXIS SET UP PROGRAM

-- Hardware start axis setting --
Enter hardware start axis
(Valid range: 1 - 16)
Default value =  7
```

图 4-33　“Hardware start axis setting”界面

5）在第 7 轴设置界面中用“数字键”输入 2（添加伺服焊枪轴），按【ENTER】键确认，进入“SETUP TYPE”界面，如图 4-35 所示。

```
** GROUP 2 SERVO GUN AXIS SET UP PROGRAM

*** Group 2 Total Servo Gun Axes =  0
  1. Display/Modify Servo Gun Axis 1~6
  2. Add Servo Gun Axis
  3. Delete Servo Gun Axis
  4. EXIT
Select ==>
```

图 4-34　第 7 轴设置界面

```
** GROUP 2 SERVO GUN AXIS SET UP PROGRAM

***** SETUP TYPE *****
  If select 1, gear ratio is pre-set to
  default value, which may be wrong.
  Select 2,to set gear ratio correctly.

  1: Partial (Minimal setup questions)
  2: Complete (All setup questions)
Setup Type ==>
Default value =  1
```

图 4-35　“SETUP TYPE”界面

6）在“SETUP TYPE”界面中用数字键输入 1（部分参数设定），按【ENTER】键确认，进入“MOTOR SELECTION”界面，如图 4-36 所示。

7）根据所使用的伺服马达和附加轴伺服放大器的铭牌，在“MOTOR SELECTION”界面中选择马达型号和电流规格。例如，使用的马达和电流规格分别为 Aca8/4000is 40A，则通过数字键输入 2，按【ENTER】键确认，进入“AMP NUMBER”（伺服号）设置界面，如图 4-37 所示。

```
** GROUP 2 SERVO GUN AXIS SET UP PROGRAM

***** MOTOR SELECTION *****

 1:  ACa4/5000is 20A    6: ACAM6/3000 80A
 2:  ACa4/5000is 40A
 3:  ACa8/4000is 40A
 4:  ACa8/4000is 80A
 5: ACa12/4000is 80A    0: Other
Select ==>
Default value =  3
```

图 4-36　“MOTOR SELECTION”界面

```
** GROUP 2 SERVO GUN AXIS SET UP PROGRAM

***** AMP NUMBER *****

Enter amplifier number (1~40) ==>
Default value =  2
```

图 4-37　“AMP NUMBER”设置界面

8）在伺服号设置界面中，通过数字键输入伺服焊枪所用伺服放大器的号码（机器人本体的 6 轴伺服放大器号码为#1，与其相连接的附加轴伺服放大器号码为#2，依此类推）。例如，通过数字键输入 2，按【ENTER】键确认，进入“BRAKE SETTING”（抱闸单元号码设置）界面，如图 4-38 所示。

9）在“BRAKE SETTING”界面中，通过数字键输入伺服焊枪轴的抱闸单元号码（此号码表示伺服焊枪的马达抱闸线连接位置：无抱闸输入 0；与 6 轴伺服放大器相连输入 1；若用单独的抱闸单元，则连接至抱闸单元中的 C 口输入 2，D 口输入 3）。例如输入 1，按【ENTER】键确认，则进入“SERVO TIMEOUT”（伺服焊枪超时）设定界面，如图 4-39 所示。

** GROUP 2 SERVO GUN AXIS SET UP PROGRAM
***** BRAKE SETTING *****
Enter Brake Number (0~16) ==>
Default value = 0

图 4-38 “BRAKE SETTING”界面

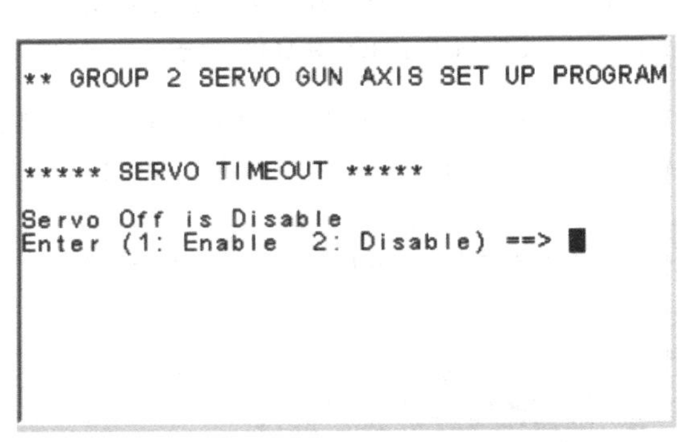

图 4-39 “SERVO TIMEOUT”设定界面

10）在“SERVO TIMEOUT”设定界面中，若选择 Enable 则通过数字键输入 1，选择 Disable 则输入 2。Enable 表示在一定时间内轴没有移动的情况下，电动机的抱闸将自动起动，赋予的动作指令是解除抱闸，大约需要 250ms 的时间；Disable 表示在希望尽量缩短循环时间的情况下，设置无效。

11）选择 1 或 2 后按【ENTER】键确认退出此界面，返回第 7 轴设置界面（图 4-34），然后输入 4 选择“EXIT”退出即可。到此就完成了伺服焊枪的添加工作及其相关初始化设置。

（3）装置类型的设定　按【MENU】键→【0 NEXT】键→【4 SETUP Servo gun】键→【ENTER】键，进入伺服焊枪设置界面。检查该界面中第 2 项“Equip　Type”处是否是【SERVO GUN】，若不是则把光标移到此处，按【F4 CHOICE】键，选择【SERVO GUN】键，如图 4-40 所示。

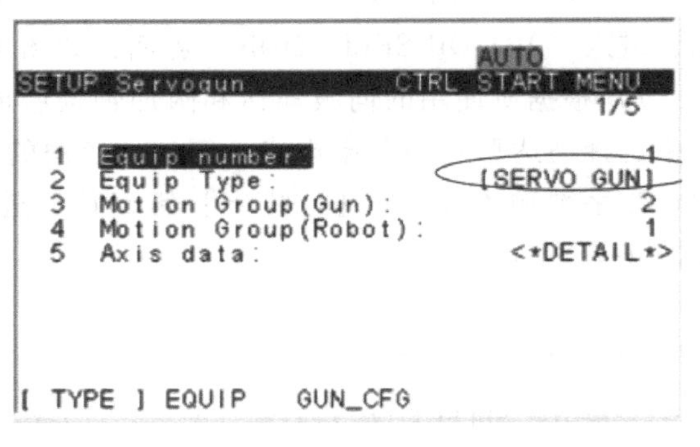

图 4-40　伺服设置界面

（4）冷起动　完成以上步骤后，机器人需要冷起动，具体步骤为按【Fctn】键→【1 START（COLD）】键→【ENTER】键退出到一般界面即可。

3. 设置坐标系

点焊焊枪作为被安装于机器人末端轴上的工具，和弧焊焊枪一样，都需要将坐标系设置为工具坐标系，机器人才能根据此坐标准确地进行运动。即点焊指令将基于这里所设定的工

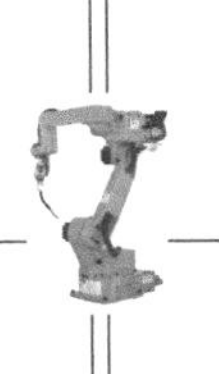

具（TOOL）坐标系。工具坐标系的设置方法及步骤如下：

1）将固定极的前端作为工具坐标系的原点，如图 4-41 所示。

2）使固定极的关闭方向（纵向）与工具坐标系 X、Y、Z 中的一个方向平行。

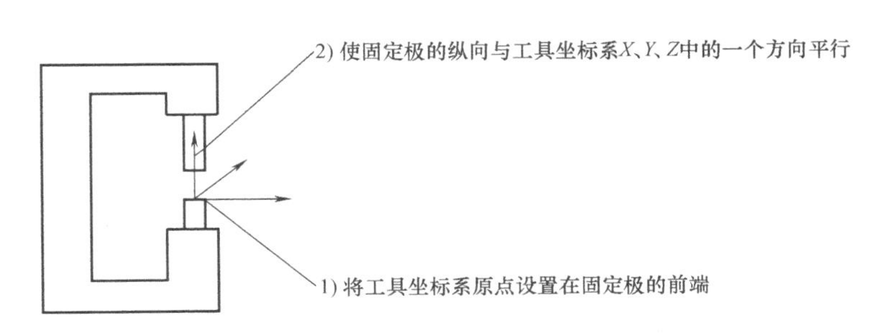

图 4-41　设置工具坐标系的方法及步骤

4. 伺服焊枪设置

（1）焊枪零位设置

1）按【MENU】键→【0 NEXT】键→【6 SYSTEM】键→【F1 TYPE】键→【GUN MASTER】键进入焊枪零位设置界面，如图 4-42 所示。

2）按【SHIFT】键+【COORD】键，出现零位设置选项框，如图 4-43 所示。将当前的运动组（Group）号码改为 2，然后将当前示教坐标系设置为 JOINT（关节）坐标。

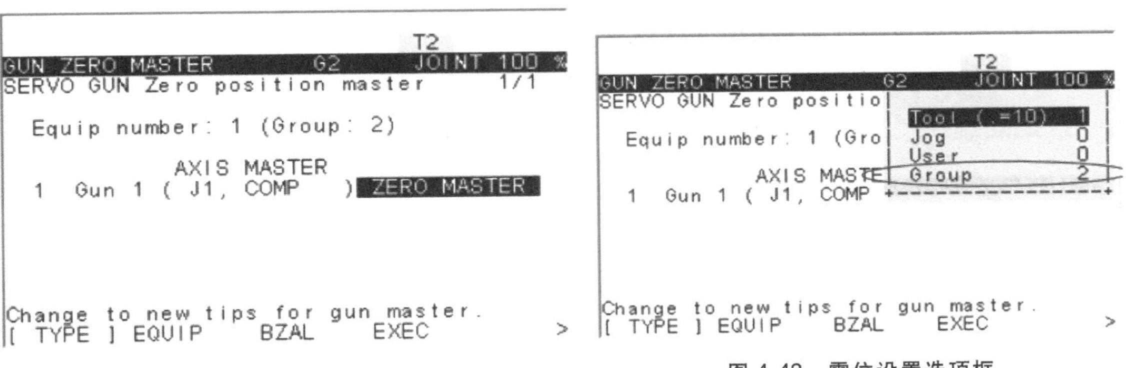

图 4-42　焊枪零位设置界面

图 4-43　零位设置选项框

3）按【SHIFT】键+【+X】键或【-X】键，将焊枪关闭至动极和固定极之间一张纸厚度的距离。

4）按【F4 EXEC】键，出现如图 4-44 所示界面，最后再按【F4 YES】键，即完成焊枪零位的设置。

（2）焊枪关闭方向设置

1）按【MENU】键→【1 Utilities】键→【F1 TYPE】键→【Gun Setup】键进入焊枪设置界面，如图 4-45 所示。

2）在焊枪设置界面中选择“1. Set gun motion sign”，按【ENTER】键进入该设置界面，如图 4-46 所示。然后按住【SHIFT】键+【+X】键看伺服焊枪轴是关闭还是打开，若关闭则将光标放在第 2 项处，然后按【F5 CLOSE】键；若打开，则按【F4 OPEN】键。

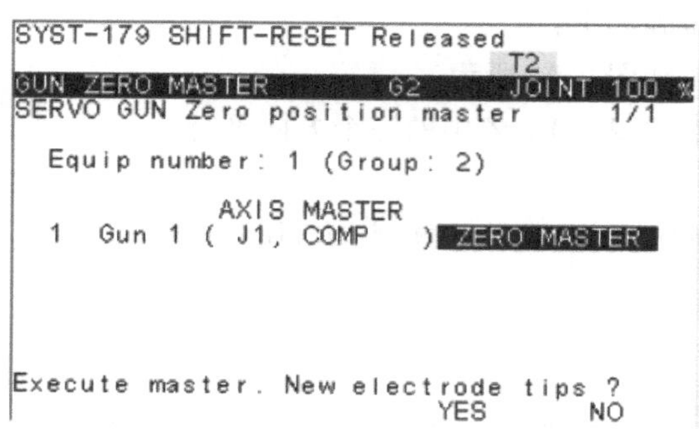

图 4-44　焊枪零位设置完毕

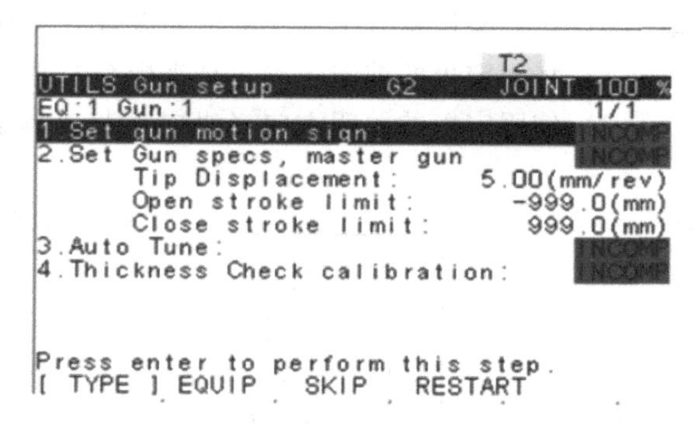

图 4-45　焊枪设置界面

3）按【F3 COMP】键退出到焊枪设置界面，即完成了焊枪关闭方向的设置。

（3）焊枪轴限位设置

1）在焊枪设置界面（图 4-45）中选择“2. Set Gun specs，master gun”，按【ENTER】键进入该界面，弹出提示框时均选择“YES”，则可进入其子界面。

2）在子界面中，按【SHIFT】键+【+X】键或【-X】键将伺服焊枪关闭，然后按【F4 CLOSE】键。

3）将光标移动至该子界面中的第 2 选项上，用数字键输入焊枪的转速比（如 10.50）；在第 3 项中输入开枪的极限距离（如 110.0）；在第 4 项中输入关枪的极限距离（如 20.0），如图 4-47 所示。

注意：以上数据是由伺服焊枪厂商提供的。

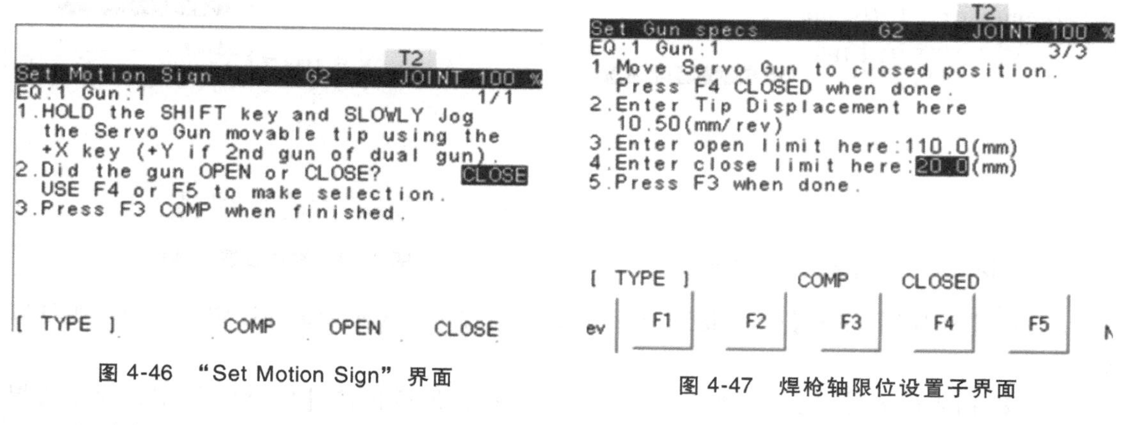

图 4-46　“Set Motion Sign”界面

图 4-47　焊枪轴限位设置子界面

4）在焊枪轴限位设置子界面中按【F3 COMP】键，退出到焊枪设置界面（图 4-45），该界面中第 2 项的状态由初始状态“INCOMP”变为“COMP”。至此，焊枪轴限位设置完成。

（4）焊枪自动调节

1）先将模式开关打到“T2 100%”，在焊枪设置界面（图 4-45）中选择“3. Auto Tune”，按【SHIFT】键+【F3 EXEC】键，弹出弹框后选择“YES”，则会弹出第 2 个弹框，选择“OK”。

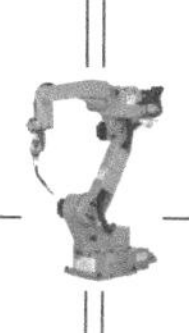

2）选择“OK”后将提示“Tuning in Progress…”。

3）继续按住【SHIFT】键和【DEADMAN】键，机器人将进行焊枪参数的自动调整。

4）自动调整完成后，“3. Auto Tune”状态由“ACTIVE”变为“COMP”，重起机器人，完成焊枪自动调节设置，如图 4-48 所示。

（5）压力标定

1）按【MENU】键→【Setup】键→【F1 TYPE】键→【Servo Gun】键，进入“SETUP Servogun”设置界面，如图 4-49 所示。

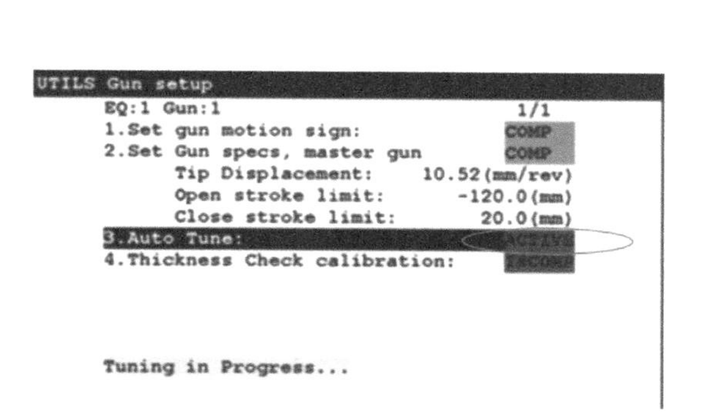

图 4-48　焊枪自动调节设置

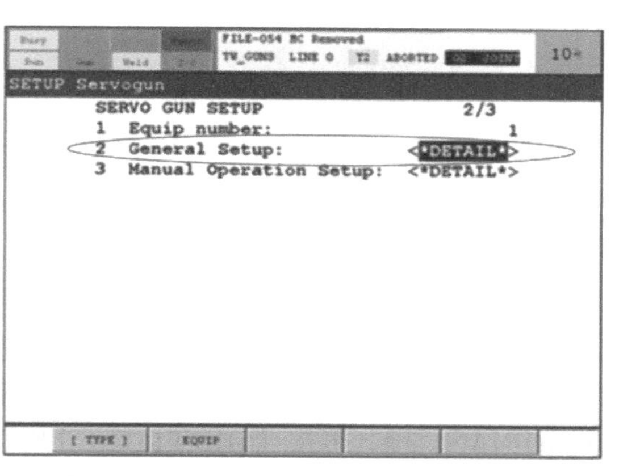

图 4-49　“SETUP Servogun”设置界面

2）将光标移动至“2　General Setup”选项后面的“< * DETAIL * >”上，按【ENTER】键进入“General Setup”界面，如图 4-50 所示。

3）在“General Setup”界面中，将光标移动至“Pressure Cal：INCOMP < * DETAIL * >”上，按【ENTER】键；按【F4 Yes】键，再按【F4 OK】键，进入压力设置界面，如图 4-51 所示。

4）在压力设置界面中，输入加压时间（如 2s）、压力计厚度（如 13mm）、电极打开距离（如 20mm）。

5）在该界面中的“Torque（%）”“Speed（mm/sec）”中分别输入转矩和加压速度，按【SHIFT】键+【F3 Pressure】键，加压完毕，从压力计上读取测得的压力值，输入相应的“Press（nwt）”项上。最多可取 10 个点的压力值，最少可取 2 个。

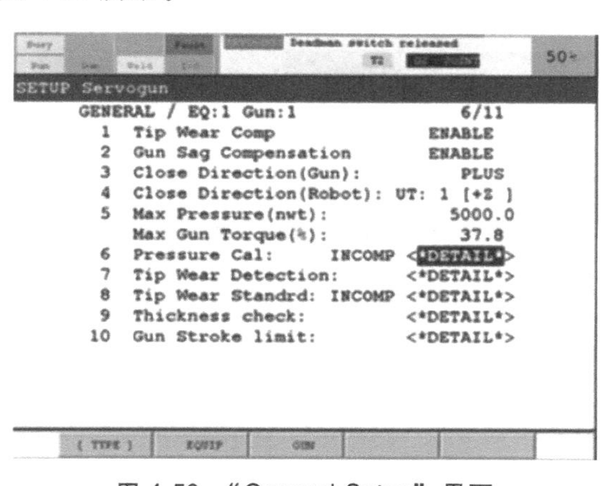

图 4-50　“General Setup”界面

6）完成后将光标移动至“1. Calibration Status：INCOMP”项处，按【F4 COMP】键完成压力的标定。再按【F2 END】键退出到“General Setup”界面（图 4-50）。

压力标定完成后，控制器即建立了伺服电流和焊枪机械压力之间的对应关系。

需要注意的是，在压力标定设置步骤中需要两个人配合，一人将已经正确校正好的压力计放在焊枪固定极上，另外一人通过 TP 操作打点；机器人的模式开关应置于 T2 模式，并

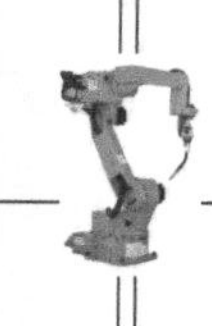

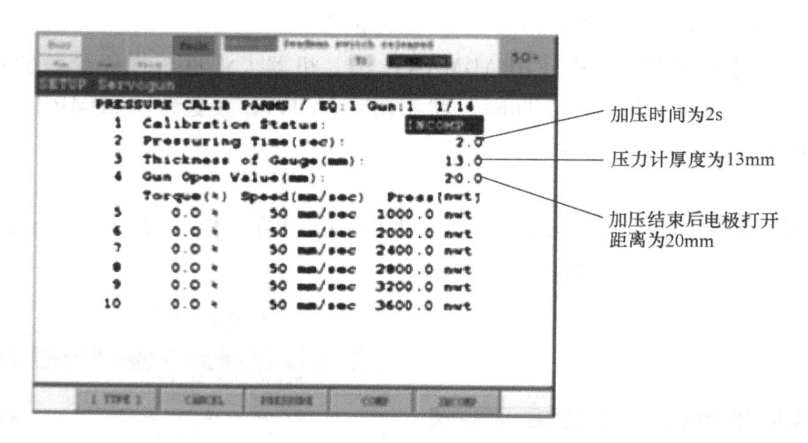

图 4-51 压力设置界面

且示教速度为 100%。

（6）工件厚度标定

1）按【MENU】键→【1 Utilities】键→【F1 TYPE】键→【Gun Setup】键进入“UTILS Gun Setup”界面，将光标移动到第 4 项上，将模式开关置于 T2 100%，按住【DEADMAN】键，再按【SHIFT】键+【F3 EXEC】键进行厚度标定，如图 4-52 所示。

2）出现提示框时，依次选择“YES”后按【ENTER】键，选择“OK”后按【ENTER】键。

3）工件厚度标定成功时，第 4 项的状态由 INCOMP 变为 COMP，如图 4-53 所示。

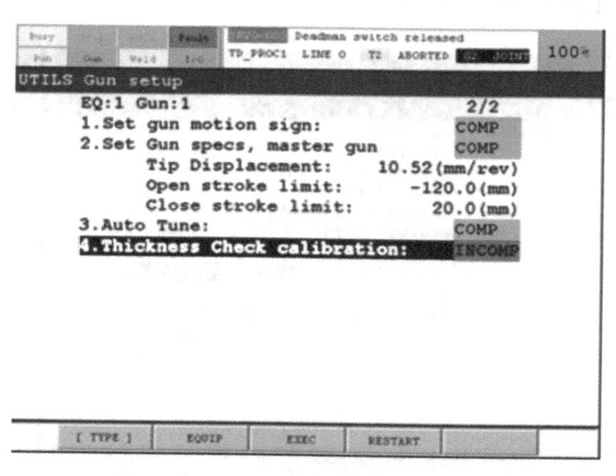

图 4-52 “UTILS Gun Setup”界面

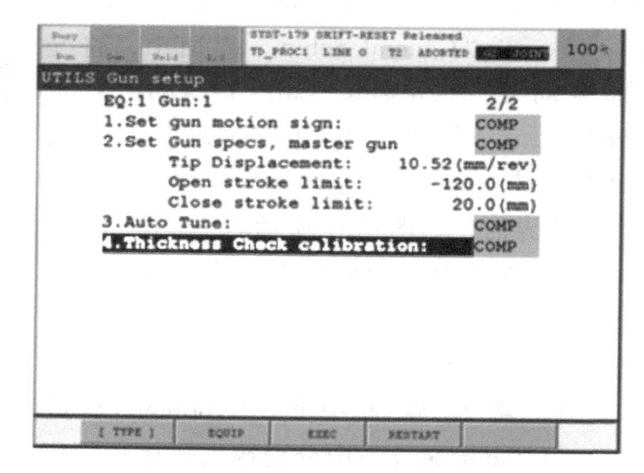

图 4-53 工件厚度标定成功的状态

二、焊接设置

1. 电阻点焊 I/O

电阻点焊 I/O 是指点焊时机器人的输入/输出信号，在执行程序时，机器人系统通过这些信号来控制焊机。

2. 单元接口 I/O 信号

单元接口 I/O 信号主要用于机器人与单元控制器（如 PLC）之间的通信。单元接口输

入信号的设置步骤如下：

1）按【MENU】键→【I/O】键→【F1 TYPE】键→【Cell Interface】键进入单元 I/O 设置界面，如图 4-54 所示。

2）按【F2 CONFIG】键可对这些信号进行分配，如图 4-55 所示；按【F3 NEXT-IO】键可指定下一个信号；按【Prev】键可返回 I/O 设置界面（图 4-54）。

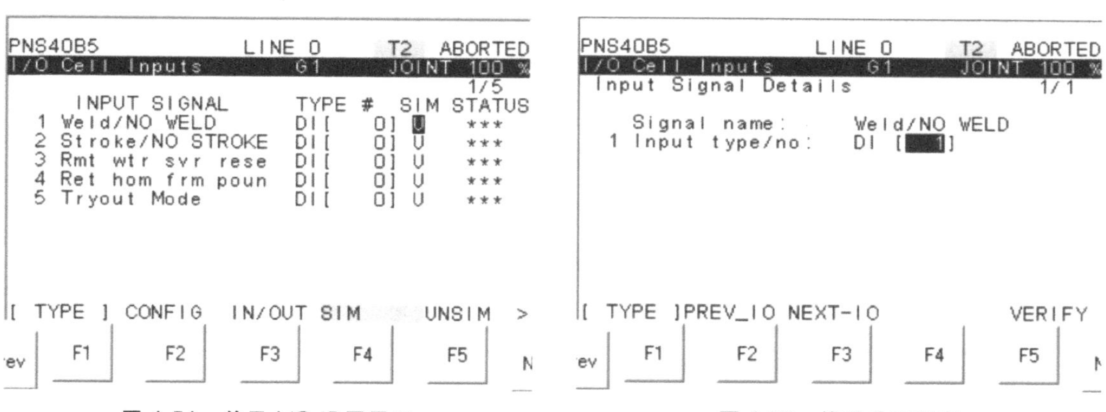

图 4-54　单元 I/O 设置界面　　　　图 4-55　信号分配界面

单元接口输入信号说明见表 4-4。

表 4-4　单元接口输入信号说明

输入信号	宏指令名	说　明
WELD/NOWELD （焊接有效/无效）	—	ON：焊接有效，必须设定为加压有效 OFF：焊接无效
STROKE/NOSTROKE （加压有效/无效）	—	ON：有效 OFF：无效
Rmt wtr svr reset （冷却机复位）	—	ON：对所有装置/焊枪执行 RESET WATER SAVER 指令 OFF：无效
Return home from pounce （自 POUNCE 返回原点位置）	AT POUNCE	ON：机器人从 POUNCE 位置（AT POUNCE 宏中指定的位置）后退到原点位置（程序的开头位置） 当接收到该信号时，执行中的其他程序将被强制结束，机器人后退到原点位置并等待下一个程序启动指令 OFF：无效 注：AT POUNCE 只可以在主程序内使用，在子程序内使用时，本功能不起任何作用；不可在主程序内使用多个 AT POUNCE
Tryout Mode （试验方式）	—	在使用试验方式的情况下分配该信号 在下列条件下，机器人被设定为试验方式 1）信号＝ON 2）TP 无效 3）$ shell_wrk. $ isol_mode＝FALSE 4）SI[REMOTE]＝ON

注：对这些信号分配完成后，必须重起机器人系统才能生效。

3. 焊机 I/O 信号的设置

焊机信号是用于机器人与焊机之间的通信信号。使用哪些焊接信号，与所用的点焊机种

类有关。焊机 I/O 信号的设置步骤如下：

1）按【MENU】键→【F1 TYPE】键→【I/O】键→【Weld Interface】键，进入焊机信号设置界面，如图 4-56 所示。

2）可通过【F3 IN/OUT】键切换焊机 I/O 信号的输入/输出信号界面。

3）更改信号编号。将光标指向需要更改的编号，输入信号编号，按【ENTER】键即可。

焊机输入/输出信号说明见表 4-5 和表 4-6。

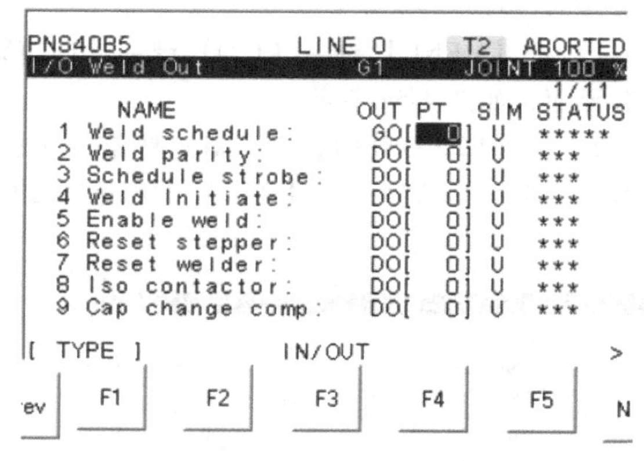

图 4-56　焊机信号设置界面

表 4-5　焊机输入信号说明

输入信号	说　明
Weld in Process（焊接处理中）	焊接程序正在执行
Weld Complete（焊接完成）	焊接程序已完成
WELD/NOWELD Status（焊机焊接方式）	用来确认焊机的状态(焊接有效或无效) ON＝焊机处于焊接有效状态 OFF＝机器人将焊机识别为处于焊接无效状态
Major Alarm（异常报警）	检测出重大的报警或错误。生产中接收到该信号时,显示错误信息
Minor Alarm（警告报警）	检测出轻度的报警或错误。生产中接收到该信号时,显示错误信息
Iso Contactor on（接触器接通）	一次分离接触器被关闭
Cap Change Request（焊嘴更换请求）	在焊接的最后,机器人将初始化位置置于 OFF 之前,从焊机读出该信号 ON＝机器人将该信号作为单元接口 I/O 画面的焊嘴更换请求信号传递给 PLC,由 PLC 来确定是否执行其后的周期。在焊嘴更换宏或程序内,需要将该输出置于 OFF
Appr Cap Change（焊嘴更换警告）	机器人从焊机读出该信号,并将其作为单元接口 I/O 画面的焊嘴更换警告信号传递给 PLC。在焊嘴更换宏或程序内,需要将该输出置于 OFF
Tip Dress Request（焊嘴修整请求）	机器人从焊机读出该信号,并将其作为单元接口 I/O 画面的焊嘴修整请求信号传递给 PLC。该信号接通时,可由 PLC 来确定何时向机器人发出执行焊嘴修整的命令。在焊嘴修整宏内,需要将该输出置于 OFF
Tip Stick Detect（熔敷检测）	机器人从焊机读出该信号,并将焊嘴熔敷信息通知控制装置。在自熔敷检测距离到开启之间,该信号必须处于 OFF 状态

表 4-6　焊机输出信号说明

输出信号	说　明
Weld Schedule（焊接条件）	向焊机发送所选的焊接条件的组信号

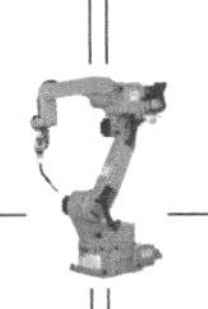

（续）

输出信号	说　明
Weld Parity （焊接奇偶性）	焊接条件输出的行数为偶数时，该信号始终为 ON
Schedule Strobe （条件选通）	在焊接条件输出后立即输出此信号，通知焊机焊接条件的读出 OK
Weld Initiate （焊接指令）	向焊机发出焊接开始指令
Enable Weld （焊机焊接有效）	将焊机设定为焊接有效或焊接无效。在机器人的焊接方式为焊接有效的情况下，该信号接通，向焊机发出焊接有效指令；在机器人的焊接方式为无效时，该信号断开，对焊机发出焊接无效指令
Reset Stepper （步进电动机复位）	通知焊机将步进电动机计算值重新设定为 0。该信号在更换或修整焊接焊嘴后使用
Reset Welder （焊机复位）	这是通知机器人复位焊接错误的信号。在 0.5s 间即可输出脉冲信号。焊接前在焊机发生错误的情况下，系统将自动输出焊机复位用脉冲信号，尝试复位错误。若无法复位错误，则发送"Reset Welder Timeout"（焊机复位超时）错误信号。在重试或者跳过的情况下，在执行焊接前，输出焊机复位脉冲信号。 注：有的焊机尚未支持该功能
Iso Contactor （焊嘴更换警告）	这是关闭一次电源的分离接触器，以便向焊枪供应电流的输出信号。该信号在接触器关闭时被设定为 ON。输出条件随接触器控制类型的不同而不同。
Cap Change Comp （焊嘴更换完成）	根据焊嘴更换程序或焊嘴更换后的宏，向焊机发送该信号
Enable Cont Saver （接触器保护有效）	在控制器接通时相对焊机而接通，成为焊机可以使用接触器保护功能的状态
Tip Stick Timing （熔敷检测时机）	通知焊机进行熔敷检测。当焊枪在点焊后开启到熔敷检测距离时，熔敷检测时机信号接通。不管有无熔敷，都将接通该输出信号

三、电阻点焊编程

1. 电阻点焊指令

在程序中指定伺服焊枪操作的指令一般称为点焊指令，指定点焊指令的一连串处理（如加压、焊接和开枪）称为电阻点焊工序。电阻点焊指令除了执行一连串的动作和焊接处理外，还执行焊嘴磨损补偿、焊枪挠曲补偿等过程。

2. 电阻点焊指令格式

SPOT [SD=m , P=n , S=i , ED=m]

1）SD（开始位置焊嘴距离）：在机器人移动到电阻点焊示教点的过程中，焊嘴打开指定的开启量，即焊接开始前焊枪关闭后焊嘴间的距离；m：焊嘴距离条件编号（1~99）。

2）P（加压条件）：按所指定的加压条件加压；n：加压条件编号（1~99）。

3）S（焊接条件）：通过控制装置向焊机发送所指定的焊接条件；i：焊接条件编号（0~255）。

4）ED（结束位置焊嘴距离）：接收到焊接完成信号时，焊枪开启指定量，即焊接完成后焊枪开启时焊嘴间的距离；m：焊嘴距离条件编号（1~99）。

3. 焊接条件的设定

1）按【DATA】键显示数据，如图 4-57 所示。

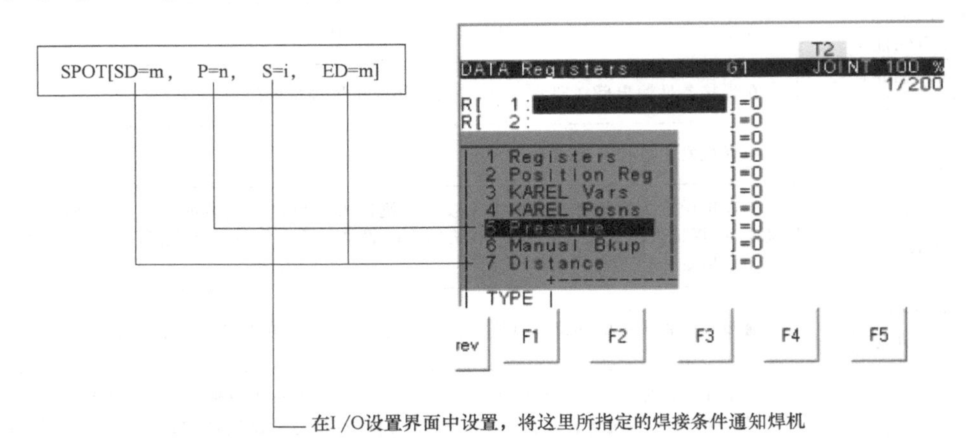

图 4-57 焊接条件的设定说明

2）按【F1 TYPE】键，选择需要设定的焊接条件，进入各个焊接条件的设定界面。

① 焊嘴距离条件的设定。点焊指令中，需要指定开始位置焊嘴距离（SD）和结束位置焊嘴距离（ED）。设定步骤如下：

a. 按【DATA】键显示数据，如图 4-57 所示。

b. 按【F1 TYPE】键，选择“7 Distance”（焊嘴距离），按【ENTER】键出现焊嘴距离条件一览界面，如图 4-58 所示。

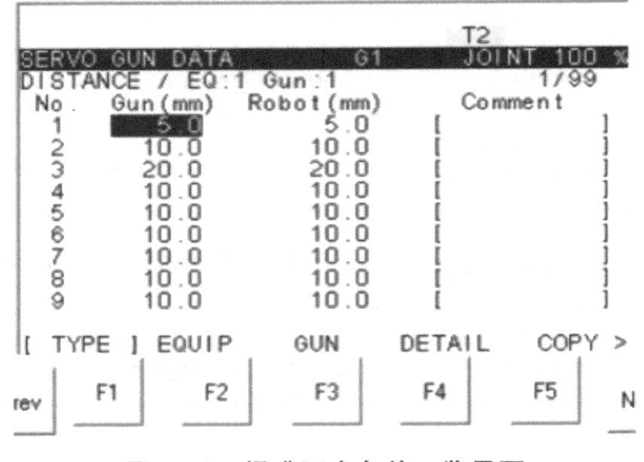

图 4-58 焊嘴距离条件一览界面

c. 在该界面中编辑焊嘴距离。

d. 按【F4 DETAIL】键显示详细信息界面，编辑用来执行所选焊嘴距离条件时的属性，如图 4-59 和图 4-60 所示。

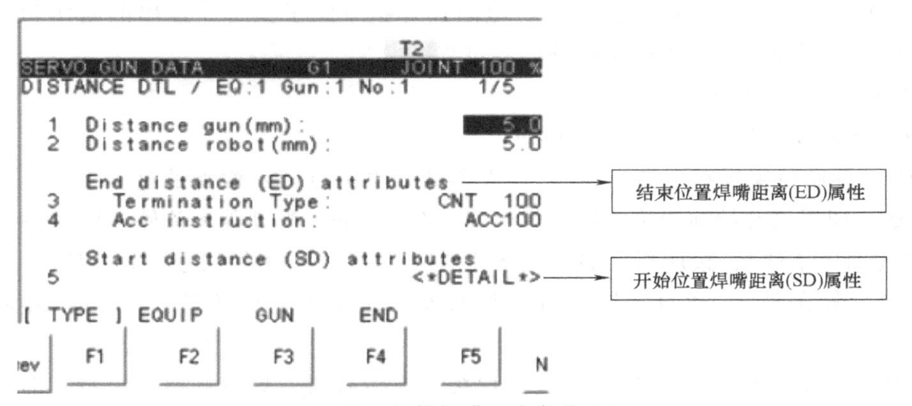

图 4-59 编辑焊嘴距离条件说明

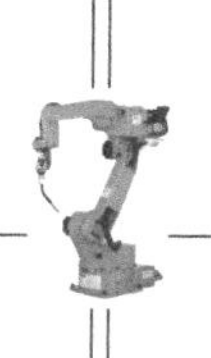

e. 通过示教位置和焊嘴距离条件（SD和ED），生成如图4-61所示位置，详细说明见表4-7。

f. 基于不同终止类型的焊枪关闭和开启路径。执行点焊指令时，两焊嘴同时移动到工件表面所指定的焊接位置处。焊嘴路径随开始/结束位置焊嘴距离与终止类型的变化而变化：FINE/CNTO，焊嘴在开始/结束位置焊嘴距离瞬间停止；CNT1~100，焊嘴自开始/结束位置焊嘴距离通过内侧，指定CNT100时，焊嘴几乎不减速地移动，如图4-62所示。

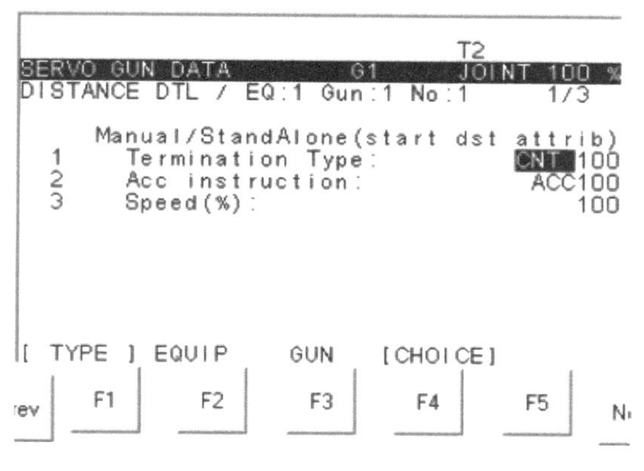

图4-60 编辑焊嘴距离属性

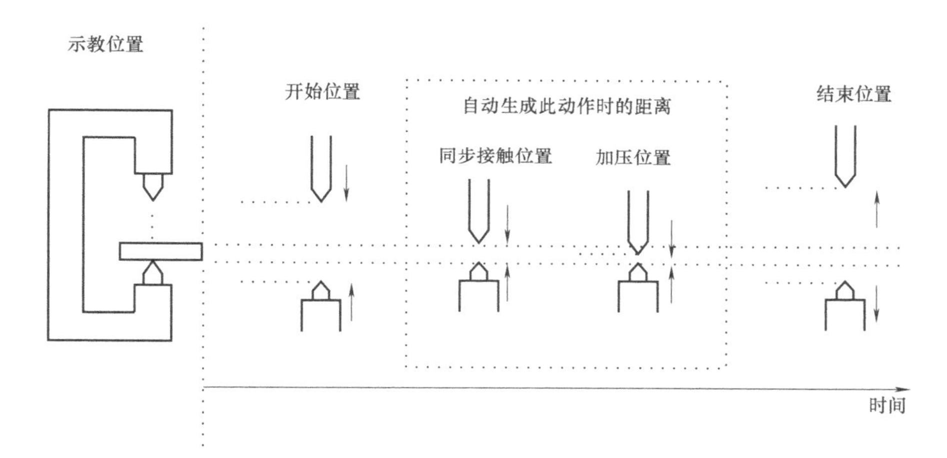

图4-61 生成位置

表4-7 焊嘴距离详细说明 （单位：mm）

（开始/结束位置焊嘴距离设定）	说 明	
Gun（可动侧） 0.0~1000.0	设定部件与可动侧焊嘴之间的距离	可动侧 板厚 固定侧
Robot（固定侧） 0.0~1000.0	设定部件与固定侧焊嘴之间的距离	

② 加压条件设定。按【DATA】键→【F1 TYPE】键，选择“Pressure”（加压），出现加压条件一览界面，如图4-63所示；按【F4 DETAIL】键，出现加压条件的详细信息界面，

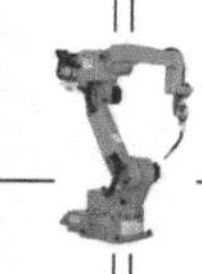

按【F4 LIST】键返回加压条件一览界面。

4. 焊接顺序

焊接顺序是指在机器人控制装置和焊机定时之间，执行焊接条件信号的输出、焊接完成信号等的处理。例如：

1：L P［1］2000mm/s CNT100

2：SPOT［ SD＝1 ，P＝3 ，S＝5 ，ED＝2 ］

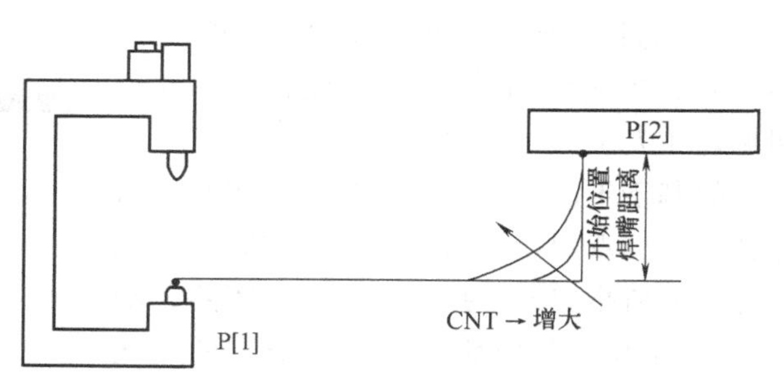

图 4-62　不同终止类型时的焊枪关闭和开启路径

当焊枪加压达到指定压力时，执行焊接顺序。焊接过程的时序如图 4-64 所示。

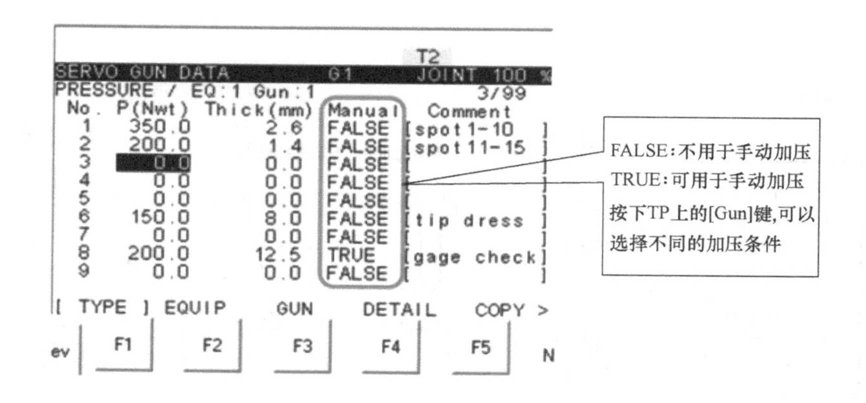

图 4-63　加压条件一览界面

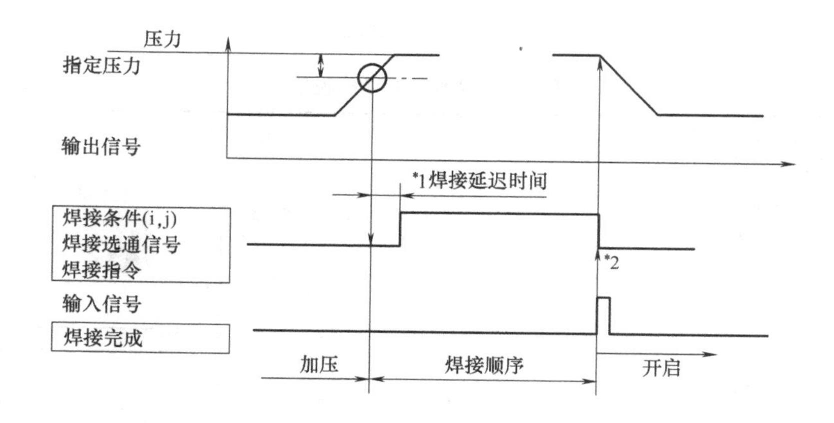

图 4-64　焊接过程的时序

＊1：焊接延迟时间。在“SETUP Spot Equip”（设定点焊装置）界面中设定（默认值为 0ms），如图 4-65 所示。

＊2：输入焊接完成信号时，输出信号同时被切断，开始开启顺序。开启顺序结束，执

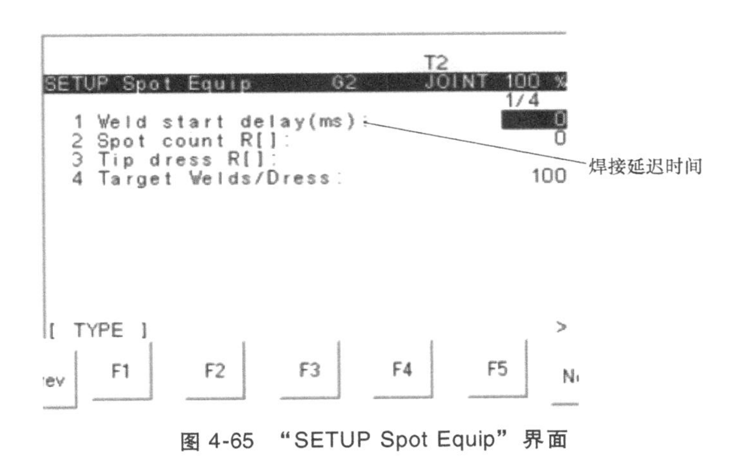

图 4-65　“SETUP Spot Equip”界面

行下一行指令。

第四节　机器人电阻点焊焊接工艺应用

本节通过具体案例运用已学过的机器人电阻点焊焊接工艺知识，对焊件结构、材料、接头形式等进行分析，了解电阻点焊质量的影响因素，熟悉控制质量的措施，学会通过选用合适的焊接参数来控制焊接质量，提高焊接效率。

一、平板焊件的电阻点焊

1. 平板焊件

（1）焊件结构和尺寸　平板焊件的结构和尺寸如图 4-66 所示。

（2）焊件材料　Q235 钢板两块，尺寸为 330mm×80mm×1mm。

（3）接头形式　搭接接头。

（4）焊接位置　水平位置焊接。

（5）电阻点焊位置及尺寸　电阻点焊位置及尺寸如图 4-66 所示。

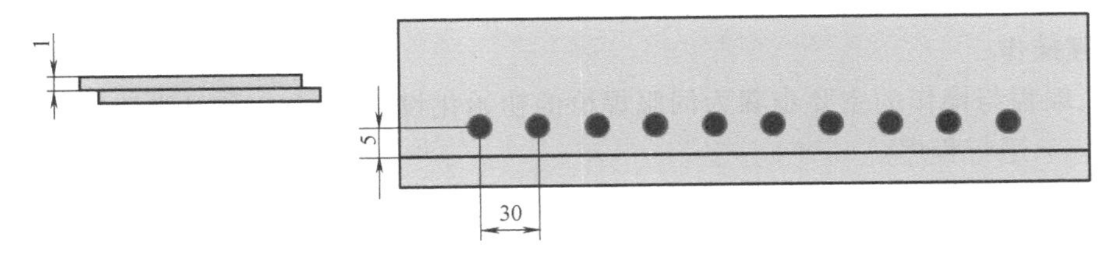

图 4-66　平板焊件的结构和尺寸

（6）技术要求

1）电阻点焊完成后，焊点不允许出现焊穿、虚焊、裂纹、毛刺等缺陷。

2）破坏后的焊点焊接面积不应小于电极接触面积的 80%。

3）焊点压痕的凹陷深度应不大于板厚的 20%（0.2mm）。

4）焊点周边不允许有气孔或缩孔存在。可允许个别焊点中心存在直径不大于焊核直径

10%的气孔或缩孔，允许数量为两个以下。

5）焊点的位置、数量应符合产品图样的要求，焊后变形（焊点扭曲）不大于20°。

6）内部要求为焊核形状规则、均匀，无超标的裂纹或缩孔等内部缺陷，无热影响区组织和力。

7）设备选用。电阻焊机器人（FANUC system R-30iA）、焊接电源/伺服焊枪（GWS 2D C1B）、电动钢刷等辅助工具。

2. 机器人电阻点焊焊接工艺分析

（1）材料焊接性　产品材料为Q235钢，属于常用低碳钢，焊接性较好。

（2）下料工艺　选用压力机下料，其优点是效率高、质量易保证。

（3）焊件装配　焊件为搭接接头，选用气压定位装配夹具进行装配，可提高焊接质量及效率。装配前两焊件表面必须清理干净，无油、锈，平整、无变形。

（4）焊件的电阻点焊参数与编程要点

1）电阻点焊参数。根据焊件材料、板厚及技术要求，参照表4-8或根据经验拟订点焊参数，并进行多次试验验证焊接参数的可行性和优化所选焊接参数。

表4-8　电阻点焊参数参考值

焊点序号	板厚/mm	焊接电流/kA	焊接时间/ms	压力/kN
01	1	10.5	9.0	2.6
02	1	10.5	9.0	2.6
…	…	…	…	…
10	1	10.5	9.0	2.6

2）机器人运动轨迹分析。每隔30mm焊接一个焊点，则机器人的主运动轨迹从安全位置点到第一个焊点（目标点）以及从最后一个焊点（目标点）到安全位置点可采用关节运动。考虑到第1个焊点与第10个焊点之间的距离不大，故各个焊点间的机器人运动轨迹采用直线运动。

3）焊嘴距离条件的设定。由于全部焊点均处于水平直线上，且焊件为平板，故可将固定侧（Robot）均设定为1mm，可动侧（Gun）均设定为5mm；开始位置（SD）和结束位置焊嘴距离（ED）属性（定位形式）均设置为CNT 50。

3. 编程操作

机器人编程与操作的主要步骤为伺服焊枪的初始化设置 → I/O信号设置 → 程序指令编制 → 调试 → 运行程序。

由于伺服焊枪的初始化设置及I/O信号设置前面已介绍过，这里只重点介绍编程过程，具体步骤如下。

（1）焊接条件的设定

1）焊嘴距离条件的设定。

① 按【DATA】键显示数据，选择“Distance”，按【ENTER】键。

② 在焊嘴距离条件一览界面中将第一行（No.1）中Gun的数值设定为5，Robot的数值设定为1。

③ 按【F4 DETAIL】键将焊嘴距离条件中的SD和ED属性均设定为CNT50。

2）加压条件的设定

① 按【DATA】键→【F1 TYPE】键，选择“Pressure”。

② 按【F4 DETAIL】键，将“Weld Pressure”（压力值）的数值设定为2.6。

③ 将“Part Thickness”（工件厚度）的数值设定为1。

（2）程序指令编制（表4-9）

表4-9　平板电阻点焊程序

1	SET SEGMENT(50)	进入工作区域指令
2	UTOOL_NUM=1	工具坐标号1
3	UFRAME_NUM=0	机械坐标号0
4	PAYLOAD[1]	工具配重号1
5	J P[1] 100% CNT100	
6	J P[2] 100% CNT100	
7	J P[3] 100% CNT100	
8	J P[4] 100% CNT50	
9	J P[5] 100% CNT50	
10	L P[6:w261bs01] 2000mm/s FINE SPOT[SD=1, P=1, S=1, ED=1]	焊点号01 焊接第1个焊点
11	L P[7:w261bs01] 2000mm/s FINE SPOT[SD=1, P=1, S=1, ED=1]	焊点号02 焊接第2个焊点
12	L P[8:w261bs01] 2000mm/s FINE SPOT[SD=1, P=1, S=1, ED=1]	焊点号03 焊接第3个焊点
13	L P[9:w261bs01] 2000mm/s FINE SPOT[SD=1, P=1, S=1, ED=1]	焊点号04 焊接第4个焊点
14	L P[10:w261bs01] 2000mm/s FINE SPOT[SD=1, P=1, S=1, ED=1]	焊点号05 焊接第5个焊点
15	L P[11:w261bs01] 2000mm/s FINE SPOT[SD=1, P=1, S=1, ED=1]	焊点号06 焊接第6个焊点
16	L P[12:w261bs01] 2000mm/s FINE SPOT[SD=1, P=1, S=1, ED=1]	焊点号07 焊接第7个焊点
17	L P[13:w261bs01] 2000mm/s FINE SPOT[SD=1, P=1, S=1, ED=1]	焊点号08 焊接第8个焊点
18	L P[14:w261bs01] 2000mm/s FINE SPOT[SD=1, P=1, S=1, ED=1]	焊点号09 焊接第9个焊点
19	L P[15:w261bs01] 2000mm/s FINE SPOT[SD=1, P=1, S=1, ED=1]	焊点号10 焊接第10个焊点
20	J P[16] 100% CNT80	
21	J P[17] 100% CNT100	
22	J P[18] 100% CNT100	

（续）

23	J P[19] 100% CNT100	
24	J P[20] 100% CNT100	
25	! END PROCESS-PATH SEGMENT	
26	SET SEGMENT(63)	退出工作区域指令

4. 示教位置

1）在 G1 模式下，通过 TP 上的点动键将固定侧焊嘴移动到工件第 1 个焊点位置。

2）按【SHIFT】键+【F2 SPOT】（点焊）键记录第 1 个焊点位置。

3）重复步骤 1）和 2），依次移动至第 2～第 10 个焊点位置，并按【SHIFT】键+【F2 SPOT】键记录每个焊点的位置。

5. 运行程序

按【SHIFT】键+【FWD】键开始执行程序。

二、汽车车门的电阻点焊

1. 汽车车门

（1）焊件结构　车门的结构如图 4-67 所示。

（2）焊件材料　Q235 钢，厚度分别为 0.7mm、1.0mm、1.2mm。

（3）接头形式　搭接接头，如图 4-67 所示。

（4）焊接位置　水平位置焊接。

（5）焊接位置及尺寸　如图 4-67 所示。

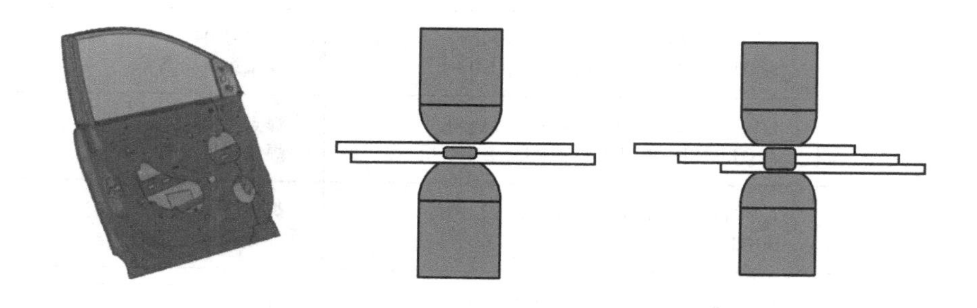

图 4-67　车门的结构及接头形式

（6）技术要求

1）焊接完成后，焊点不允许出现焊穿、虚焊、裂纹、毛刺等缺陷。

2）破坏后焊点的焊接面积不应小于电极接触面积的 80%。

3）焊点压痕的凹陷深度应不大于板厚的 20%（0.2mm）。

4）焊点周边不允许有气孔或缩孔存在。允许个别焊点中心存在两个以下直径不大于焊核直径 10%的气孔或缩孔。

5）焊点的位置、数量应符合焊件图样要求，焊后变形（焊点扭曲）不大于 20°。

6）内部要求。焊核形状规则、均匀，无超标的裂纹或缩孔等内部缺陷，以及热影响区组织和力。

7）设备选用。电阻点焊机器人品牌/型号为 FANUCsystem R-30iA，焊接电源/伺服焊枪型号为 GWS 2D C1B，还需要电动钢刷及汽车车门装夹等辅助工具。

2. 机器人电阻点焊焊接工艺分析

（1）材料焊接性　焊件材料为 Q235 钢，属于常用低碳钢，焊接性好。

（2）下料工艺　选用压力机下料，效率高，质量易保证。

（3）焊件装配　选用气压定位装配夹具进行装配可提高质量及效率。装配前，必须用钢刷将焊件表面清洁干净达到无油、锈。图 4-68 为汽车车门装配示意图。

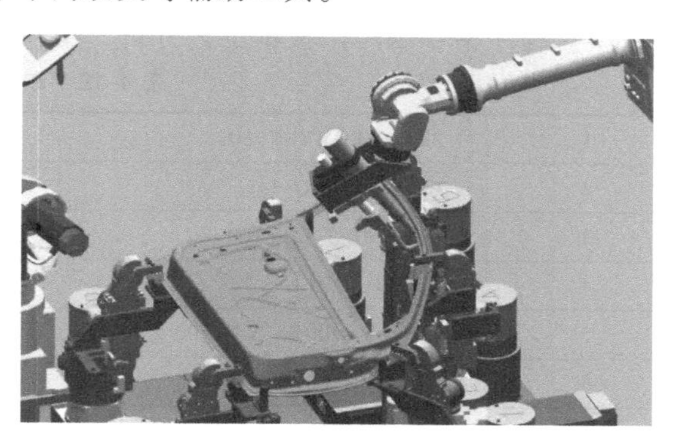

图 4-68　汽车车门装配示意图

（4）汽车车门焊接参数选择与编程要点

1）焊接参数选择。根据焊件材料、板厚及技术要求，参照焊接手册初步选择焊接参数，见表 4-10。在实际生产中，必须进一步进行工艺试验来验证参数的可行性，优化选取合适的焊接参数。

表 4-10　焊接参数参考表

焊点序号	板厚/mm	焊接电流/kA	焊接时间/ms	压力/kN
01	0.7+0.7	10.5	8.8	2.6
02	0.7+1.0	10.5	9.0	2.6
03	0.7+1.0+1.2	11.0	11.0	2.6

2）机器人运动轨迹分析。3 个焊点分别位于汽车车门的 3 个不同维度上，即各焊点不在同一直线上，机器人主运动轨迹采用关节运动较好。

3）焊嘴距离条件设定分析。由于 3 个焊点不处于水平直线上，且焊点处的板厚不一，焊嘴距离条件设定见表 4-11。

表 4-11　焊嘴距离条件设定　（单位：mm）

焊点序号	SD(开始位置)			ED(结束位置)		
	Robot	Gun	CNT	Robot	Gun	CNT
01	1	5	50	2	10	50
02	1	6	50	2	10	50
03	1	7	50	2	10	50

3. 编程操作

（1）焊嘴距离条件的设定

1）按【DATA】键显示数据，选择“Distance”，按【ENTER】键。

2）在焊嘴距离条件一览界面中设置好各个焊嘴距离条件。

3）按【F4 DETAIL】键将焊嘴距离条件中的 SD 和 ED 属性均设定为 CNT50。

（2）加压条件的设定

1）按【DATA】键→【F1 TYPE】键，选择“Pressure”。

2）按【F4 DETAIL】键，将“Weld Pressure”（压力值）的数值设定为2.6。

3）将“Part Thickness”（工件厚度）的数值分别设定为1.4、1.7和2.9。

（3）程序指令编写　根据工艺分析，编写程序指令（表4-12）。

表4-12　车门点焊程序

1	SET　SEGMENT(50)	进入工作区域指令
2	UTOOL_NUM=1	工具坐标号1
3	UFRAME_NUM=0	机械坐标号0
4	PAYLOAD[1]	工具配重号1
5	J P[1]　100%　CNT100	
6	J P[2]　100%　CNT100	
7	J P[3]　100%　CNT100	
8	J P[4]　100%　CNT50	
9	J P[5]　100%　CNT50	
10	L P[6:w261bs01] 2000mm/s FINE SPOT [SD=1 , P=2 , S=2 , ED=1]	焊缝号01
11	J P[7]　100%　CNT50	
12	J P[8]　100%　CNT50	
13	J P[9]　100%　CNT50	
14	L P[10:w261bs02] 2000mm/s FINE SPOT [SD=2, P=2 , S=2 , ED=2]	焊缝号02
15	J P[11]　100%　CNT50	
16	J P[12]　100%　CNT100	
17	J P[13]　100%　CNT50	
18	L P[14:w261bs03] 2000mm/s FINE SPOT [SD=3, P=1, S=1, ED=3]	焊缝号03
19	J P[15]　100%　CNT80	
20	J P[16]　100%　CNT100	
21	J P[17]　100%　CNT100	
22	J P[18]　100%　CNT100	
23	J P[19]　100%　CNT100	
24	! END PROCESS-PATH SEGMENT	
25	SET SEGMENT(63)	退出工作区域指令

（4）示教位置

1）在G1模式下，通过TP上的点动键将固定侧焊嘴移动到工件第一个焊点位置。

2）按【SHIFT】键+【F2 SPOT】键记录第一个焊点位置。

3）重复步骤1）和2），依次移动至第2和第3个焊点位置，并按【SHIFT】键+【F2 SPOT】键记录每个焊点的位置。

（5）运行程序　按【SHIFT】键+【FWD】键开始执行程序。

（6）焊接效果

1）试板调试效果。点焊参数试板调试效果如图 4-69 所示。

图 4-69　焊接参数试板调试效果

2）电阻点焊焊缝效果如图 4-70 所示。

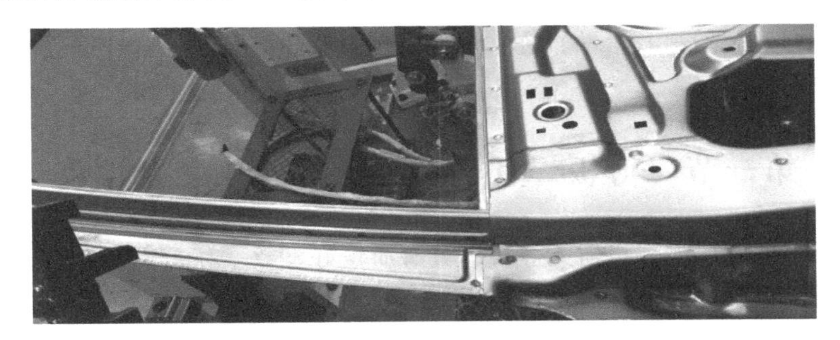

图 4-70　焊缝效果

复习思考题

1. 电阻点焊的定义及本质是什么？
2. 电阻点焊的加热特点有哪些？
3. 机器人电阻点焊焊接工艺主要包括哪些内容？
4. 碳钢的电阻点焊参数有哪些？
5. 电阻点焊参数对接头质量的影响有哪些？
6. 分流的影响因素有哪些？
7. 低碳钢、铝及铝合金、不锈钢电阻焊焊接工艺的影响因素有哪些？
8. 电阻点焊的缺陷及其产生的原因和控制措施有哪些？
9. 电阻点焊机器人系统由哪几部分组成？
10. 电阻点焊 I/O 指的是什么？
11. 两焊件材料分别为铝和不锈钢（06Cr18Ni11Ti），尺寸及技术要求如图 4-66 所示，分别进行机器人电阻点焊焊接工艺分析及编程操作。

第五章

典型焊件的机器人焊接工艺

本章主要讨论典型低碳钢及其他金属焊件的弧焊机器人焊接工艺。针对每一个典型焊件，根据具体生产条件结合产品的技术要求，分析机器人焊接工艺，确定难点。编程时根据焊接工艺难点，合理规划示教运动轨迹、焊缝轨迹点及焊枪姿态，合理设置焊枪角度，选取合适的焊接参数。

第一节　薄板焊件的机器人焊接工艺及编程

低碳钢薄板焊件应用弧焊机器人焊接，具有质量好、效率高、成本低的优势，因此，已得到广泛的应用。为了更好地推广应用弧焊机器人，要求针对典型案例，学会运用机器人焊接工艺相关知识解决较复杂焊件的编程问题。

一、2016 年北京“嘉克杯”机器人焊接比赛试件（薄板+障碍挡块）

1. 比赛试件

（1）焊件结构和尺寸　比赛试件的结构和尺寸如图 5-1 所示。

（2）焊件材料下料数量和尺寸要求

1）管：ϕ43mm×70mm（高）×2.5mm（厚）一块。

2）上盖板：97mm（长）×97mm（宽）×3mm（厚）（板中心开 ϕ45mm 的孔）一块。

3）大立板：100mm（长）×50mm（高）×3mm（厚）一块。

4）小立板：100mm（长）×25mm（宽）×3mm（厚）一块。

5）两侧立板：100mm（长）×50mm（高侧）×25（低侧）×3mm（厚）两块。

6）加立板：100mm（长）×30mm（高）×3mm（厚）一块。

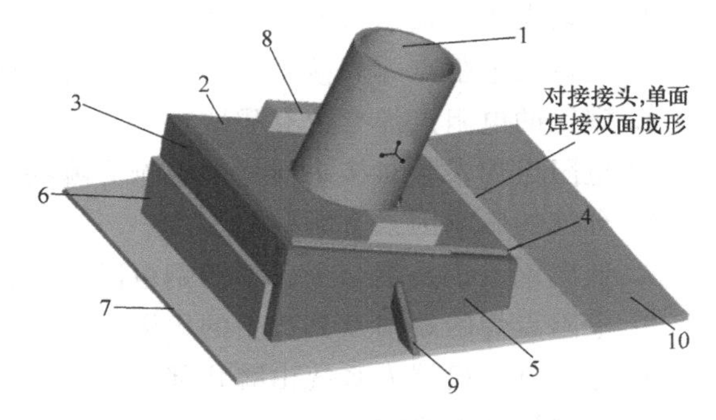

图 5-1　比赛试件的结构和尺寸

1—管　2—上盖板　3—大立板　4—小立板　5—两侧立板　6—加立板　7—底板　8—障碍挡块　9—等边梯形障碍板　10—底板对接板

7）底板：150mm（长）×150mm（宽）×3mm（厚）一块。

8）障碍挡块：30mm×10mm×10mm 两块。

9）等边梯形障碍板：33mm（下底长）×15mm（上底长）×9mm（高）×3mm（厚）两块。

10）底板对接板：150mm（长）×40mm（宽）×3mm（厚）一块。

（3）焊件材料　Q235 钢。

（4）接头形式　对接、角接、T 形角接。

（5）焊接位置　平、立、横焊。

（6）技术要求

1）采用混合气体（20% CO_2+80% Ar）作为保护气体进行焊接；焊丝牌号为 AWS ER70-6，直径为 1.0mm；手动操作机器人完成焊接作业。在进行组对时，预留间隙、反变形、焊接参数、焊接顺序及焊枪姿态自定。

2）焊缝质量要求。

① 外观质量。低碳钢薄板容器所有焊缝的外观检验项目及评分标准（70 分）见表 5-1 和表 5-2。

② 焊脚尺寸 K=3.0mm×5.0mm 为合格品；K=2.5mm×5.5mm 为不合格品。

③ 容器水压检测。将压力为 0.3MPa 的水充入容器内，检测有无泄漏点，无泄漏者得满分（30 分）；每发现一处泄漏扣 10 分。

表 5-1　机器人焊件对接焊缝外观检验项目及评分标准（30 分）

检验项目	评判标准	评判等级			
		Ⅰ	Ⅱ	Ⅲ	Ⅳ
焊缝余高/mm	尺寸标准	0~1	1~2	2~3	<0 或>3
	得分标准	5 分	3 分	2 分	0 分
咬边/mm	尺寸标准	无咬边	深度≤0.5		深度>0.5
	得分标准	5 分	每 2mm 扣 1 分		0 分
正面成形	尺寸标准	优	良	中	差
	得分标准	6 分	4 分	2 分	0 分
背面成形	尺寸标准	优	良	中	差
	得分标准	4 分	2 分	1 分	0 分
未焊透/mm	尺寸标准	0~2	2~4	4~6	>6
	得分标准	5 分	3 分	1 分	0 分
角变形/(°)	尺寸标准	0~1	1~2	2~3	>3
	得分标准	5 分	3 分	1 分	0 分

2. 弧焊机器人焊接工艺分析

（1）材料焊接性　焊件材料为 Q235 钢，属于常用低碳钢，焊接性好。

（2）焊件下料、装配的影响及措施

1）下料、装配的影响。薄板焊件的下料尺寸和装配尺寸稍有偏差，均会影响装配间隙而造成焊穿、焊瘤等缺陷。

2）下料措施。焊件数量少时可选用剪板机并配合挡板定位下料。

3）装配措施。根据焊件总图选用合适的工具、夹具进行装配。例如，可选用磁性定位装配器，所有的接头间隙必须控制在 0~0.1mm 范围内。

表 5-2 机器人焊件全部角焊缝外观检验项目及评分标准（40 分）

检验项目	标准/分数	焊缝等级			
		Ⅰ	Ⅱ	Ⅲ	Ⅳ
所有焊缝外观成形	标准	优	良	一般	差
		成形美观，焊纹均匀细密，高低宽窄一致，焊脚尺寸合格	成形较好，焊纹均匀，焊缝平整，焊脚尺寸合格	成形尚可，焊缝平直，焊脚尺寸合格	焊缝弯曲，高低宽窄相差明显，有表面焊接缺陷，焊脚尺寸不合格
	分数	40	30	20	10

注：1. 焊缝表面已修补或试件上有舞弊标记的按 0 分处理。
2. 凡焊缝表面有裂纹、夹渣、未熔合、气孔、焊瘤等缺陷之一的，外观成形为 0 分。

（3）焊件的焊接难点及编程

1）焊接重点：保证水压试验不漏水及焊缝外观质量。

2）焊接难点：①试件小，钢板薄，焊缝集中，易焊穿；②焊件上加设了障碍物，使得多处接头易产生未熔合、气孔等缺陷；③T 形接头、角接头的 90°转角焊缝易产生未熔合、脱节等缺陷。

3）焊接难点的编程：①按立角焊缝、顶部角焊缝、管板角焊缝、底部 T 形角焊缝、底板平对接焊缝的顺序施焊，编程时按焊接顺序设置焊接轨迹点；②底部 T 形角焊缝应在其一加强筋板空隙处引弧，焊至另一加强筋板空隙处收弧，然后在前收弧处引弧焊至前引弧处收弧，编程中设置引弧收弧点时要选用合适的焊接电流、电压及停留时间；③转角焊缝的焊接速度应比直角焊缝的焊接速度约快 15%，焊枪角度与 T 形角焊缝、角焊缝之间的夹角为 45°，相对于前进方向后倾约 10°。

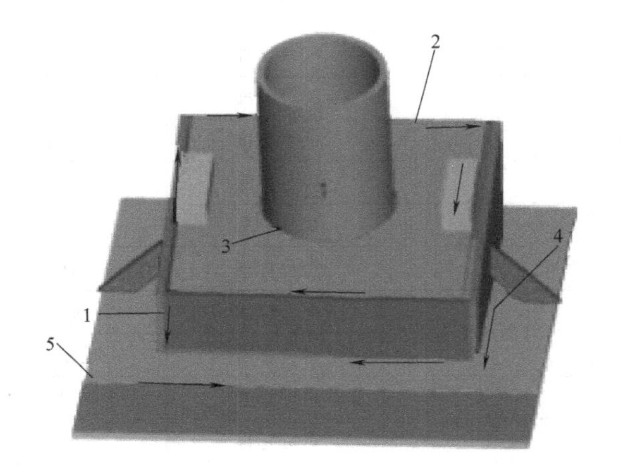

图 5-2 焊接顺序

4）手动操作机器人完成焊接。

3. 机器人编程

（1）设备选择

1）机器人品牌。机器人选择 Panasonic TM-1400，控制系统选择 Panasonic GⅢ1400。

2）焊接电源选择 Panasonic YD-350GR3。

（2）示教运动轨迹及焊接轨迹 焊接顺序如图 5-2 所示。

1）立向下焊接（4 道焊缝）如图 5-3 所示。

2）上盖板板对接焊缝需一道焊完，如图 5-4 所示。

3）管板角接焊缝如图 5-5 所示。

4）底板板角接焊缝因为有障碍物干涉，不能一道焊完，需分 4 道焊缝，如图 5-6 所示。

图 5-3　立向下焊接

图 5-4　上盖板焊接

图 5-5　管板角接焊缝焊接

图 5-6　底板板角接焊缝焊接

5）底板板对接要求单面焊双面成形，如图 5-7 所示。

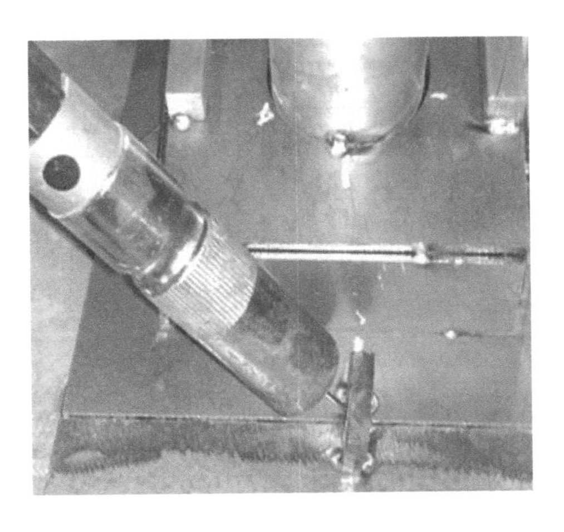

图 5-7　底板板对接焊接

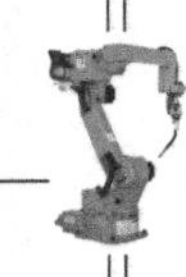

（3）焊接参数设置　焊接参数包括焊接层数、焊接电流、焊接电压、焊接速度、气体流量等，见表 5-3。

表 5-3　比赛试件的焊接参数

焊接层数	焊接电流/A	焊接电压/V	焊接速度/(m/min)	气体流量/(L/min)
①立向下焊接	120	18.2	0.60	10~15
②上盖板板对接	100	17.4	0.30	10~15
③管板角接	150	19.2	0.25	10~15
④底板板角接	130	18.6	0.25	10~15
⑤底板板对接	125	18.4	0.24	10~15

（4）焊接程序　比赛试件的焊接程序见表 5-4。

表 5-4　比赛试件的焊接程序

程序号	程　序	注释
	1:Mech1:Robot Begin of Program	
0001	REF MNU 0	
0002	REF SLS 20	
0003	TOOL=1:TOOL01	
0004	● MOVEP PO01(0), 30.00m/min	原点或待机点
0005	●MOVEP PO02(0), 30.00m/min	前进点
0006	●MOVEL PO03(0), 30.00m/min	起焊点
0007	ARC-SET Amp=120 Volt=18.2 S=0.60	
0008	ARC-ON ArcStartl PROCESS=0	
0009	●MOVEL PO04(0), 30.00m/min	收弧点
0010	CRATER Amp=100 Volt=16.8　T=0.00	
0011	ARC-OFF ArcEndl PROCESS=0	
0012	●MOVEP PO05(0), 30.00m/min	退避点
0013	●MOVEP PO06(0), 30.00m/min	前进点
0014	●MOVEL PO07(0), 30.00m/min	起焊点
0015	ARC-SET Amp=120 Volt: 18.2 S=0.60	
0016	ARC-ON ArcStartl PROCESS=0	
0017	●MOVEL PO08(0), 30.00m/min	收弧点
0018	CRATER Amp=100 Volt= 16.8 T=0.00	
0019	ARC-OFF ArcEndl PROCESS=0	
0020	●MOVEP PO09(0), 30.00m/min	退避点
0021	●MOVEP PO10(0), 30.00m/min	前进点
0022	●MOVEL PO11 (0), 30.00m/min	起焊点
0023	ARC-SET Amp=120 Volt=18.2 S=0.60	
0024	ARC-ON ArcStartl PROCESS=0	

（续）

程序号	程　　序	注释
0025	●MOVEL PO12(0), 30.00m/min	收弧点
0026	CRATER Amp=100 Volt= 16.8 T=0.00	
0027	ARC-OFF ArcEndl PROCESS=0	
0028	●MOVEP PO13(0), 30.00m/min	退避点
0029	●MOVEP PO14(0), 30.00m/min	前进点
0030	●MOVEL PO15(0), 30.00m/min	起焊点
0031	ARC-SET Amp=120 Volt=18.2 S=0.60	
0032	ARC-ON ArcStartl PROCESS=0	
0033	●MOVEL PO16(0), 30.00m/min	收弧点
0034	CRATER Amp=100 Volt=16.8 T=0.00	
0035	ARC-OFF ArcEndl PROCESS=0	
0036	●MOVEP PO18(0), 30.00m/min	退避点
0037	●MOVEP PO19(0), 30.00m/min	前进点
0038	●MOVEL P020(0), 30.00m/min	起焊点
0039	ARC-SET Amp=100 Volt= 17.4 S=0.30	
0040	ARC-ON ArcStartl PROCESS=0	
0041	●MOVEL P021(0), 30.00m/min	焊接中间点
0042	ARC-SET Amp=100 Volt=17.4 S=0.50	
0043	●MOVEL P022(0), 30.00m/min	调整点
0044	●MOVEL P023 (0), 30.00m/min	调整点
0045	ARC-SET Amp=100 Volt=17.4 S=0.30	
0046	●MOVEL P024(0), 30.00m/min	焊接中间点
0047	ARC-SET Amp=100 Volt=17.4 S=0.50	
0048	●MOVEI. P025 (0) , 30. 00m/min	调整点
0049	●MOVEI. P026(0), 30.00m/min	调整点
0050	ARC-SET Amp=100 Volt=17.4 S=0.30	
0051	●MOVEL P027(0), 30.00m/min	焊接中间点
0052	ARC SET Amp=100 Volt 17.4 S=0.50	
0053	●MOVEL P028(0), 30.00m/m/n	调整点
0054	●MOVEI. P029(0), 30.00m/rain	调整点
0055	ARC-SET Amp=100 Volt=17.4 S=0.30	
0056	●MOVEL P030(0), 30.00m/min	焊接中间点
0057	ARC-SET Amp=100 Volt=17.4 S=0.50	
0058	●MOVEL P031 (0), 30.00m/min	调整点
0059	●MOVEL P032(0), 30.00m/rnin	调整点
0060	ARC-SET Amp=100 Volt=17.4 S=0.30	
0061	●MOVEL P033(0), 30.00m/min	收弧点

（续）

程序号	程　　序	注释
0062	CRATER Amp = 100 Volt = 16.8 T = 0.00	
0063	ARC-OFF ArcEndl PROCESS = 0	
0064	●MOVEP P034(0)，30.00m/min	退避点
0065	●MOVEP P035(0)，30.00m/min	前进点
0066	●MOVEC P036(0)，30.00m/min	起焊点
0067	ARC-SET Amp = 150 Volt = 19.2 S = 0.25	
0068	ARC-ON ArcStartl PROCESS = 0	
0069	●MOVEC P037(0)，30.00m/min	调整点
0070	●MOVEC P038(0)，30.00m/min	调整点
0071	●MOVEC P039(0)，30.00m/min	调整点
0072	●MOVEC P040(0)，30.00m/min	调整点
0073	●MOVEC P041(0)，30.00m/min	调整点
0074	●MOVEC P042(0)，30.00m/min	收弧点
0075	CRATER Amp = 100 Volt = 16.8 T = 0.00	
0076	ARC-OFF ArcEndl PROCESS = 0	
0077	●MOVEP P043(0)，30.00m/min	退避点
0078	●MOVEP P044(0)，30.00m/min	前进点
0079	●MOVEL P045(0)，30.00m/min	起焊点
0080	ARC-SET Amp = 130 Volt = 18.6 S = 0.25	
0081	ARC-ON ArcStartl PROCESS = 0	
0082	●MOVEL P046(0)，30.00m/min	焊接中间点
0083	ARC-SET Amp = 130 Volt = 18.6 S = 0. 35	
0084	●MOVEL P047 (0)，30.00m/min	调整点
0085	●MOVEL P048(0)，30.00m/min	调整点
0086	ARC-SET Amp = 130 Volt = 18.6 S = 0.25	
0087	●MOVEL P049(0)，30.00m/min	焊接中间点
0088	●MOVEL P050(0)，30.00m/min	收弧点
0089	CRATER Amp = 100 Volt = 16.8 T = 0.00	
0090	ARC-OFF ArcEndl PROCESS = 0	
0091	●MOVEP P051(0)，30.00m/min	退避点
0092	●MOVEP P052(0)，30.00m/min	前进点
0093	●MOVEL P053(0)，30.00m/min	起焊点
0094	ARC-SET Amp = 130 Volt = 18.6 S = 0.25	
0095	ARC-ON ArcStartl PROCESS = 0	
0096	●MOVEL P054(0)，30.00m/min	焊接中间点
0097	●MOVEL P055(0)，30.00m/min	焊接中间点

（续）

程序号	程　　序	注释
0098	ARC-SET Amp=130 Volt= 18.6 S=0. 35	
0099	●MOVEL P056(0), 30.00m/min	调整点
0100	●MOVEL P057(0), 30.00m/min	调整点
0101	ARC-SET Amp=130 Volt=18.6 S=0.25	
0102	●MOVEL P058(0), 30.00m/min	焊接中间点
0103	ARC-SET Amp=130 Volt=18.6 S=0. 35	
0104	●MOVEI. P059(0), 30.00m/min	调整点
0105	●MOVEI. P060(0), 30.00m/min	调整点
0106	ARC-SET Amp=130 Volt=18.6 S=0.25	
0107	●MOVEL PO61 (0), 30.00m/min	焊接中间点
0108	●MOVEL P062(0), 30.00m/min	收弧点
0109	CRATER Amp=100 Volt=16.8 T=0.00	
0110	ARC-OFF ArcEndl PROCESS=0	
0111	●MOVEP P063(0), 30.00m/min	退避点
0112	●MOVEP P064(0), 30.00m/min	前进点
0113	●MOVEL P065(0), 30.00m/min	起焊点
0114	ARC-SET Amp=130 Volt=18.6 S=0.25	
0115	ARC-ON ArcStartl PROCESS=0	
0116	●MOVEL P066(0), 30.00m/min	焊接中间点
0117	●MOVEL P067(0), 30.00m/min	焊接中间点
0118	ARC-SET Amp=130 Volt=18.6 S=0.35	
0119	●MOVEL P068 (0), 30.00m/min	调整点
0120	●MOVEL P069(0), 30.00m/min	调整点
0121	ARC-SET Amp=130 Volt=18.6 S=0.25	
0122	●MOVEL P070(0), 30.00m/min	收弧点
0123	CRATER Amp=100 Volt=16.8 T=0.00	
0124	ARC-OFF ArcEnd1 PROCESS=0	
0125	●MOVEP P071(0), 30.00m/min	退避点
0126	●MOVEP P072(0), 30.00m/min	原点或待机点
0127	●MOVEP P073(0), 30.00m/min	空间安全点
0128	●MOVEP P074(0), 30.00m/min	前进点
0129	●MOVEL P075(0), 30.00m/min	起焊点
0130	ARC-SET Amp=130 Volt=18.6 S=0.25	
0131	ARC-ON ArcStartl PROCESS=0	
0132	●MOVEL P076(0), 30.00m/min	焊接中间点
0133	●MOVEL P077(0), 30.00m/min	收弧点

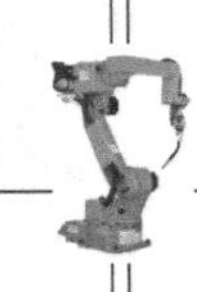

（续）

程序号	程　　序	注释
0134	CRATER Amp=100 Volt=16.8 T=0.00	
0135	ARC-OFF Arcgndl PROCESS=0	
0136	●MOVEP P078(0)，30.00m/min	退避点
0137	●MOVEP P079(0)，30.00m/min	前进点
0138	●MOVEL P080(0)，30.00m/min	起焊点
0139	ARC-SET Amp=130 Volt=18.6 S=0.25	
0140	ARC-ON ArcStartl PROCESS=0	
0141	●MOVEL P081(0)，30.00m/min	焊接中间点
0142	●MOVEL P082(0)，30.00m/min	收弧点
0143	CRATER Amp=100 Volt=16.8 T=0.00	
0144	ARC-OFF Arcgndl PROCESS=0	
0145	●MOVEP P083(0)，30.00m/min	退避点
0146	●MOVEP P084(0)，30.00m/min	原点或待机点
	●End of Program	

4. 焊接效果

1）立向下焊接效果如图 5-8 所示。

2）上盖板板对接效果如图 5-9 所示。

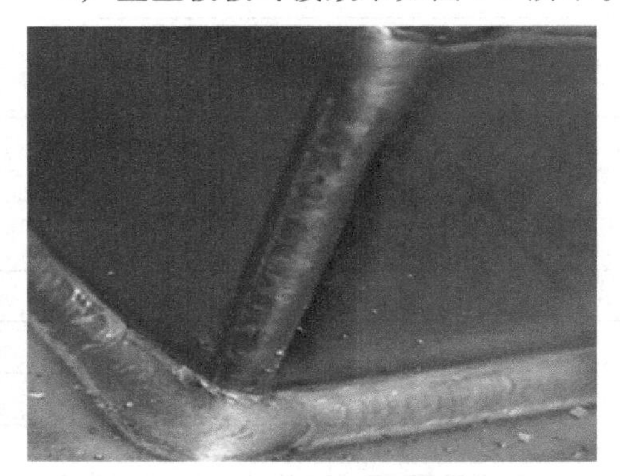

图 5-8　立向下焊接效果

图 5-9　上盖板板对接效果

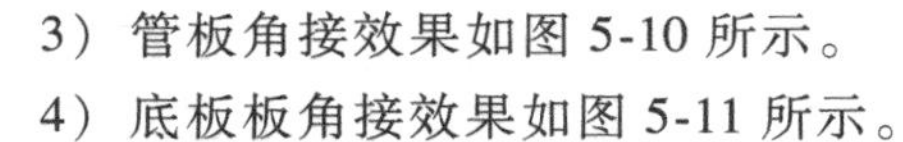

3）管板角接效果如图 5-10 所示。

4）底板板角接效果如图 5-11 所示。

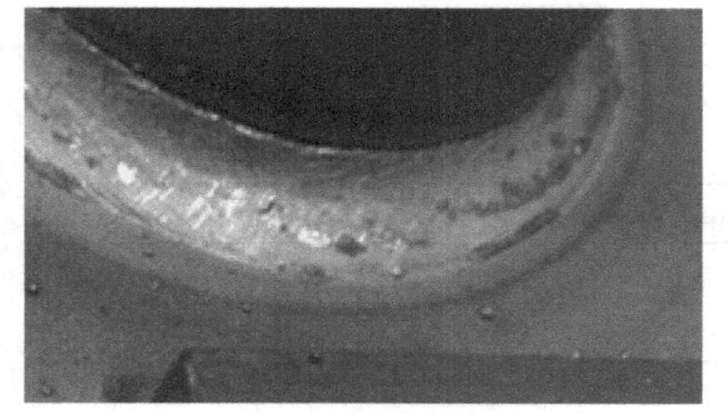

图 5-10　管板角接效果

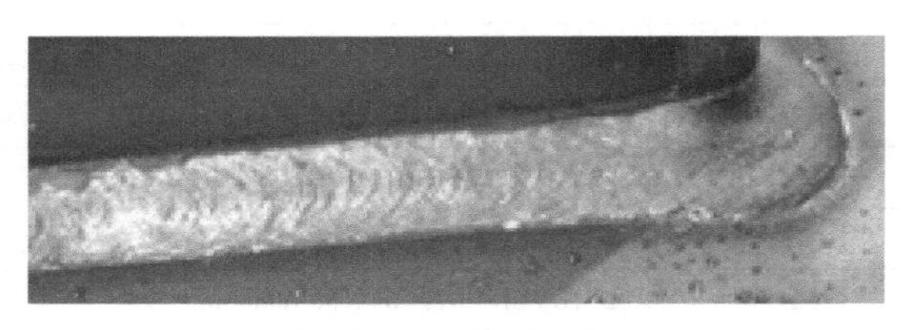

图 5-11　底板板角接效果

5）底板板对接效果如图 5-12 所示。

a) 正面成形

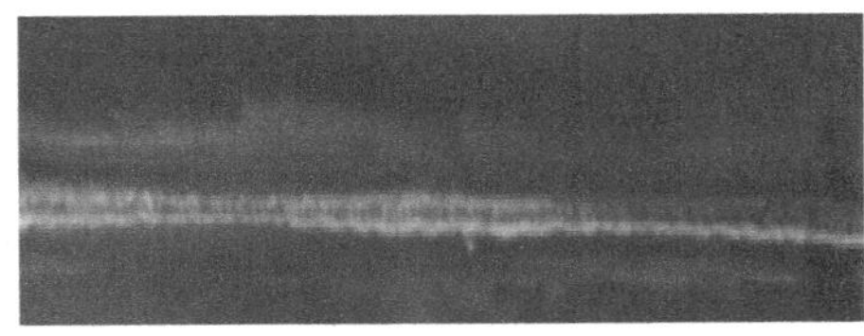

b) 背面成形

图 5-12 底板板对接效果

二、汽车侧围焊件

1. 汽车侧围

（1）焊件结构 汽车侧围结构如图 5-13 所示。

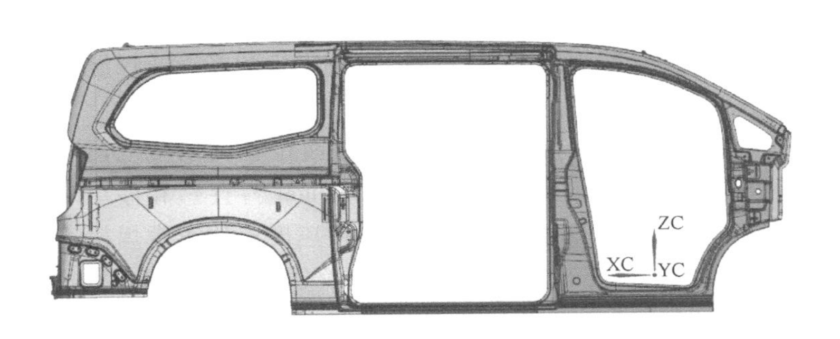

a) 产品结构图

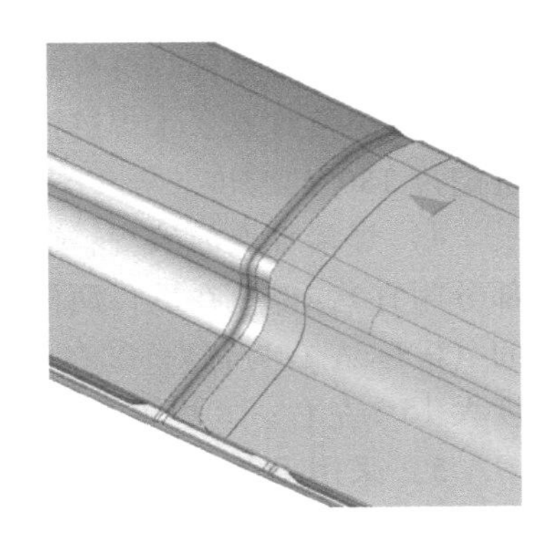

b) 焊缝接头三维图

图 5-13 汽车侧围结构

（2）焊件材料 Q235 钢。

（3）接头形式 搭接接头，如图 5-14 所示。

（4）焊接位置 水平、立焊位置。

（5）技术要求

1）采用 Ar 作为保护气体进行焊接；焊丝牌号为 CuSi3Mn，直径为 1.2mm；手动操作机器人结合 PLC 控制完成焊接作业。

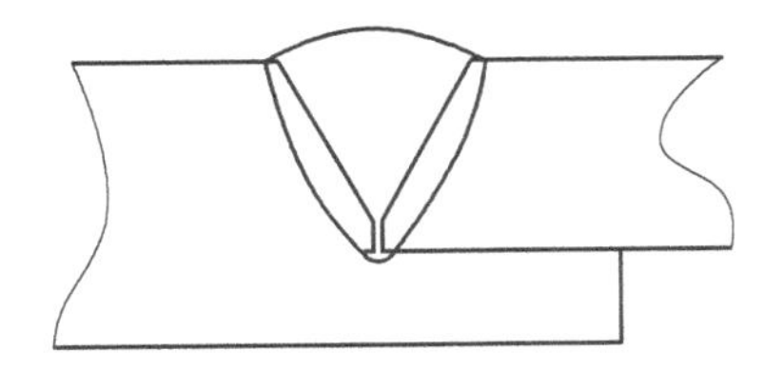

图 5-14 搭接接头

2）焊缝质量要求。

① 外观质量要求。焊缝外观质量要求见表 5-5。

表 5-5 焊缝外观质量要求

检查项目	标准值/mm	检查项目	标准值/mm
焊缝余高	0~1.5	焊透现象	无
焊缝高低差	0~1.0	正面焊缝凹陷	无
焊缝宽度	8~10	错边量	0~1.0
焊缝宽窄差	0~1.0	表面气孔	无
咬边	深度≤0.5,长度≤10.0	焊缝正面外观成形	焊缝均匀整齐,成形美观

② 内部质量要求。焊缝内部质量按 DIN ISO 90001/VDA 6.4 的要求。

2. 弧焊机器人焊接工艺分析

（1）材料焊接性　焊件材料为 Q235 钢，属于常用低碳钢，焊接性好。

（2）汽车侧围下料成形、装配的影响及措施

1）下料成形、装配的影响应根据焊件结构并结合具体生产条件，合理选用下料、成形加工工艺及装配方法。否则，易造成零件产生变形或尺寸偏差而影响装配质量。

2）下料措施。选用压力机进行下料成形加工，易保证零件尺寸要求。注意按工艺文件要求检验零件，以保证零件质量。

3）装配措施。选用合适的胎架进行装配，严格按要求控制装配间隙，注意胎夹具的正确使用与保养，以保证零件装配质量。

（3）焊件的焊接难点及编程

1）该焊件采用机器人示教盒完成示教编程和焊接参数设置，然后由外部 PLC 控制焊接信号进行焊接作业。

2）重点是保证焊缝外观及内部质量。

3）焊接难点：①焊缝润湿角应平滑过渡；②焊缝多部位转折点应连接顺畅；③焊缝轨迹超过 180°的跨度。

4）焊接难点的编程；①编程时应控制电弧摆动轨迹在熔池中的过渡位置（以熔池前半部分为宜），以及在坡口两侧的停留位置（以在坡口边缘以内 0.8～1.0mm 为宜）和停留时间（0.6s 左右为宜）；②在焊缝多部位转折处，合理设置轨迹点，焊接速度应比正常焊接速度大 15%左右；③焊枪在该轨迹上需要实时变换姿态，并且应细分多段分别设置焊接参数。

5）采用手动操作机器人加接触传感和坡口检测技术完成焊接作业。

3. 机器人编程

（1）设备选择

1）机器人：M-10iA 机器人本体，R-30iB Mate 控制柜。

2）焊接电源：TPS4000CMT。

（2）示教运动轨迹及焊接轨迹　采用机器人示教盒完成编程、示教运动轨迹，其示教运动轨迹如图 5-15 所示，主要由按照工件焊缝接头形状形成的示教点组成。

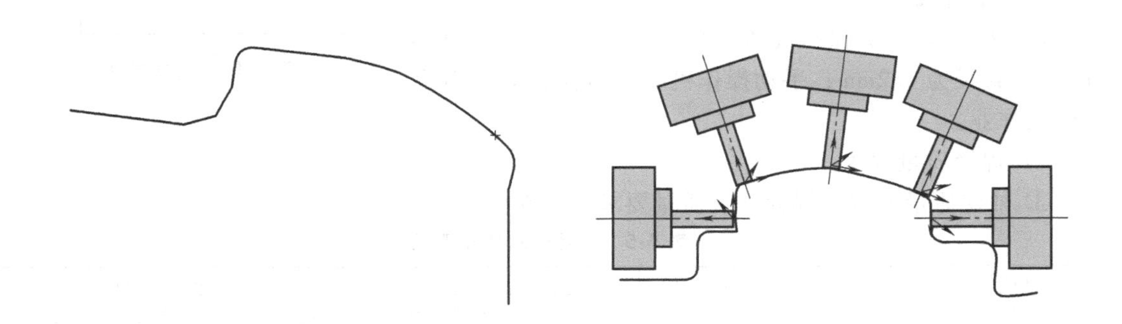

图 5-15　示教运动轨迹

(3) 焊接参数设置 汽车侧围的焊接参数见表 5-6。

表 5-6 汽车侧围的焊接参数

JOB 号	焊接电流 /A	焊接电压 /V	焊接速度 /(mm/min)	运枪方式	摆幅 /mm	摆动停留时间 /s	气体流量 /(L/min)
1	108	10.3	500	正弦波形	1.0	0.060	10~15
2	98	9.6	460	正弦波形	1.0	0.060	10~15

(4) 焊接程序 汽车侧围的机器人焊接参数见表 5-7。

表 5-7 汽车侧围的机器人焊接参数

程序号	程 序	注 释
●	Begin of Program	
0001	REF MNU 0	
0002	REF SLS 20	
0003	TOOL = 1:TOOL01	
0004 ●	MOVEP P001 (0), 30.00m/min	原点或待机位置点
0005 ●	MOVEP P002 (0), 30.00m/min	前进点
0006 ●	MOVEP P003 (0), 30.00m/min	坡口传感检测开始点
0007	SLS TCH 1,0,0 , 0, 0, 0.00,0,G.-Detec...	
0008 ●'	MOVEP P004 (0), 30.00m/min	坡口传感点
0009 ●	MOVEP P005 (1), 30.00m/min	退避点
0010 ●	MOVEP P006 (1), 30.00m/min	前进点
0011 ●	MOVEP P007 (1), 30.00m/min	坡口传感检测开始点
0012	SLS TCH 2,0,,0 , 0, 0, 0.00,1,G.-Detec...	
0013 ●	MOVEP P008(1), 30.00m/min	坡口传感点
0014 ●	MOVEP P009(2), 30.00m/min	退避点
0015 ●	MOVEP P010(2), 30.00m/min	前进点
0016	MULTISTART WLD # 1	
0017 ●	MOVEP P011(2), 30.00m/min	循环开始点
0018 ●	MOVEL P012 (1) , 30.00m/min	起焊点
0019	MNU WLD # 1 A = 108 V = 10.3 S = 0.10	
0020	ARC-ON PROCESS= 0	
0021 ●	MOCEL P013 (2), 30. 00m/min	收弧点
0022	CRATER AMP = 98 VOLT =9.6 T = 0.00	
0023	ARC-OFF ArcEnd1 PROCESS = 0	
0024 ●	MOVEP P014 (2), 30.00m/min	循环结束返还点
0025	MULTIEND	
0026 ●	MOVEL P015(2), 30.00m/min	退避点
0027 ●	MOVEP P016 (0), 30.00m/min	原点或待机位置点

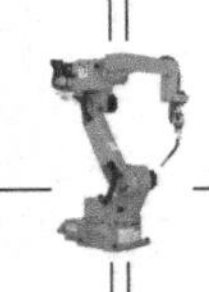

4. 焊接效果

汽车侧围的焊接效果如图 5-16 所示。

图 5-16 汽车侧围的焊接效果

第二节 中厚板焊件的机器人焊接工艺及编程

低碳钢中厚板焊件的机器人焊接工艺及编程比薄板焊件复杂。本节选择典型的低碳钢中厚板焊件，对其机器人焊接工艺进行分析，了解影响焊接质量的因素，学会正确设置焊接轨迹点，选择合适的焊接参数、焊枪角度和姿态等控制焊接质量。

一、油箱焊件

1. 油箱

(1) 焊件结构和尺寸 油箱的结构和尺寸如图 5-17 所示。

(2) 焊件材料 Q235A 钢。

(3) 接头形式 角接 I 形坡口，三边角接点。

(4) 焊接位置 平、立位置焊接。

(5) 技术要求

1) 采用 (18% CO_2 + 82% Ar) 混合气体作为保护气体进行焊接；焊丝牌号为 H08Mn2SiA，直径为 1.2mm。

2) 焊缝质量要求。焊缝外观质量要求见表 5-8。

表 5-8 焊缝外观质量要求

检查项目	标准值/mm	检查项目	标准值/mm
焊缝余高	0~1	未焊透	无
焊缝高低差	0~1	背面焊缝凹陷	无
焊缝宽度	7~8	错边量	0~1
焊缝宽窄差	0~1	角变形	0°~5°
咬边	深度≤0.5,长度≤15	焊缝正、背面外观成形	波纹均匀整齐,焊缝成形良好

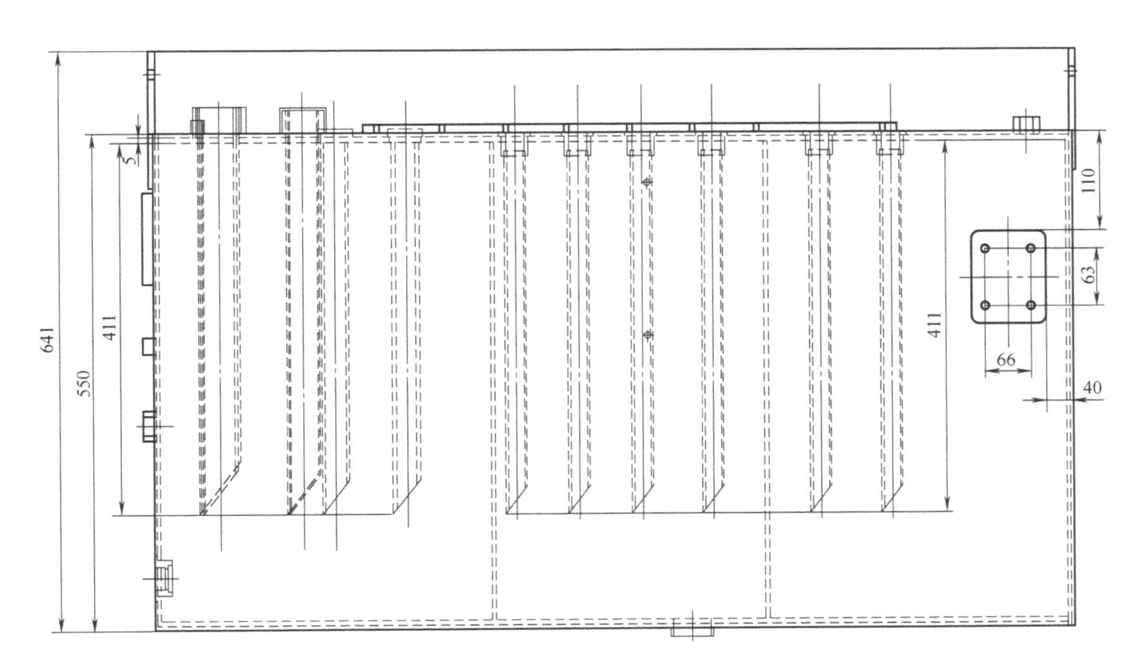

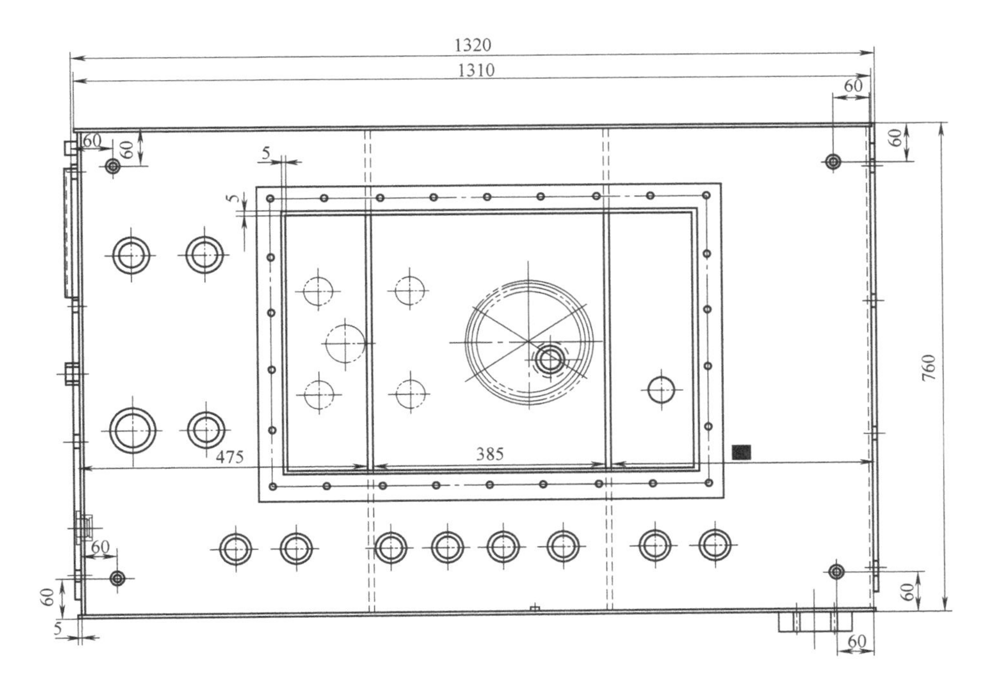

图 5-17 油箱的结构和尺寸

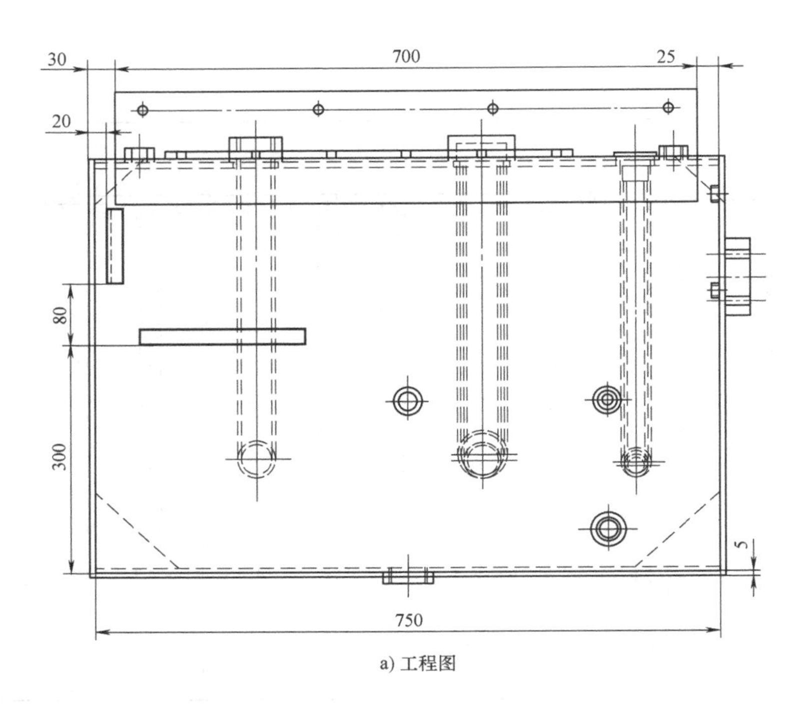

a) 工程图

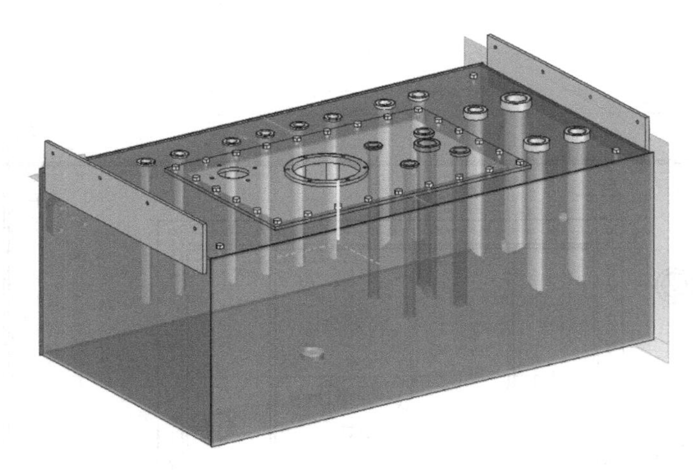

b) 三维图

图 5-17　油箱的结构和尺寸（续）

2. 弧焊机器人焊接工艺分析

（1）材料焊接性　焊件材料为 Q235A 钢，属于常用低碳钢，焊接性好。

（2）油箱下料成形、装配的影响及措施

1）下料成形、装配的影响。下料选用剪板机，成形选用折边机时，若定位挡板使用不当，则容易使零件产生变形或尺寸偏差，从而影响装配质量；如果装配顺序及方法不合适，则会产生变形或造成间隙大而直接影响装配质量。

2）下料措施。油箱焊件应根据产量并结合具体生产条件，合理选用下料、成形加工及

装配方法。如果选用压力机进行下料、成形加工，则容易保证零件尺寸符合要求；如果下料采用剪板机、成形选用折边机，则必须选择合适的定位挡板配合使用，并严格按照工艺文件的要求进行操作。

3）装配措施。选用合适的胎架进行装配，严格按要求控制装配间隙，注意胎夹具的正确使用与保养，以保证零件装配质量。

（3）油箱的焊接难点及其编程

1）采用手动操作机器人加接触传感和坡口检测技术完成机器人焊接作业。

2）焊接难点：①需要一道形成焊脚高度为4mm且焊缝余高不高于1mm的焊缝；②三边交汇的角接头易产生未焊透、未熔合等缺陷；③立角接头长700mm，向下焊时熔融金属有向下流淌的趋势，易产生未熔合、未焊透等缺陷。

3）焊接难点的编程：①在示教编程过程中，必须提前对枪头与工件两侧之间的距离进行详细测量，而且测量时必须选择专用的测量工具，以保证示教编程效果；②对于三边交汇的90°转角接头，编程时应设置合适的焊接轨迹点、焊接参数及焊枪角度；③立角接头向下焊在编程时要结合熔融金属向下流淌的规律分段设置轨迹点，并选择合适的焊接参数及焊枪角度来控制熔融金属向下流淌。

4）油箱的焊接位置为平、立焊位置，板材厚度为5mm，选用单层单道焊。

3. 机器人编程

（1）设备选择

1）机器人品牌：机器人选择Kr6arc，控制系统选择KR4C。

2）焊接电源：EWM PHOENIX 522。

（2）示教运动轨迹及焊接轨迹　油箱焊接的示教运动轨迹如图5-17所示，主要由编号为①~⑳的20个示教点组成。

1）原点为HOME点，它应处于与工件、夹具不干涉的位置，焊枪姿态一般为45°（相对于*X*轴）。

2）①点⑳点为过渡点（前进点或退避点），也要处于与工件、夹具不干涉的位置，焊枪轴线与工件之间的夹角为45°，并与焊缝待焊方向垂直。

3）②点⑲点为立焊的引弧点和熄弧点，焊枪轴线与工件之间的夹角为45°，并与焊缝待焊方向垂直，枪头与工件两侧的距离为2.5mm。

4）③~⑤点与⑯~⑱点为立焊缝转为平焊缝的拐点。③点、⑱点的焊枪姿态应与②点⑲点保持一致，且枪头与工件两侧的距离为2.5mm；④点、⑰点处焊枪轴线与工件之间的夹角为45°且与*A*面成约135°的夹角，枪头与工件两侧的距离为3mm；⑤点、⑯点为平焊缝起始点，焊枪轴线与工件之间的夹角为45°并与焊缝待焊方向垂直，枪头与工件两侧的距离为2.5mm。

5）⑥~⑩点与⑪~⑮点为平焊缝拐点。其中⑥点⑮点应与⑤点⑯点的焊枪姿态保持一致，且枪头与工件两侧的距离为2.5mm；⑦点⑭点与⑨点⑫点为焊枪姿态转变点，在这些点处将调整焊枪轴线与待焊方向之间的角度，以便完成90°转角，其焊枪姿态为焊枪轴线与工件之间的夹角为45°并与焊缝待焊方向成约120°（60°）的夹角，且枪头与工件两侧的距离为3mm；⑧点、⑬点为拐点中点，此时焊枪处于拐点位置，焊枪轴线与工件之间的夹角为45°并与焊缝待焊方向成约135°的夹角（焊枪正对拐点），且枪头与工件两侧的距离为

3mm；⑩点、⑪点的焊枪姿态保持不变，焊枪轴线与工件之间的夹角为45°并与焊缝待焊方向垂直，且枪头与工件两侧的距离为2.5mm。

6）背面的焊接方式及焊枪角度均与正面相同。

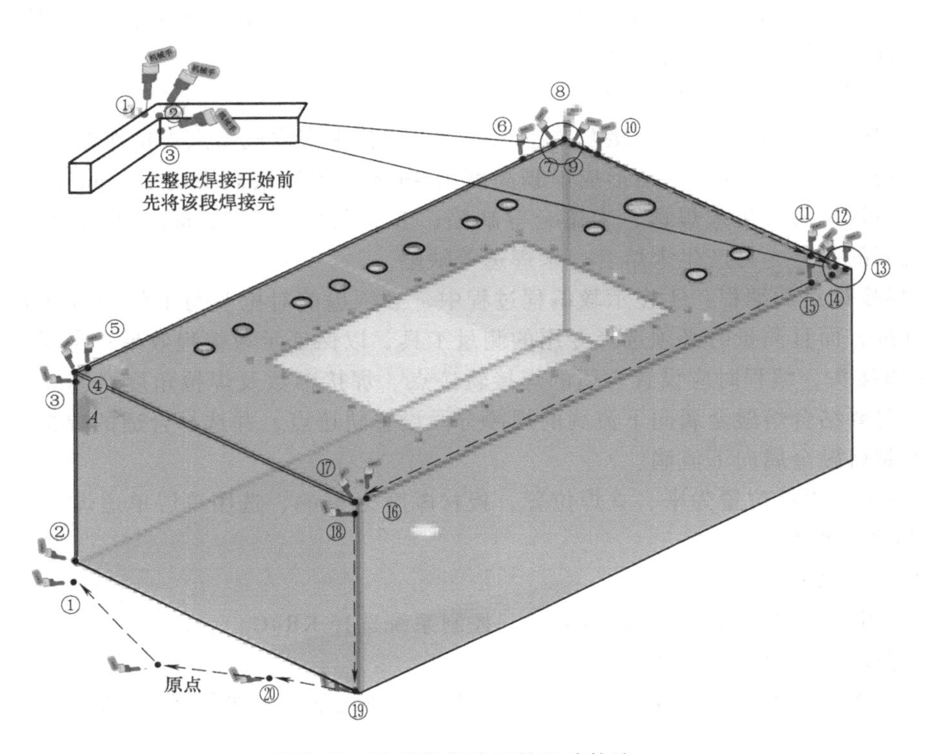

图 5-18　油箱焊接的示教运动轨迹

（3）焊接参数设置　焊接参数见表5-9。

表 5-9　油箱的焊接参数

焊接位置	送丝速度 /(m/min)	焊接速度 /(mm/min)	运枪方式	摆动停留时间 /s	气体流量 /(L/min)
立焊直段	3.6	380	三角形	0.1	15~20
立焊③→④	3.8	360	三角形	0.1	15~20
平焊④→⑤	3.8	360	三角形	0.1	15~20
平焊直段	3.6	380	三角形	0.1	15~20
平焊⑥→⑦	3.5	380	三角形	0.1	15~20
平焊⑦→⑧	3.6	320	三角形	0.1	15~20
平焊⑧→⑨	3.4	350	三角形	0.1	15~20
平焊⑨→⑩	3.6	320	三角形	0.1	15~20
平焊直段	3.6	380	三角形	0.1	15~20
平焊⑪→⑫	3.5	380	三角形	0.1	15~20
平焊⑫→⑬	3.6	320	三角形	0.1	15~20
平焊⑬→⑭	3.4	350	三角形	0.1	15~20

（续）

焊接位置	送丝速度 /(m/min)	焊接速度 /(mm/min)	运枪方式	摆动停留时间 /s	气体流量 /(L/min)
平焊⑭→⑮	3.6	320	三角形	0.1	15~20
平焊直段	3.6	380	三角形	0.1	15~20
平焊⑯→⑰	3.8	360	三角形	0.1	15~20
立焊⑰→⑱	3.8	360	三角形	0.1	15~20
立焊直段	3.6	380	三角形	0.1	15~20

（4）焊接程序　油箱的焊接程序见表 5-10。

表 5-10　油箱的焊接程序

程序号	程　序	注　释
●	Begin of Program	
0001	INI	
0002	PTP HOME Vel=30% DEFAULT	HOME 点
0003	LIN P1 Vel=0.3m/s CPDAT1 TOOL[1]:TCP1 Base[0]	安全点
0004	ARCON WDAT1 PTP P2 Vel=30% CPDAT1 TOOL[1]:TCP1 Base[0]	引弧点
0005	ARCSWI WDAT2 LIN P3 Vel=30% CPDAT2 TOOL[1]:TCP1 Base[0]	立焊结束点
0006	ARCSWI WDAT3 LIN P4 Vel=30% CPDAT3 TOOL[1]:TCP1 Base[0]	立焊平焊转变点
0007	ARCSWI WDAT4 LIN P5 Vel=30% CPDAT4 TOOL[1]:TCP1 Base[0]	平焊开始点
0008	ARCSWI WDAT5 LIN P6 Vel=30% CPDAT5 TOOL[1]:TCP1 Base[0]	平焊结束点
0009	ARCSWI WDAT6 LIN P7 Vel=30% CPDAT6 TOOL[1]:TCP1 Base[0]	平焊转角开始点
0010	ARCSWI WDAT7 LIN P8 Vel=30% CPDAT7 TOOL[1]:TCP1 Base[0]	平焊转角点
0011	ARCSWI WDAT8 LIN P9 Vel=30% CPDAT8 TOOL[1]:TCP1 Base[0]	平焊转角结束点
0012	ARCSWI WDAT9 LIN P10 Vel=30% CPDAT9 TOOL[1]:TCP1 Base[0]	平焊开始点
0013	ARCSWI WDAT10 LIN P11 Vel=30% CPDAT10 TOOL[1]:TCP1 Base[0]	平焊结束点
0014	ARCSWI WDAT11 LIN P12 Vel=30% CPDAT11 TOOL[1]:TCP1 Base[0]	平焊转角开始点
0015	ARCSWI WDAT12 LIN P13 Vel=30% CPDAT12 TOOL[1]:TCP1 Base[0]	平焊转角点
0016	ARCSWI WDAT13 LIN P14 Vel=30% CPDAT13 TOOL[1]:TCP1 Base[0]	平焊转角结束点
0017	ARCSWI WDAT14 LIN P15 Vel=30% CPDAT14 TOOL[1]:TCP1 Base[0]	平焊开始点
0018	ARCSWI WDAT15 LIN P16 Vel=30% CPDAT15 TOOL[1]:TCP1 Base[0]	平焊结束点
0019	ARCSWI WDAT16 LIN P17 Vel=30% CPDAT16 TOOL[1]:TCP1 Base[0]	立焊平焊转变点
0020	ARCSWI WDAT17 LIN P18 Vel=30% CPDAT17 TOOL[1]:TCP1 Base[0]	立焊开始点
0021	ARCOFF WDAT18 LIN P19 CPDAT18 TOOL[1]:TCP1 Base[0]	收弧点
0022	LIN P20 Vel=0.3m/s CPDAT19 TOOL[1]:TCP1 Base[0]	安全点
0023	PTP HOME Vel=30% DEFAULT	HOME 点

4. 焊接效果

1）直段焊缝（立、平焊）如图 5-19 所示。

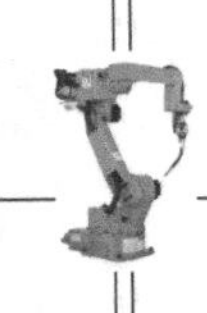

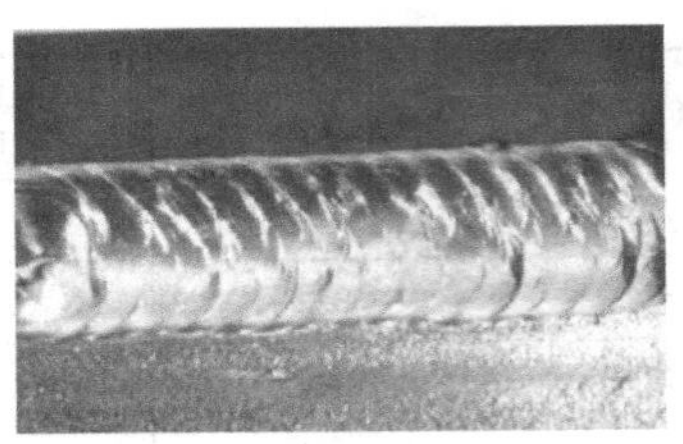

a) 立焊

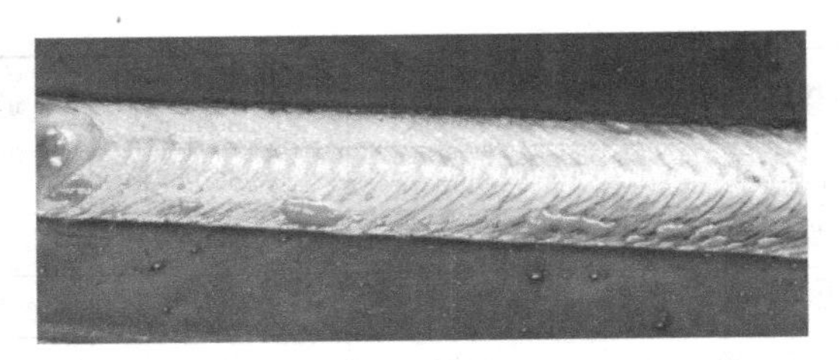

b) 平焊

图 5-19 直段焊缝

2）拐角焊缝如图 5-20 所示。

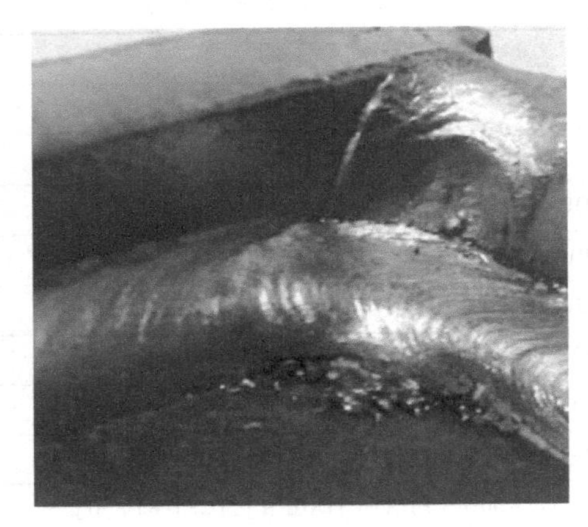

图 5-20 拐角焊缝

二、铁塔塔脚焊件

1. 铁塔塔脚

（1）焊件结构和尺寸 铁塔塔脚的结构和尺寸如图 5-21 所示。

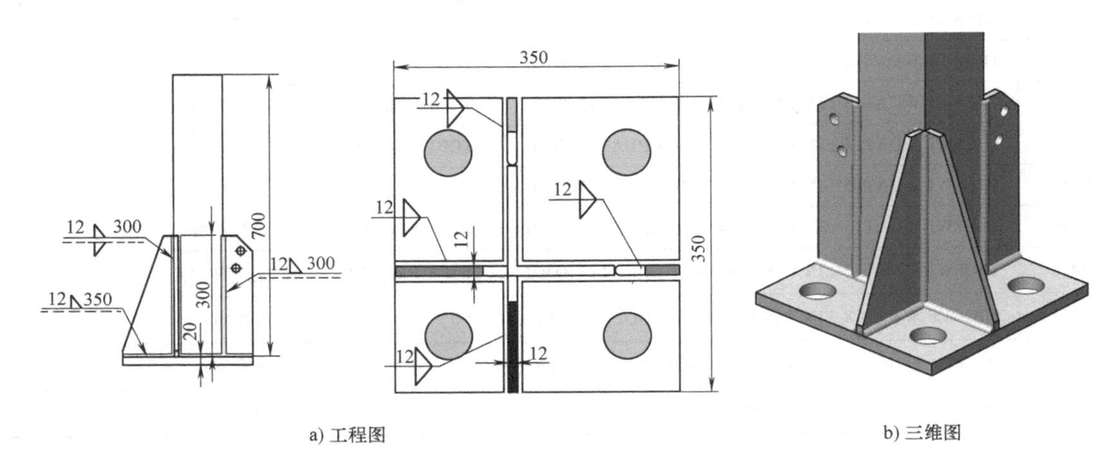

a) 工程图

b) 三维图

图 5-21 铁塔塔脚的结构和尺寸

（2）焊件材料 Q345 钢。

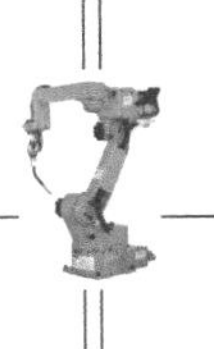

（3）接头形式　对接，T形角接。

（4）焊接位置　水平位置对接焊缝，船形位置平角焊缝。

（5）技术要求

1）采用（18% CO_2+82% Ar）混合气体作为保护气体进行焊接；焊丝牌号为ER50-6，直径为1.2mm；通过手动操作机器人和旋转-倾斜双轴变位机编程，结合摆动焊接技术完成焊接作业。

2）焊缝质量要求。

① 外观质量要求。焊缝外观质量要求参照GB/T 2694—2010《输电线路铁塔制造技术条件》，见表5-11。

表5-11　焊缝外观质量要求

检查项目	标准值/mm	检查项目	标准值/mm
未焊满	无	表面夹渣	无
根部收缩	无	咬边	深度≤0.5，长度≤15
表面气孔	无	焊缝余高	0~3.0
裂纹	无	焊缝错边	≤1.8

② 内部质量要求。焊缝内部质量按GB/T 11345—2013《焊缝无损检测　超声检测技术、检测等级和评定》中焊接接头射线照相缺陷评定达Ⅱ级以上为合格。

2. 弧焊机器人焊接工艺分析

（1）材料焊接性　焊件材料为Q345低合金高强度结构钢，其碳含量及合金元素含量均较低，因此总体焊接性良好。但是，焊接过程中如果工艺选择不当，也会存在产生焊接热影响区脆化、热应变脆化及焊接裂纹的倾向。

（2）铁塔塔脚焊件下料、装配的影响及措施

1）下料、装配的影响。铁塔塔脚焊件的下料方法若选择不当，则会产生尺寸偏差或变形而影响装配质量；若装配方法选择不当，则会导致装配效率低或引起装配尺寸偏差，从而影响焊接质量。

2）下料措施。考虑选用数控切割下料，这样能保证零件加工符合装配质量的要求，可节省材料、提高效率。

3）装配措施。选用胎架进行装配可保证装配质量，提高装配效率。应注意胎夹具的正确使用及日常维护与保养。

（3）焊件的焊接难点及其编程

1）焊接重点：保证焊缝外观及内部质量。

2）焊接难点：①对接交叉角焊缝易产生未熔合、气孔、收弧凹坑或凸出等缺陷；②交叉T形角焊缝易产生堆高、脱节、未熔合、气孔等缺陷。

3）焊接难点的编程：使用旋转-倾斜双轴变位机将对接焊缝接头调整到水平位置，将T形角接头调整到船形焊位置；合理安排焊接顺序，控制焊接变形。

① 与T形角焊缝相交的平对接焊缝端引弧/收弧时，应分别选择合适的焊接电流及停留时间。

② 焊接底板交叉T形角焊缝时，将立角焊缝变位至船形焊位置，焊接方向为由外向内

焊至90°转角处再外焊，各层焊缝的焊接方向交叉进行，引弧/收弧时应分别选择合适的焊接电流及停留时间。

4）除底层焊缝焊接不摆动外，其余各层采用直线摆动插补方式。

3. 机器人编程

（1）设备选择

1）机器人：安川 MA1400 本体，DX100 控制柜，如图 5-22 所示。

2）焊接电源：凯尔达 KE500。

（2）焊接参数设置　铁塔塔脚的焊接参数见表5-12。

（3）焊接程序　铁塔塔脚的焊接程序见表 5-13。

图 5-22　机器人焊接系统

表 5-12　铁塔塔脚的焊接参数

JOB 号	焊接电流/A	焊接电压/V	焊接速度/(mm/min)	运枪方式	摆幅/mm	摆动停留时间/s	气体流量/(L/min)
1	300	32.5	200	"之"字形	2	0.5	10~15
2	350	35	200	"之"字形	3	0.5	10~15

表 5-13　铁塔塔脚的焊接程序

程序号	程　序	注　释
1	NOP	起始行
2	MOVJ VJ=50.00	起始点
3	MOVJ VJ=50.00	中间点 1
4	MOVL V=200.0	引弧点
5	WVON WEV#(1)	摆动功能文件 1 开启
6	ARCON ASF#(1)	引弧
7	MOVL V=30.0	收弧点
8	ARCOF AEF#(1)	收弧
9	WVOF	摆动功能关闭
10	MOVL V=200.0	中间点 2
11	MOVJ VJ=50.00	中间点 3
	…	其余 3 条水平对接焊缝接头焊接程序
12	MOVJ VJ=50.00	中间点 13
13	MOVL V=200.0	引弧点
14	WVON WEV#(2)	摆动功能文件 2 开启
15	ARCON ASF#(2)	引弧
16	MOVL V=30.0	收弧点
17	ARCOF AEF#(2)	收弧
18	WVOF	摆动功能关闭

（续）

程序号	程 序	注 释
19	MOVL V=200.0	中间点 14
20	MOVJ VJ=50.00	中间点 15
	…	其余 10 条平角焊缝接头船形焊程序
21	END	程序结束行

4. 焊接效果

铁塔塔脚的机器人焊接效果如图 5-23 所示。

图 5-23 铁塔塔脚的机器人焊接效果

三、密闭容器焊件（中国焊接协会机器人培训基地比赛试件）

1. 密闭容器

（1）焊件结构和尺寸图 密闭容器的结构和尺寸如图 5-24 所示。

（2）零件清单

底板 1：500mm（长）×400mm（宽）×12mm（厚），共一块。

立板 2：89mm（上宽）×204.5mm（下宽）×200mm（高）×10mm（厚），共一块。

立板 3：200mm（长）×99mm（宽）×10mm（厚），共一块。

立板 4：200mm（长）×99 mm（宽）×10 mm（厚），共一块（200mm 长的任意一边开 30°坡口，不留钝边）。

立板 5：圆弧管，将 ϕ219mm×10mm 的钢管割开一半即可，344mm（外弧长）×200mm（高）×10mm（厚），共 1 块（200mm 高的两直边开 30°外坡口，不留钝边）。

侧板 6：198mm（上宽）×313.5mm（下宽）×200mm（高）×10mm（厚），共一块（200mm 高的直边开 30°坡口，不留钝边）。

斜立板 7：231mm（长）×99mm（宽）×10mm（厚），共一块。

管 8：ϕ60mm（外径）×5mm（厚）×60mm（长），共一件。

盖板 9：共一件。

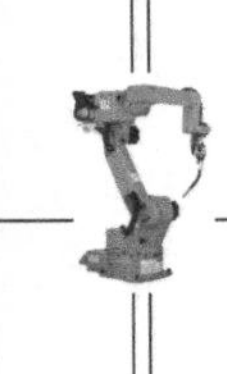

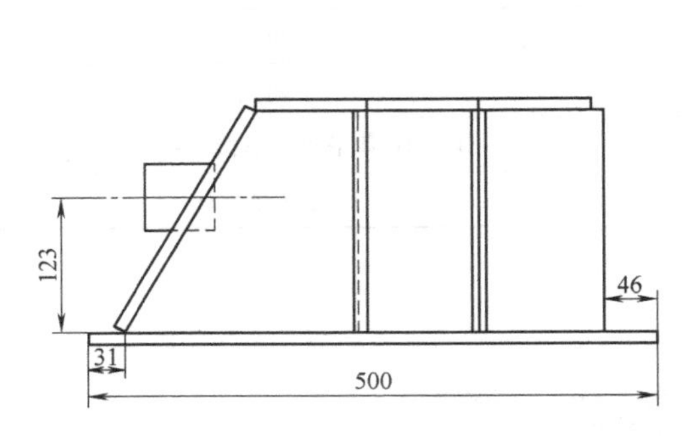

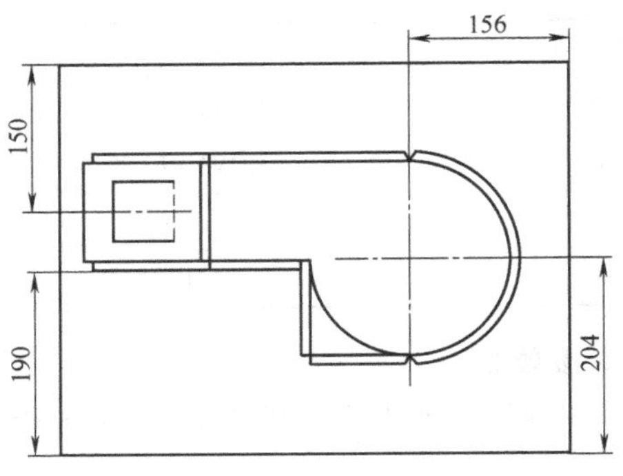

a) 工程图

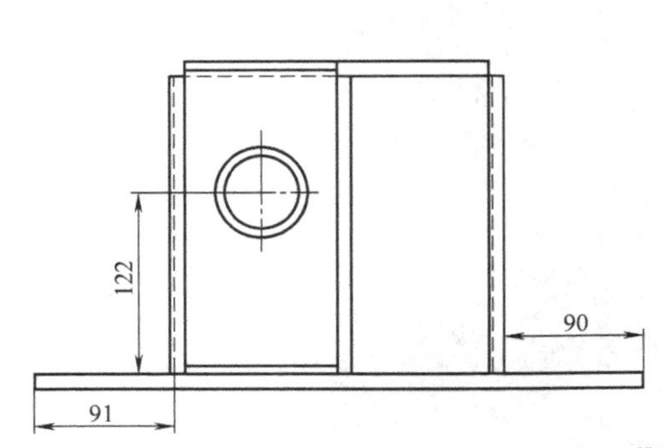

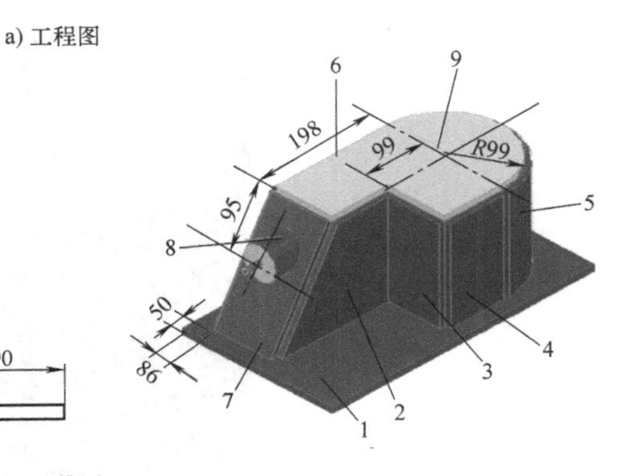

b) 三维图

图 5-24　密闭容器的结构和尺寸

1—底板　2、3、4、5—立板　6—侧板　7—斜立板　8—管　9—盖板

（3）焊件材料　Q235A 钢。

（4）接头形式　平角焊缝、对接焊缝、角接立焊缝、管板全位置焊缝。

（5）焊接位置　水平位置、竖直位置、全位置。

（6）技术要求

1）采用（20% CO_2+80% Ar）混合气体作为保护气体进行焊接；焊丝牌号为 AWS ER70-6，直径为 1.2mm；采用手动操作机器人加接触传感和坡口检测技术完成焊接作业。

2）焊缝质量要求。

① 外观质量要求。焊缝外观质量要求见表 5-14～表 5-17。

表 5-14　底板上平角焊缝外观质量要求　（单位：mm）

检查项目	焊脚高度 K_1	焊脚高度 K	焊缝宽窄差	焊缝脱节	咬边	焊缝外观成形
要求	10～11	10～11	≤0.5	≤1	0	成形美观

表 5-15　h=10mm 角端接焊缝外观质量要求　（单位：mm）

检查项目	焊缝厚度	焊缝宽度	焊缝宽窄差	焊缝脱节	咬边	焊缝外观成形
要求	9～11	14～15	≤0.5	≤1	0	成形美观

表 5-16　管板焊接角焊缝外观质量要求　　（单位：mm）

检查项目	焊脚高度 K_1	焊脚高度 K	焊缝宽窄差	焊缝脱节	咬边	焊缝外观成形
要求	5~6	5~6	≤0.5	≤1	0	成形美观

表 5-17　立对接焊缝外观质量要求　　（单位：mm）

检查项目	焊缝余高	焊缝余高差	焊缝宽度	焊缝宽窄差	咬边	焊缝外观成形
要求	0~1	≤0.5	14~15	≤0.5	0	成形美观

② 内部质量要求。容器水压检测：将压力为 0.3MPa 的水充入容器内检测应无泄漏。

2. 弧焊机器人焊接工艺分析

（1）材料焊接性　焊件材料为 Q235A 钢，属于常用低碳钢，焊接性较好。

（2）焊件下料、装配的影响及措施

1）下料、装配的影响。密闭容器零件的下料方法若选用不当，则会引起尺寸偏差或产生变形而影响装配质量；若装配方法选择不当，则会导致装配效率低或引起装配尺寸偏差，从而影响焊接质量。

2）下料措施。考虑选用数控切割下料，以保证零件加工符合装配质量要求，节省材料、提高效率。

3）装配措施。选用磁性装配定位器可保证装配质量，提高装配效率。应注意磁性装配定位器的正确使用及日常维护和保养。

（3）焊件的焊接难点及其编程

1）焊接重点：保证焊缝外观及内部质量。

2）焊接难点及其编程。

① 考虑机器人焊接的可达性。由于该焊件有多条立焊缝，因此在摆放焊件时应将立焊缝多的一面面向机器人本体，以便于机器人姿态的调整。

② 对于拐点处三边角焊缝交汇的接点，要考虑焊道宽度的变化，既要保证焊脚高度达到相应标准的要求，也要保证拐点处焊缝质量良好，避免出现未焊透和未熔合等缺陷。另外，拐点处焊枪的转动角度为 90°，操作上存在很大的困难。操作要点：立焊根部避免出现焊瘤，用小线段代替圆弧，焊枪的姿态要正确。

③ 长度超过 200mm 的立焊缝容易出现焊宽不一致、咬边、焊瘤、收弧裂纹等缺陷。由于立焊位置焊缝处熔融金属有向下流淌的趋势，立焊缝整体应保持混合气体向上的趋势；在立焊缝焊接过程中，需要对焊枪姿态进行调整，以保证焊缝的质量与成形。

④ 焊接顺序的选择。机器人焊接路径的规划原则是刚性要好，尽量减少空行程，若刚性不足，则应采用对称焊接以减小焊接变形。由于该焊件包含了多条立焊缝与上下环焊缝，施焊时应考虑焊件的装配间隙以及立焊缝在三角交汇处的超出高度。对环焊缝施焊时，无论是沿顺时针方向还是逆时针方向焊接要考虑装配间隙与三角交汇处的距离，应使焊接顺序先经过装配间隙再经过三角交汇处，以保证焊透。

⑤ 管板全位置焊接容易出现焊宽不一致、咬边等缺陷，操作要点是狭小空间适当分段，选择不同的焊接参数。

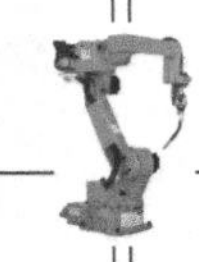

3）机器人焊接方式的选择（如单层焊接、多层焊接、多层多道焊接等）。根据焊件要求，采用手动操作机器人的方式完成焊接。由于焊件厚度为10mm，故应采用多层多道焊接，不仅要考虑质量、成本和效率（编程、焊接）三方面的平衡，还要进行焊接层数分析，包括焊缝的外观尺寸、线能量等。同时也要考察多层多道焊接指令的应用效果。

3. 机器人编程

（1）设备选择

1）机器人品牌：机器人选择FANUC M-10iA，控制系统选择KR4C。

2）焊接电源：麦格米特Artsen PM400N。

（2）示教运动轨迹　手动操作机器人进行编程和焊接，其示教运动轨迹如图5-25所示，主要由编号为①~⑱的78个示教点组成。

1）原点为HOME点，它应处于与工件、夹具不干涉的位置，焊枪姿态一般为45°（相对于 X 轴）。

2）①、②、⑥、⑦、⑫、⑯、⑰、㉑、㉕、㉙、㉚、㊱~㊳点为安全点（用于姿态调整及避免与工件相撞），这些点应处于与工件、夹具不干涉的位置，焊枪角度根据具体焊接要求而定。

3）⑧点为焊枪快速靠近点，其作用是在未焊接时提高焊枪的移动速度，节约时间。

4）③、⑨、⑬、⑱、㉒、㉖点为立焊引弧点，焊枪轴线与工件之间的夹角为30°左右，以保证熔池在重力作用下保持一定的形状，焊枪轴线与焊缝待焊方向垂直，枪头与工件两侧的距离为2.5mm。

5）④、⑩、⑭、⑲、㉓、㉗点和⑤、⑪、⑮、⑳、㉔、㉘点分别为立焊的姿态调整点和收弧点，由于立焊方向是由下而上，当下部焊缝成形后应增加焊枪轴线与工件之间的夹角，一般在90°左右，以保证上部焊缝的成形效果。焊枪轴线与焊缝待焊方向垂直，枪头与工件两侧的距离为2.5mm。

6）㊳、㊼点和㊾、⑰点分别为平焊缝的引弧点和收弧点，焊枪轴线与工件之间的夹角为45°并与焊缝待焊方向垂直，枪头与工件两侧的距离为2.5mm。

7）㊴~㊻点为上部平焊缝拐点。其中㊳、㊴点，㊶、㊷点，㊷、㊸点，㊸、㊹点，㊹、㊺点，㊺、㊻点，㊽、㊾点和㊻、㊼点分别为直焊缝的起点与终点；㊴~㊶点，㊻~㊽点，㊾~51点，52~54点，54~56点依次为圆弧过渡的起点、拐点和终点。圆弧过渡的起点和终点为焊枪姿态转变点，在这些点处将调整焊枪轴线与待焊方向之间的角度以便实现90°转角，焊枪轴线与工件之间的夹角为45°并与焊缝待焊方向成约120°（60°）的夹角，且枪头与工件两侧的距离为3mm。在圆弧过渡的拐点处，焊枪处于拐点位置，其轴线与工件之间的夹角为45°并与焊缝待焊方向成约135°的夹角（焊枪正对拐点），且枪头与工件两侧的距离为3mm。直焊缝焊接时焊枪姿态保持不变，焊枪轴线与工件之间的夹角为45°并与焊缝待焊方向垂直，且枪头与工件两侧的距离为2.5mm。需要说明的是，在㊷~㊺点处需要采用多条短直线命令过渡转角，这是因为该转角为三道焊缝的交汇处，转角处焊道宽度将变大，若处理不当，则极易出现未焊透等缺陷。

8）60~76点为下部平焊缝的拐点。其中59、60点，62、63点，65、66点，68、69点，71、72点，76、77点分别为直焊缝的起点与终点；60~63点，63~65点，66~68点，69~71点，72~74点，74~76点依次为圆弧过渡的起点、拐点和终点。其焊接方式和焊枪角度均与

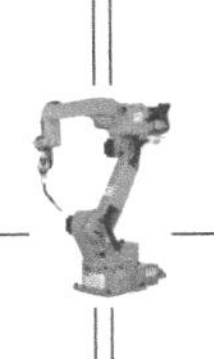

上部平焊缝相同。

9）㉛~㉟点为管板焊缝拐点，其中㉛~㉝点，㉝~㉟点依次为圆弧过渡的起点、拐点、终点。为保证管板焊缝成形质量，应根据实际工件的装配情况，在每个拐点处仔细调整焊枪角度。

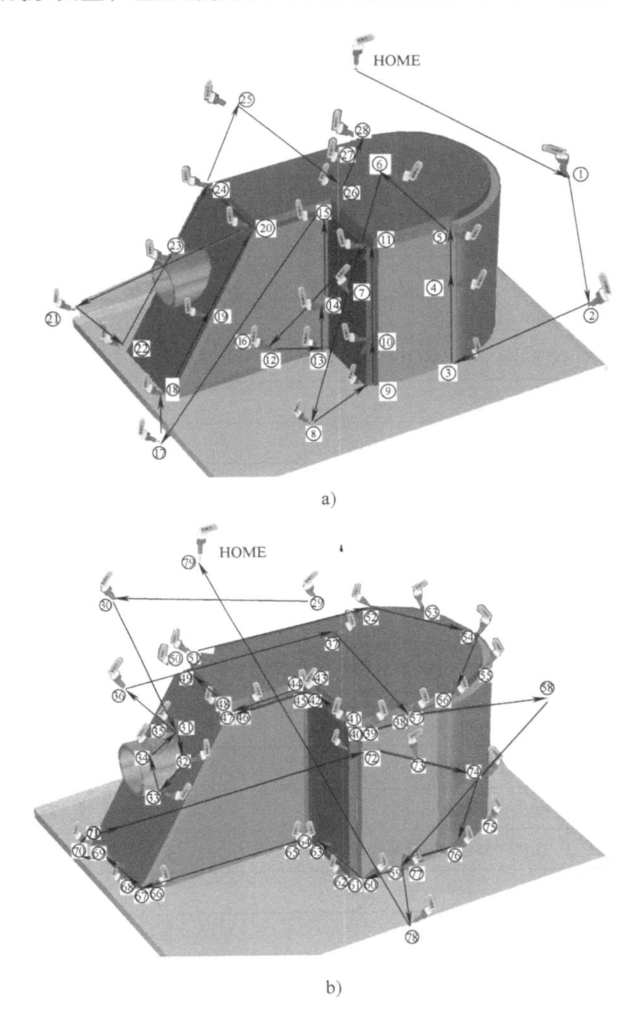

a)

b)

图 5-25 密闭容器机器人焊接示教运动轨迹

（3）焊接参数设置 密闭容器的焊接参数见表 5-18。

表 5-18 密闭容器的焊接参数

焊缝位置	焊接电流/A	焊接电压/V	焊接速度/(m/min)	运枪方式	摆幅/mm	摆动停留时间/s	气体流量/(L/min)
底角	220	17.2	0.25	正弦	5.1	左 0.04，右 0.65	15~17
上盖	190	16	0.2	正弦	3	0.2	15~17
立向上	145	14	0.11	正弦	5	0.35	15~17
斜边	145	14	0.15	正弦	5	左 0.25，右 0.6	15~17
管板	190	14	0.28	正弦	3	0.2	15~17
斜上横	175	16	0.18				15~17

（4）焊接程序　密闭容器的焊接程序见表5-19。

表5-19　密闭容器的焊接程序

程序号	程　序	注释
1	J　P[1]　20% CNT100	安全点
2	J　P[2]　20% CNT100	安全点
3	L　P[3]　500cm/min　FINE	引弧点
	Weld　Start　E1[1, 5.00Volts, 145.Amps, E0]	
4	WAIT　2.50s	
5	Weave　Since [1.0Hz, 5.0mm, 0.350s]	
6	L　P[4]　9cm/min　CNT100	立焊姿态调整点
7	L　P[5]　11cm/min　CNT100	立焊结束点
8	Weld　end　E1[1, 5.00Volts, 80.0Amps, 1.5s]	
9	Weave　End	
10	WAIT　1.00s	
11	J　P[6]　20%　CNT100	安全点
12	J　P[7]　20%　CNT100	安全点
13	L　P[8]　800cm/min　CNT100	快速靠近点
14	L　P[9]　500cm/min　FINE	引弧点
	Weld　Start　E1[1, 5.00Volts, 145.0Amps, E0]	
15	WAIT　2.50s	
16	Weave　Since [1.0Hz, 5.0mm, 0.350s, 0.350s]	
17	L　P[10]　10cm/min　CNT100	立焊姿态调整点
18	L　P[11]　11cm/min　FINE	立焊结束点
19	Weld　end　E1[1, 5.00Volts, 80.0Amps, 1.5s]	
20	Weave　End	
21	WAIT　1.00s	
22	J　P[12]　20%　CNT100	安全点
23	L　P[13]　500cm/min　FINE	引弧点
	Weld　Start　E1[1, 5.00Volts, 145.0Amps, E0]	
24	WAIT　2.50s	
25	Weave　Since [1.2Hz, 5.0mm, 0.250s, 0.350s]	
26	L　P[14]　13cm/min　CNT100	立焊姿态调整点
27	L　P[15]　15cm/min　FINE	立焊结束点
28	Weld　End　E1　[1, 5.00Volts, 80.0Amps, 1.5s]	
29	Weave End	
30	WAIT 1.00s	
31	J　P[16] 20% CET100	安全点
32	J　P[17] 20% CET100	安全点

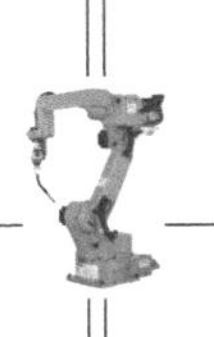

（续）

程序号	程　　序	注释
33	L　P[18]　500cm/min　FINE	引弧点
	Weld　Start　E1[1, 5.00Volts, 145.0Amps, E0]	
34	WAIT 2.00s	
35	Weave Sine [1.2Hz, 5.0mm, 0.600s, 0.250s]	
36	L　P[19]　13cm/min　CNT100	立焊姿态调整点
37	L　P[20]　15cm/min　FINE	立焊结束点
38	Weld　End　E1　[1, 5.00Volts, 80.0Amps, 1.5s]	
39	Weave End	
40	WAIT 1.00s	
41	J　P[21] 20% CET100	安全点
42	L　P[22]　500cm/min　FINE	引弧点
	Weld　Start　E1[1, 5.00Volts, 145.0Amps, E0]	
43	WAIT 2.00s	
44	Weave Sine [1.4Hz, 5.2mm, 0.300s, 0.300s]	
45	L　P[23]　14cm/min　CNT100	立焊姿态调整点
46	L　P[24]　16cm/min　FINE	立焊结束点
47	Weld　End　E1　[1, 5.00Volts, 80.0Amps, 1.5s]	
48	Weave End	
49	WAIT 1.00s	
50	J　P[25] 20% CET100	安全点
51	L　P[26]　500cm/min　FINE	引弧点
	Weld　Start　E1[1, 5.00Volts, 165.0Amps, E0]	
52	WAIT 2.50s	
53	Weave Sine [1.0Hz, 5.5mm, 0.350s, 0.350s]	
54	L　P[27]　12cm/min　CNT100	立焊姿态调整点
55	L　P[28]　14cm/min　FINE	立焊结束点
56	Weld　End　E1　[1, 5.00Volts, 100.0Amps, 1.8s]	
57	Weave End	
58	WAIT　1.00s	
59	J　P[29] 20% CET100	安全点
60	J　P[30] 20% CET100	安全点
61	L　P[31]　500cm/min　FINE	引弧点
	Weld　Start　E1[1, 5.00Volts, 190.0Amps, E0]	
62	Weave Sine [1.2Hz, 3.2mm, 0.200s, 0.200s]	
63	C　P[32]	圆弧辅助点
	P[33]　18cm/min　CNT100	过渡点
64	C　P[34]	圆弧辅助点

（续）

程序号	程　　序	注释
	P[35]　28cm/min　FINE	熄弧点
65	Weld　End　E1　[1, 5.00Volts, 190.0Amps, 0.1s]	
66	Weld　End	
67	WAIT 1.00s	
68	J　P[36] 20% CET100	安全点
69	J　P[37] 20% CET100	安全点
70	L　P[38]　500cm/min　FINE	引弧点
	Weld Start　E1[1, 5.00Volts, 175.0Amps, E0]	
71	WAIT .35s	
72	Weave Sine [1.2Hz, 5.0mm, 0.200s, 0.500s]	
73	L　P[39]　20cm/min　CNT100	过渡点
74	C　P[40]	圆弧辅助点
	P[41]　18cm/min　CNT100	过渡点
75	L　P[42]　20cm/min　CNT100	过渡点
76	L　P[43]　19cm/min　CNT100	过渡点
77	Weld Start　E1[1, 5.00Volts, 230.0Amps, E0]	
78	L　P[44]　23cm/min　CNT100	过渡点
79	Weld Start　E1[1, 5.00Volts, 175.0Amps, E0]	
80	L　P[45]　19cm/min　CNT100	过渡点
81	L　P[46]　20cm/min　CNT100	过渡点
82	C　P[47]	圆弧辅助点
	P[48]　18cm/min　CNT100	过渡点
83	L　P[49]　16cm/min　CNT100	过渡点
84	C　P[50]	圆弧辅助点
	P[51]　18cm/min　CNT100	过渡点
85	L　P[52]　19cm/min　CNT100	过渡点
86:	C　P[53]	圆弧辅助点
	P[54]　19cm/min　CNT100	过渡点
87	C　P[55]	圆弧辅助点
	P[56]　19cm/min　CNT100	过渡点
88	L　P[57]　20cm/min　FINE	收弧点
89	Weld　End　E1　[1, 5.00Volts, 200.0Amps, 1.2s]	
90	Weave End	
91	WAIT　1.00s	
92	J　P[58]　20cm/min　CNT100	安全点
93	L　P[59]　500cm/min　FINE	引弧点
	Weld Start　E1[1, 5.00Volts, 150.0Amps, E0]	

（续）

程序号	程　　序	注释
94	WAIT .30s	
95	Weave Sine [1.2Hz, 5.1mm, 0.040s, 0.650s]	
96	L　P[60]　16cm/min CNT100	过渡点
97	C　P[61]	圆弧辅助点
	P[62]　15cm/min　CNT100	过渡点
98	L　P[63]　16cm/min CNT100	过渡点
99	Weld Start　E1[1, 5.00Volts, 220.0Amps, E0]	
100	Weave Sine [1.2Hz, 9.0mm, 0.0s, 0.0s]	
101	C　P[64]	圆弧辅助点
	P[65]　15cm/min　CNT100	过渡点
102	Weld Start　E1[1, 5.00Volts, 150.0Amps, E0]	
103	Weave Sine [1.2Hz, 5.1mm, 0.040s, 0.650s]	
104	L　P[66]　16cm/min CNT100	过渡点
105	C　P[67]	圆弧辅助点
	P[68]　15cm/min　CNT100	过渡点
106	Weave Sine [1.2Hz, 405mm, 0.060s, 0.500s]	
107	L　P[69]　16cm/min　CNT100	过渡点
108	Weave Sine [1.2Hz, 5.1mm, 0.040s, 0.650s]	
109	C　P[70]	圆弧辅助点
	P[71]　15cm/min　CNT100	过渡点
110	L　P[72]　16cm/min　CNT100	过渡点
111	C　P[73]	圆弧辅助点
	P[74]　16cm/min　CNT100	过渡点
112	C　P[75]	圆弧辅助点
	P[76]　16cm/min　CNT100	过渡点
113	L P[77]　16cm/min　FINE	收弧点
114	Weld　End　E1　[1, 5.00Volts, 200.0Amps, 1.5s]	
115	Weld　End	
116	WAIT 1.00s	
117	J　P[78] 20% CET100	安全点
118	J　@P[79] 20% CET100	HOME 点
	[End]	程序结束

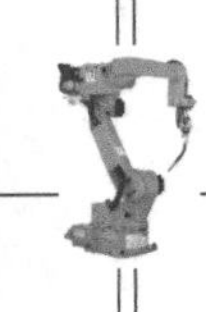

4. **焊接效果**（图 5-26）

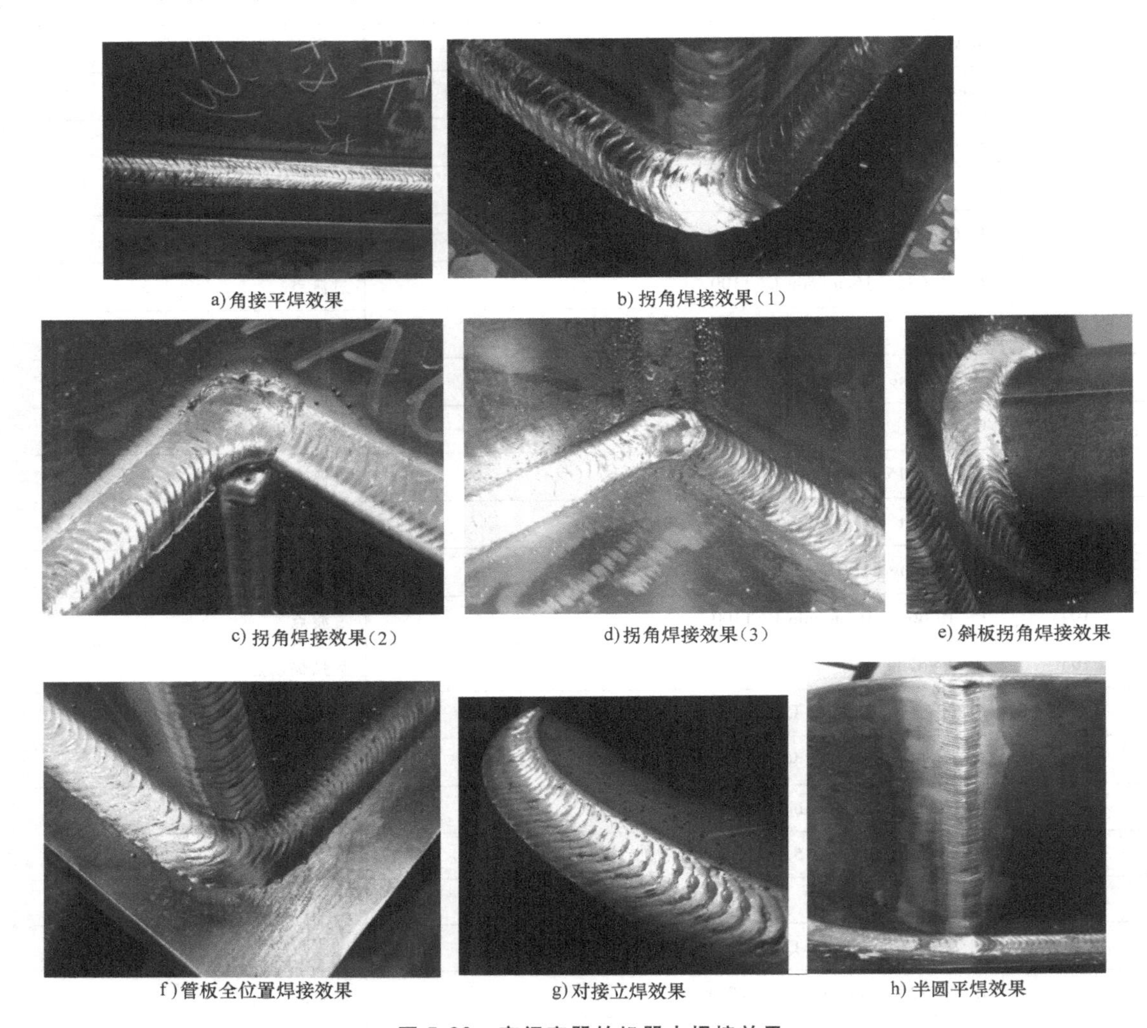

a) 角接平焊效果　b) 拐角焊接效果（1）　c) 拐角焊接效果（2）　d) 拐角焊接效果（3）　e) 斜板拐角焊接效果　f) 管板全位置焊接效果　g) 对接立焊效果　h) 半圆平焊效果

图 5-26　密闭容器的机器人焊接效果

5. **总结**

机器人焊接质量首先取决于操作人员的焊接质量意识，其次取决于机器人自身的精度、弧焊包的功能、原材料质量、下料精度、组对精度、工装夹具的合理设计、焊接参数与焊接运行轨迹的匹配等。密闭容器焊件采用手动操作机器人完成焊接，整体效果良好。但是，由于在示教及编程过程中对焊接参数的设置和匹配尚有欠缺，而且对焊枪枪头与板两侧距离的测量存在一定误差，在焊接过程中观察到以下问题：①焊缝三角交汇处仍有一定问题，立焊结束点有焊瘤出现；②焊缝某些部分余高偏大；③焊缝拐角处焊枪转变问题仍然存在。

第三节　其他金属焊件的机器人焊接工艺及编程

不锈钢、铝合金各具有良好的性能，能满足许多产品的使用及工艺要求，因此，工业上

大量产品的材料都选用了不锈钢、铝合金。对于这些材料，为了提高产品的焊接质量和效率，普遍应用弧焊机器人进行焊接。本节主要以具体案例学习应用弧焊机器人焊接不锈钢、铝合金产品，根据不锈钢、铝合金的特性，选择合适的焊接参数、焊枪角度、焊枪姿态来控制焊接质量。

一、不锈钢壳体焊件

1. 不锈钢壳体

(1) 焊件结构　不锈钢壳体的结构如图 5-27 所示。

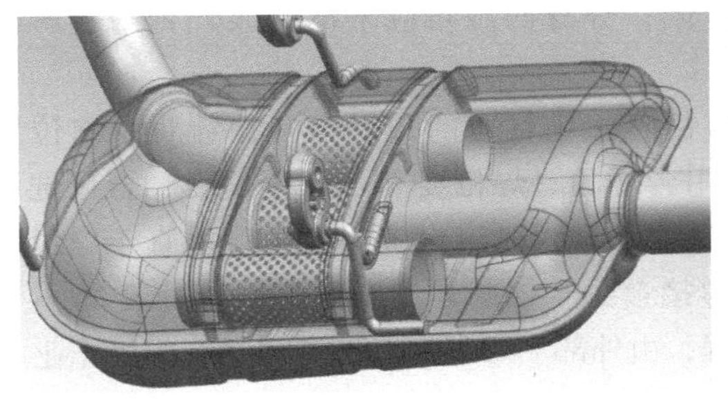

a) 产品结构图

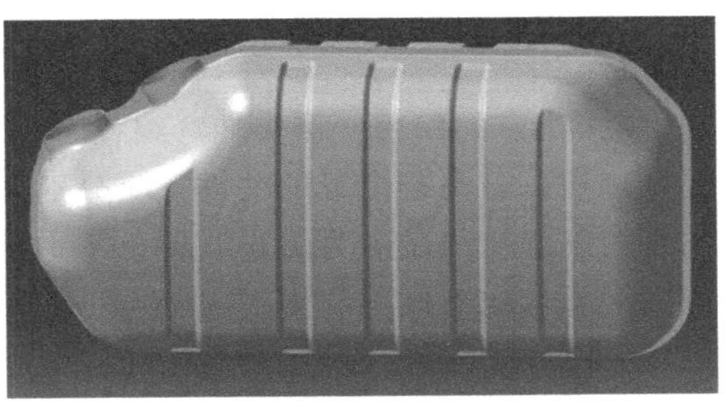

b) 焊缝分布图

图 5-27　不锈钢壳体的结构

(2) 焊件材料　409SS 不锈钢。

(3) 接头形式　卷边接头，如图 5-28 所示。

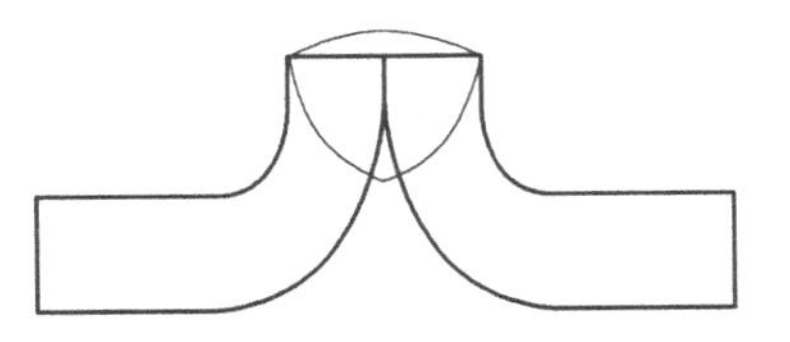

图 5-28　卷边接头

(4) 焊接位置　水平位置焊接。

(5) 技术要求

1) 采用 $Ar+CO_2$ 混合气体作为保护气体进行焊接；焊丝牌号为 308LSi，直径为 1.2mm。

2) 焊缝质量要求。

① 外观质量要求。焊缝外观质量要求见表 5-20。

表 5-20　焊缝外观质量要求

检查项目	标准值/mm	检查项目	标准值/mm
焊缝余高	1.0~1.5	焊透	无
焊缝高低差	0~1.0	正面焊缝凹陷	无
焊缝宽度	3~5	错边量	0~1.5
焊缝宽窄差	0~1.0	表面气孔	无
咬边	深度≤0.5,长度≤10.0	焊缝正面外观成形	焊缝均匀整齐,成形美观

② 内部质量要求。做 0.3MPa 水压试验，不允许变形、漏水。

2. 弧焊机器人焊接工艺分析

(1) 材料焊接性　材料为 409SS 铁素体型不锈钢，焊接性较好。但该材料的热导率较低碳钢小，散热慢，编程时应适当选用小焊接电流、快焊速。

(2) 不锈钢壳体下料、装配的影响及措施

1) 下料成形、装配的影响。根据焊件的材料及结构，如果所选用的下料、成形加工方

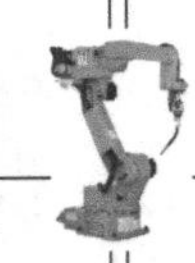

法不当，则易使零件产生变形或尺寸偏差而影响装配质量；如果选用的装配方法不当，则会引起装配尺寸产生偏差而影响装配质量。

2）下料措施。选用压力机进行下料和成形加工，易保证零件尺寸符合要求，并可明显提高生产率。

3）装配措施。选用合适的胎架进行装配，易保证装配质量及装配效率。应严格按要求控制装配间隙，并注意胎夹具的正确使用与保养，以保证零件装配质量。

（3）焊件的焊接难点及其编程

1）焊接重点：保证水压试验合格及焊缝外观质量。

2）焊接难点：接头转弯多变位，易产生缺陷；焊缝润湿角应平滑过渡，否则会影响焊缝外观质量。

3）焊接难点的编程：接头转弯编程时，应注意接头转弯的关键位置，针对关键位置设置焊接轨迹点。各关键位置的关键点应分别选用合适的、焊枪姿态、焊枪角度，合理选用焊接参数，控制焊接质量。为防止润湿角不平滑过渡，编程时应设置焊枪角度垂直于焊缝，在焊接方向上垂直向后倾斜约10°，并合理选择焊接参数，控制焊缝润湿角平滑过渡。

4）手动操作机器人完成运动轨迹及示教编程，由外部PLC控制焊接信号进行焊接作业。

3. 机器人编程

（1）设备选择

1）机器人：M-10iA 机器人本体、R-30iB Mate 控制柜。

2）焊接电源：TPS4000CMT。

（2）示教运动轨迹　采用机器人示教盒完成编程、示教运动轨迹，由变位机协同变位。不锈钢壳体焊接的示教运动轨迹如图5-29所示，主要由按照工件焊缝接头形状形成的示教点组成。

图5-29　不锈钢壳体焊接的示教运动轨迹

（3）焊接参数设置　不锈钢壳体的焊接参数见表5-21。

表5-21　不锈钢壳体的焊接参数

JOB号	焊接电流/A	焊接电压/V	焊接速度/(mm/min)	运枪方式	摆幅	摆动停留时间/s	气体流量/(L/min)
1	143	10.2	1000	直线	0	0	10~15
2	136	9.8	1200	圆弧	0	0	10~15

（4）焊接程序　不锈钢壳体的焊接程序见表5-22。

表5-22　不锈钢壳体的焊接程序

	TEST:Program Weld	S:0001
0001	NOP	起始行
0002	CALL　HOME	基准点程序
0003	MOVJ　V=30.00	空间点，姿态任意
0004	MOVJ　V=30.00	空间点，姿态任意
0005	MOVL　V=800 PL=0	引弧点，姿态垂直于工件

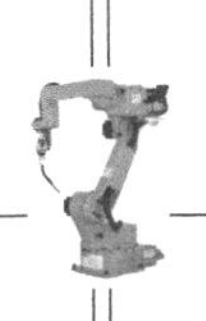

（续）

	TEST:Program Weld	S:0001
0006	ARCON ASF#(1)	引弧指令,JOB Mole,job1
0007	TIMER T=0.2	等待指令,0.2s
0008	SMOVL V=120 +MOVJ	焊接轨迹,直线行走加外部轴协同
0009	ARCON ASF#(2)	切换至 job2
0010	SMOVC V=100 +MOVJ	焊接轨迹,圆弧行走加外部轴协同
0011	SMOVC V=100 +MOVJ	焊接轨迹,圆弧行走加外部轴协同
0012	SMOVC V=100 +MOVJ	焊接轨迹,圆弧行走加外部轴协同
0013	ARCOF ASF#(2)	收弧指令,JOB Mole,job2
0014	SMOVJ V=30.00 +MOVJ	空间点
0015	MOVL V=800 +MOVJ PL=0	引弧点,姿态垂直于工件
0016	ARCON ASF#(1)	引弧指令,JOB Mole,job1
0017	TIMER T=0.2	等待指令,0.2s
0018	SMOVL V=120 +MOVJ	焊接轨迹,直线行走加外部轴协同
0019	ARCON ASF#(2)	切换至 job2
0020	SMOVC V=100 +MOVJ	焊接轨迹,圆弧行走加外部轴协同
0021	SMOVC V=100 +MOVJ	焊接轨迹,圆弧行走加外部轴协同
0022	SMOVC V=100 +MOVJ	焊接轨迹,圆弧行走加外部轴协同
0023	ARCON ASF#(1)	切换至 job1
0024	SMOVL V=120 +MOVJ	焊接轨迹,直线行走加外部轴协同
0025	ARCON ASF#(2)	切换至 job2
0026	SMOVC V=100 +MOVJ	焊接轨迹,圆弧行走加外部轴协同
0027	SMOVC V=100 +MOVJ	焊接轨迹,圆弧行走加外部轴协同
0028	SMOVC V=100 +MOVJ	焊接轨迹,圆弧行走加外部轴协同
0029	ARCON ASF#(1)	切换至 job1
0030	SMOVL V=120 +MOVJ PL=0	焊接轨迹,直线行走加外部轴协同
0031	ARCOF ASF#(1)	收弧指令,JOB Mole,job1
0032	TIMER T=0.3	等待指令,0.3s
0033	MOVJ V=30.00	空间点,姿态任意
0034	MOVJ V=30.00	空间点,姿态任意
0035	CALL HOME	基准点程序
0036	END	程序结束行

4. 焊接效果

不锈钢壳体的机器人焊接效果如图 5-30 所示。

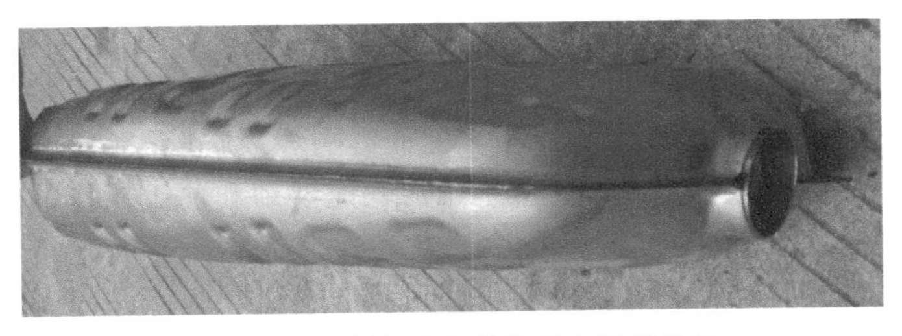

图 5-30　不锈钢壳体的机器人焊接效果

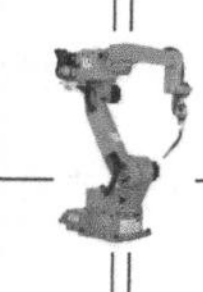

二、铝门框焊件

1. 铝门框

(1) 焊件结构　铝门框的结构如图 5-31 所示。

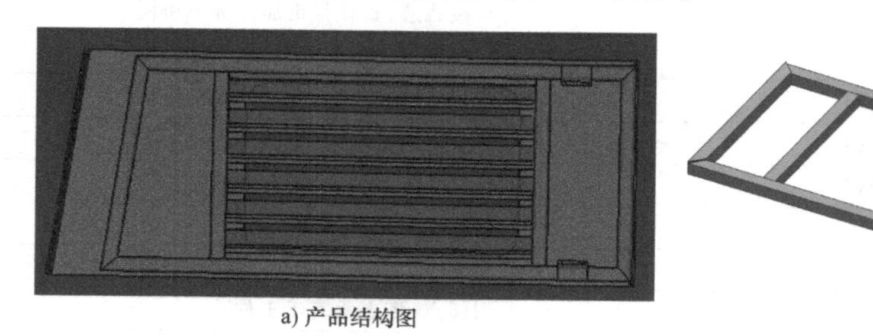

a) 产品结构图　　b) 焊缝分布图

图 5-31　产品结构示意图

(2) 焊件材料　5083 铝合金。

(3) 接头形式　对接接头，角接接头。

(4) 焊接位置　平焊、立焊位置。

(5) 技术要求

1) 采用纯 Ar 作为保护气体进行焊接；焊丝牌号为 ER4043，直径为 1.2mm；手动操作机器人编程，由 PLC 控制完成焊接作业。

2) 焊缝质量要求。

焊缝外观质量要求见表 5-23。

表 5-23　焊缝外观质量要求

检查项目	标准值/mm	检查项目	标准值/mm
焊缝余高	0.5~1.5	焊透	允许焊透
焊缝高低差	0~1.0	正面焊缝凹陷	无
焊缝宽度	4~5	错边量	0~0.5
焊缝宽窄差	0~1.0	表面气孔	无
咬边	深度≤0.5,长度≤10.0	焊缝正面外观成形	焊缝均匀整齐,成形美观

2. 弧焊机器人焊接工艺分析

(1) 材料焊接性　材料为 5083 铝合金，焊接性较好。该材料的熔点低、比热容高、热导率大，热量散失快，因此焊接时需采用热量集中的焊接方法。

(2) 铝门框下料、装配的影响及措施

1) 下料成形、装配的影响：铝门框零件下料时选用砂轮切割机，若夹紧、下料机构操作不便，将影响效率，易使零件产生变形或尺寸偏差而影响装配质量；装配方法若选择不当，则会影响装配效率，引起装配尺寸产生偏差而影响焊接质量；

2) 下料措施：铝门框零件下料时，应选用能快速装卸和便于操作的夹紧机构，并能保证质量和提高效率。

3) 装配措施：选用气动胎夹具装配能保证质量、提高效率。

(3) 焊件的焊接难点及其编程

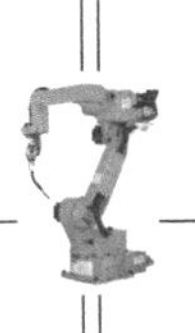

1）焊接重点：保证焊缝外观质量。

2）焊接难点：①平对接接头与立角接头转弯过渡处易产生焊缝不平滑、塌陷等缺陷；②起焊处焊缝凸或窄，收弧处焊缝易产生凹坑或过凸等缺陷。

3）焊接难点的编程：①焊接顺序为先平对接至转弯过渡处后立角接向下焊，转弯过渡处选用圆弧插补，焊接速度比正常焊速大约15%。焊枪角度相对于前进方向后倾约10°，与焊缝两边保持90°夹角；②焊前应选用与正式焊接相同的材料做试件，通过试件调试确定合适的引弧/收弧焊接电流及停留时间。

4）手动操作机器人完成运动轨迹及示教编程。由于焊缝轨迹存在断续跳转跨度转换，且焊枪角度需要不断变化，因此，要求焊枪在该轨迹上实时变换姿态，焊接参数也应细分多段分别设置。

3. 机器人编程

（1）设备选择

1）机器人：KR60-3 机器人本体、KRC4 控制柜。

2）焊接电源：TPS4000CMT。

（2）示教运动轨迹　采用机器人示教盒完成编程、示教运动轨迹，变位机协同变位。铝门框焊接的示教运动轨迹如图 5-32 所示，主要由按照工件焊缝接头形状形成的示教点组成。

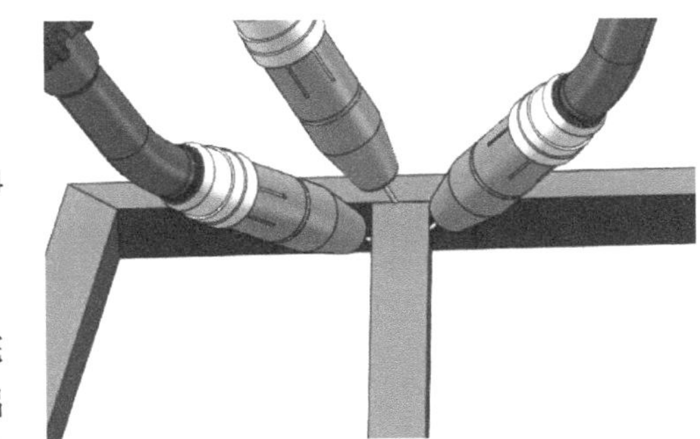

图 5-32　铝门框焊接的示教运动轨迹

（3）焊接参数设置　铝门框的焊接参数见表 5-24。

表 5-24　铝门框的焊接参数

JOB 号	焊接电流/A	焊接电压/V	焊接速度/(mm/min)	运枪方式	摆幅	摆动停留时间/s	气体流量/(L/min)
1	78	9.2	400	直线	0	0	10~15
2	75	9.1	380	直线	0	0	10~15

（4）焊接程序　铝门框的焊接程序见表 5-25。

表 5-25　铝门框的焊接程序

程序号	程　序	注　释
1	DEF　Program Weld	程序名
2	INI	起始行
3	PTP HOME Vel=100% DEFAULT	基准点
4	PTP P1 Vel=100% PDAT1 Tool[1]:Fronius Gun Base[1]	空间点,姿态任意
5	PTP P2 Vel=100% PDAT1 Tool[1]:Fronius Gun Base[1]	空间点,姿态任意
6	LIN P3 CONT　Vel=100% PDAT1 ARC_ON PS S Sesm1 Tool[1]:Fronius Gun Base[1]	引弧点,姿态垂直于工件
7	WAIT Time=0.2s	等待指令,等待 0.2s
8	LIN P4 Vel=100% PDAT1 Tool[1]:Fronius Gun Base[1]	焊接轨迹,直线运动

（续）

程序号	程　序	注　释
9	LIN P5 Vel=100% PDAT1 Tool[1]:Fronius Gun Base[1]	焊接轨迹，直线运动
10	LIN P6 CONT　Vel=100% PDAT1 ARC_OFF PS S Seam1 Tool[1]:Fronius Gun Base[1]	收弧点
11	WAIT Time=0.3s	等待指令，等待 0.3s
12	PTP P7 Vel=100% PDAT1 Tool[1]:Fronius Gun Base[1]	空间点，姿态任意
13	PTP P8 Vel=100% PDAT1 Tool[1]:Fronius Gun Base[1]	空间点，姿态任意
14	PTP HOME Vel=100% DEFAULT	基准点，返回
15	END	程序结束行

4. 焊接效果

焊缝正面效果如图 5-33 所示

图 5-33　焊缝正面效果

第六章

机器人焊接缺陷

本章主要了解机器人焊接缺陷的分类，重点分析焊接缺陷产生的原因，并从机器人焊接编程、系统维护等角度讨论典型机器人焊接缺陷的防止措施。

第一节　机器人焊接缺陷的分类

一、机器人弧焊焊接缺陷的分类

机器人焊接缺陷包括机器人弧焊焊接缺陷和机器人电阻点焊焊接缺陷。

机器人弧焊焊接缺陷的种类比较多，按其在焊缝中的位置不同，可分为外观缺陷和内部缺陷。常见的外观缺陷有咬边、焊瘤、烧穿、表面未熔合、满溢、焊偏、弧坑及焊接变形、焊道尺寸和外形不符合要求等，有时还有表面气孔和表面裂纹、单面焊的根部未焊透等。常见的内部缺陷有气孔、夹渣、未熔透、未熔合、焊接裂纹等。

1. 焊缝外观缺陷

（1）咬边　咬边是指沿着焊趾，在母材部分形成的凹陷或沟槽，它是电弧将焊缝边缘的母材熔化后没有得到熔敷金属的充分补充所留下的缺口，如图 6-1 所示。产生咬边的主要原因是电弧热量太高，即焊接电流太大、焊接速度太小。另外，焊枪与工件间的角度不正确，摆动不合理，焊接顺序不合理等都会造成咬边。直流焊时，电弧的磁偏吹也是产生咬边的一个原因。某些立、横、仰焊位置会加剧咬边的程度。咬边减小了母材的有效截面积，降低了结构的承载能力，同时还会造成应力集中，发展为裂纹源。

（2）焊瘤　焊缝中的液态金属流到加热不足未熔化的母材上或从焊缝根部溢出，冷却后形成的未与母材熔合的金属瘤称为焊瘤，如图 6-2 所示。

焊接规范过强，焊丝熔化得过快，焊接电源特性不稳定及操作姿势不当等都容易带来焊瘤。在横、立、仰焊位置更易形成焊瘤。焊瘤常伴有未熔合、夹渣缺陷，易导致裂纹产生。同时，焊瘤改变了焊缝的实际尺寸，会带来应力集中。管子内部的焊瘤减小了管子的内径，可能造成流动物堵塞。

（3）烧穿　烧穿是指焊接过程中，熔深超过工件厚度，熔化金属自焊缝背面流出，形成穿孔性缺陷，如图 6-3 所示。焊接电流过大，焊接速度太慢，电弧在焊缝处停留过久，都会产生烧穿缺陷；工件间隙太大，钝边太小时也容易出现烧穿现象。

图 6-1　咬边

图 6-2　背面焊瘤

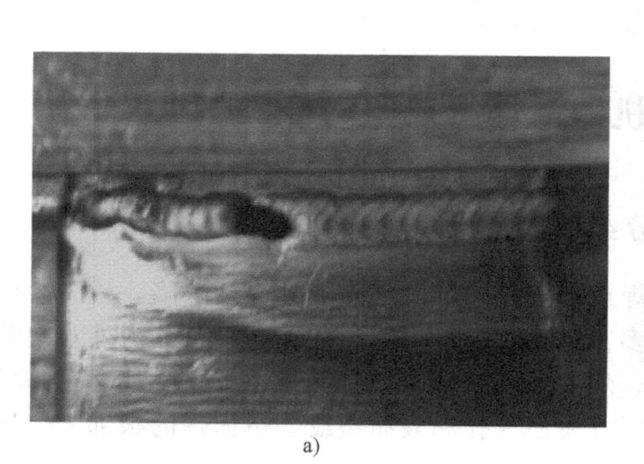

a)

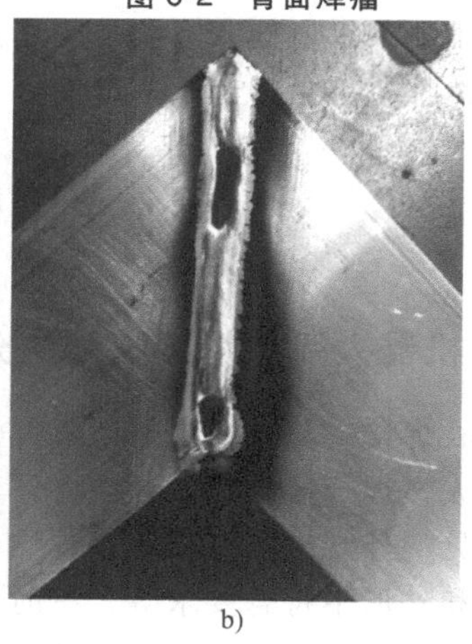

b)

图 6-3　烧穿

（4）表面未熔合　未熔合是指焊缝金属与母材金属，或焊缝金属之间未完全熔化后结合在一起的缺陷，发生在焊缝表面的肉眼可见的未熔合缺陷称为表面未熔合，如图 6-4 所示。

（5）满溢　满溢是指熔化的金属太多流淌而出敷盖在焊道单侧或两侧的母材上，如图 6-5 所示。

满溢

a)

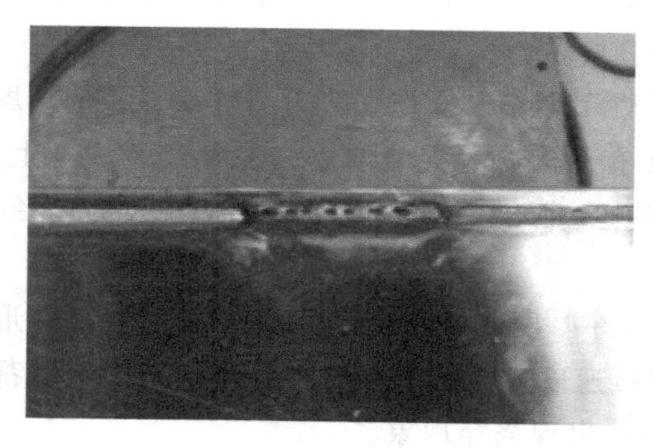

图 6-4　表面未熔合

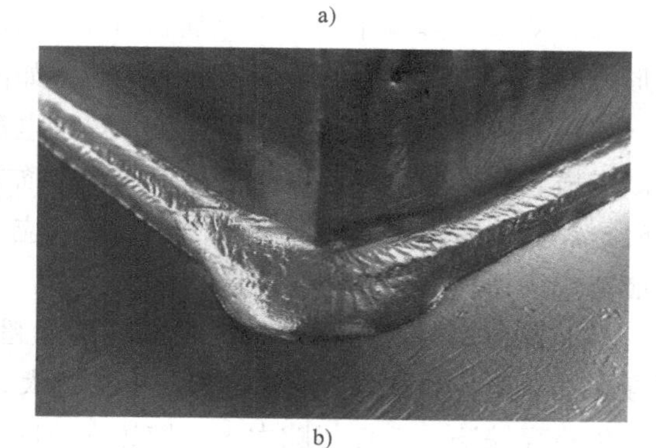

b)

图 6-5　满溢

（6）焊偏 焊偏在焊缝横截面上显示为焊道偏斜或扭曲，如图 6-6 所示。

（7）弧坑 电弧焊时，在焊缝末端收弧处或接头连接引弧处低于焊道基体表面的凹坑称为弧坑，如图 6-7 所示。在这种凹坑中很容易产生气孔和微裂纹。

（8）表面气孔 表面气孔是指焊接时，熔池中的气体未在金属凝固前逸出，残存于焊缝之中所形成的空穴，如图 6-8 所示。这里的气体可能是熔池从外界吸收的，也可能是焊接冶金过程中反应生成的。焊缝表面分布的气孔称为表面气孔。表面气孔多是由于焊接过程保护不良导致的。

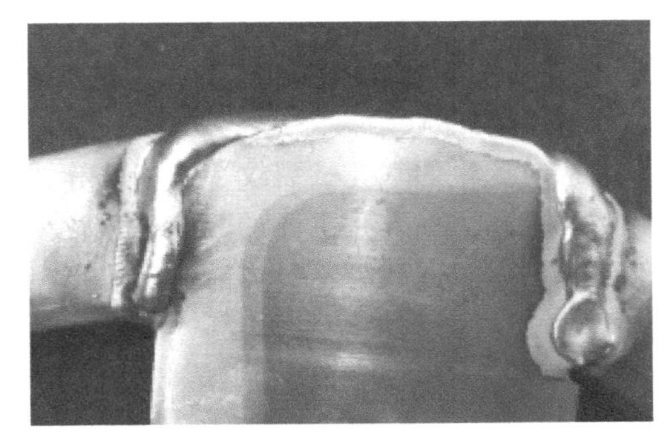

图 6-6 焊偏

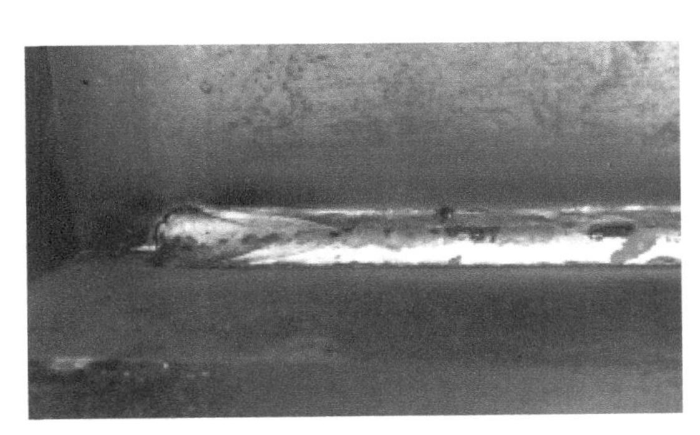

图 6-7 弧坑

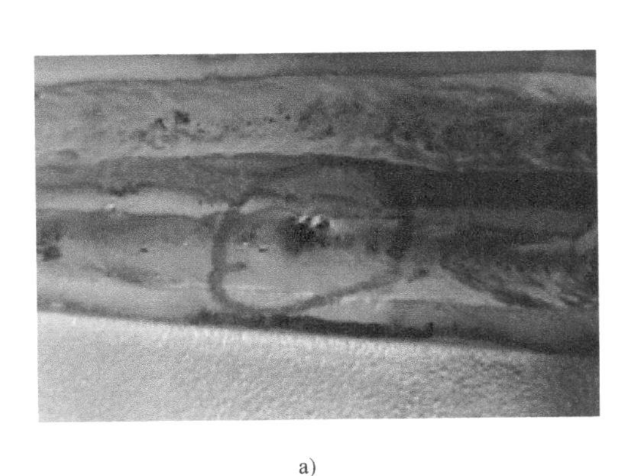

a)

b)

图 6-8 空穴

（9）表面裂纹 表面裂纹是焊接过程中或焊接完成后，在焊接区域中出现的金属局部破裂的现象，如图 6-9 所示。焊缝金属从熔化状态到冷却凝固的过程中经过了热膨胀与冷收缩的变化，存在较大的冷收缩应力；显微组织也因为有从高温到低温的相变过程而产生了组织应力；母材非焊接部位处于冷固态，与焊接部位存在很大的温差，从而产生了热应力等。

这些应力的共同作用一旦超过了材料的屈服强度，材料将发生塑性变形，超过材料的极限强度则会导致材料开裂。裂纹按所形成的条件不同，可分为热裂纹、冷裂纹（多为穿晶裂纹）、再热裂纹和层状撕裂四类。严重的焊接裂纹将直接扩展到焊缝表面，称为表面裂纹。

2. 焊缝内部缺陷

焊接时产生的气孔、裂纹、未熔合等缺陷，主要是出现在焊缝内部。

（1）气孔　气孔是主要的焊接缺陷之一，常常发生在焊缝内部，如图 6-10 所示。焊件内部气孔多以氢气孔为主。焊前清理不当，焊材受潮，焊接参数不当等均有可能导致内部气孔产生。

图 6-9　表面裂纹

图 6-10　气孔

（2）裂纹　如上所述，裂纹是影响焊接质量的重大缺陷之一。发生于焊缝内部的裂纹称为内部裂纹，如图 6-11 所示。

（3）内部未熔合和未熔透　发生于焊缝内部，在焊缝表面观察不到的未熔合称为内部未熔合。多层多道焊缝由于摆动参数不合理等原因，产生了侧壁未熔合缺陷，如图 6-12 所示。

焊缝全熔透往往是保障焊缝强度的基本要求。焊缝未熔透的主要原因是热输入不够。

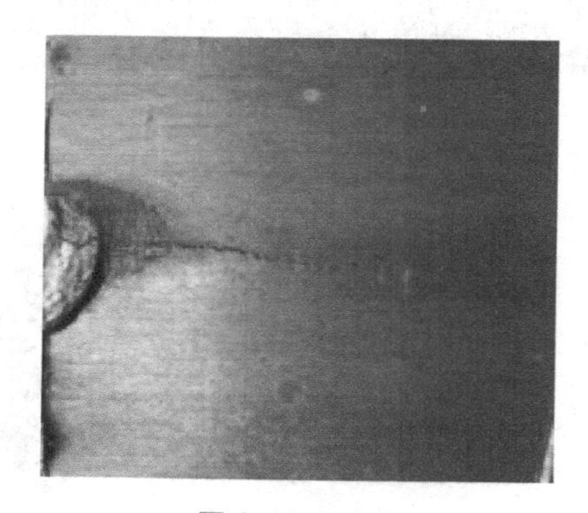

图 6-11　裂纹

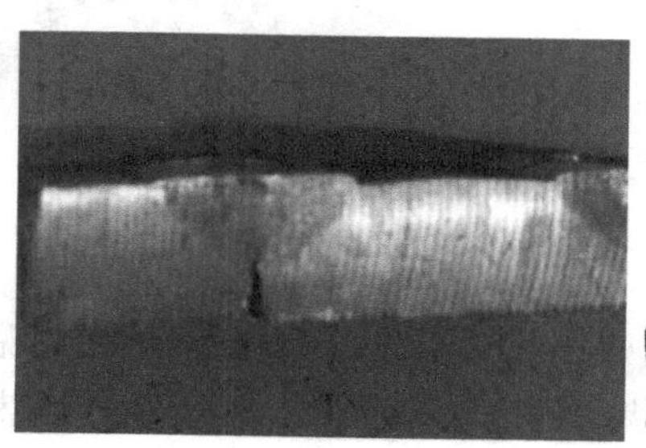

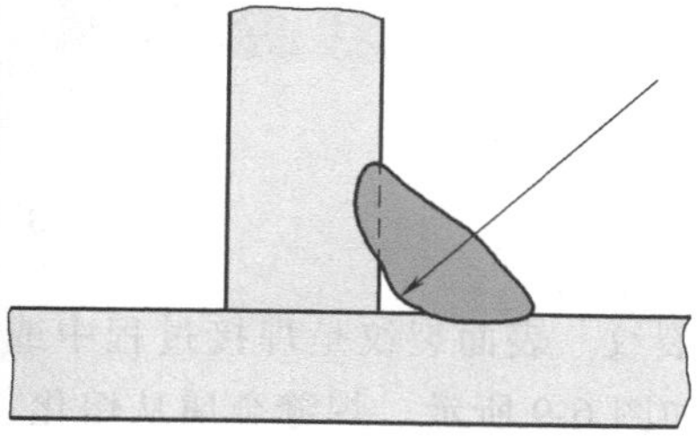

图 6-12　内部未熔合

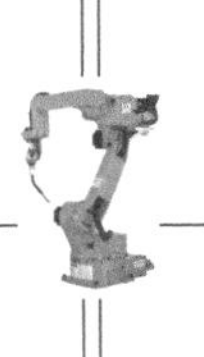

二、机器人电阻点焊焊接缺陷的分类

电阻点焊焊点从外观上看，应达到外表面平整，无表面烧伤及烧穿缺陷，电极压痕不深，表面压坑深度一般不超过板厚的20%，且圆度好等要求。从内部看，应有尺寸合适的熔核，熔核应是很致密的铸造组织。

机器人电阻点焊与采用固定电焊机、手持式焊钳电阻点焊时的常见缺陷相同，按其所处位置不同，分为外观缺陷和内部缺陷。常见的外观缺陷主要有飞溅、毛刺、变形、漏焊、焊穿、焊点裂纹、焊点位置错误、压痕过深、粘铜等，见表6-1；常见的内部缺陷主要有弱焊和虚焊等，见表6-2。

表6-1　机器人电阻点焊常见外观缺陷

缺陷名称	说　明	图　示
飞溅	飞溅是点焊时较易产生的缺陷，是由于强大的电极压力将焊点周围的塑性环压破而产生液体金属的溢出而造成的，有内部飞溅和外部飞溅两种	内飞溅　外飞溅
毛刺	一般出现在焊点周边	
变形	焊接后电焊面与板材扭曲超过25°。电阻点焊变形对工件的外观质量及搭接零件的屈服强度有较大影响，并且因电极接触表面变化，易引起脱焊、虚焊等问题	
焊点位置错误	焊点位置偏离规定位置	
漏焊	焊点数少于规定数量	
焊穿	在焊点的中心部位发生穿孔缩孔，该缺陷会降低焊点强度，尤其是关键焊点焊穿会给工件的整体质量带来隐患	
焊点裂纹	在点焊结束后，在焊点表面形成裂纹，有径向裂纹和环形裂纹两种	径向裂纹　环形裂纹

（续）

缺陷名称	说明	图示
压痕过深	电阻点焊后焊点出现凹陷压痕，压痕深度因小于母材厚度的20%	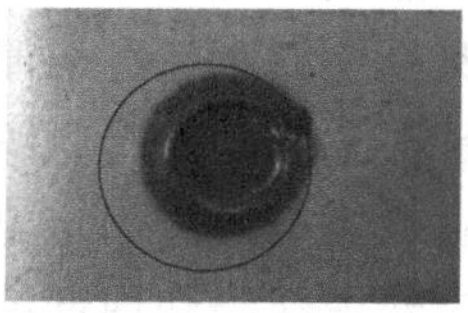
粘铜	电阻点焊结束后，在焊点表面附着有电极熔融铜材	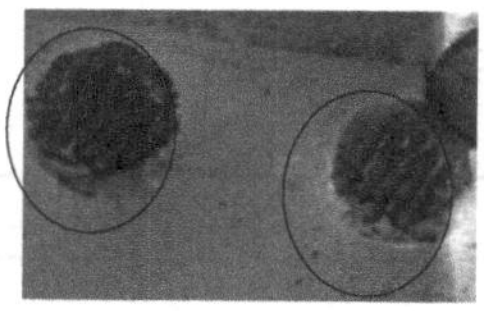

表 6-2 机器人电阻点焊常见内部缺陷

缺陷名称	说明	图示
弱焊	焊点熔核存在明显的熔化结晶，但未能形成凸台，从外观上无法进行判断，只能通过破坏试验进行确认	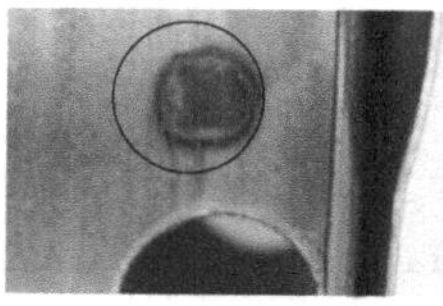 熔核尺寸不规则
虚焊	焊点熔核直径小于要求的最小值甚至未形成熔核，一般虚焊焊点发白	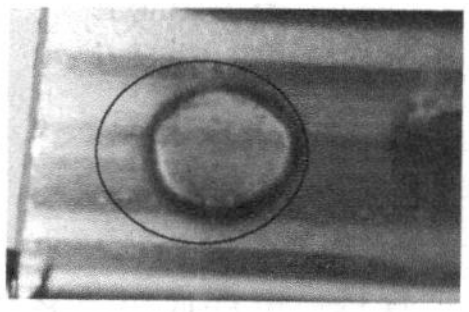 焊点发白

第二节 机器人焊接缺陷产生的原因及其防止措施

焊接机器人在应用过程中，导致焊接缺陷产生的因素较多，例如，装配精度不符合要求、焊接轨迹及焊接参数不合理等，均会引起焊接缺陷。本节主要对实际生产中常见的引起焊接缺陷的原因进行分析并说明其防止措施，以控制焊缝质量。

一、机器人弧焊缺陷产生的原因及其防止措施

1. 咬边

咬边缺陷通常发生在大电流高速焊接条件下，其形成的本质在于填充金属不能及时有效地填满焊缝母材凹陷。

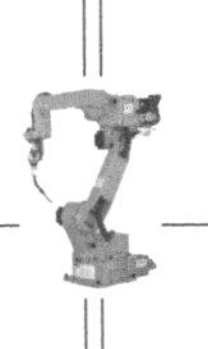

（1）焊接电流大，焊接速度快

1）原因。焊接电流大，则熔化母材量大；焊速快，则熔化的焊丝不足，难以填满焊趾凹陷，从而易产生咬边缺陷，如图 6-13 所示。

2）防止措施。适当降低焊接电流和焊接速度，减小热输入，以防止产生咬边缺陷。

（2）焊件温度高，影响焊接线能量

1）原因。如图 6-14 所示，容器上层方框体板厚为 3mm，下层方框体板厚为 10mm。容器的焊接顺序是先焊立角焊缝（从上层至下层），然后分别由底板 T 形角焊缝往上焊至上层方框角焊缝。按照这一顺序，上层角焊缝相当于预热焊接，尽管编程时设置的焊接参数合适，线能量不大，但此时的焊缝温度高，相当于提高了焊接线能量，因此产生了咬边缺陷。

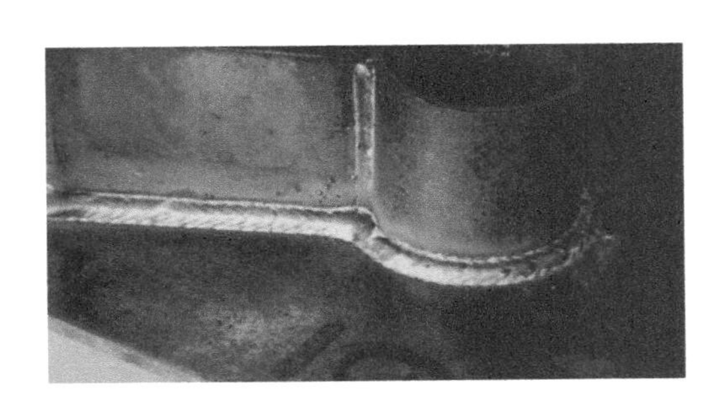

图 6-13 咬边缺陷（一）

图 6-14 咬边缺陷（二）

2）防止措施。改变焊接顺序，先焊立角焊缝（从上层至下层），然后分别从上层角焊缝往下焊至 T 形角焊缝（按上层角焊缝→上层 T 形角焊缝→下层角焊缝→下层 T 形角焊缝的顺序焊接）。

（3）角焊缝编程时所选用焊接参数不当

1）原因。编程时采用直线摆动插补，摆幅上、下点选用了相同的焊接停留时间或焊接停留时间短，易产生咬边缺陷，如图 6-14 中的下层角焊缝所示。

2）防止措施。编程时选用直线摆动插补，振幅上点设置的焊接停留时间稍长于振幅下点。从而有效填充母材熔化的边缘，控制咬边缺陷的产生。

（4）焊枪角度不当

1）原因。焊枪角度偏向底板使得电弧指向立板，造成局部能量集中，该处母材熔化量增多，而填充金属不够，造成咬边，如图 6-15 所示。

2）防止措施。一般焊枪轴线相对于焊接方向后倾约 10°，与立板、底板之间的夹角为 45°。

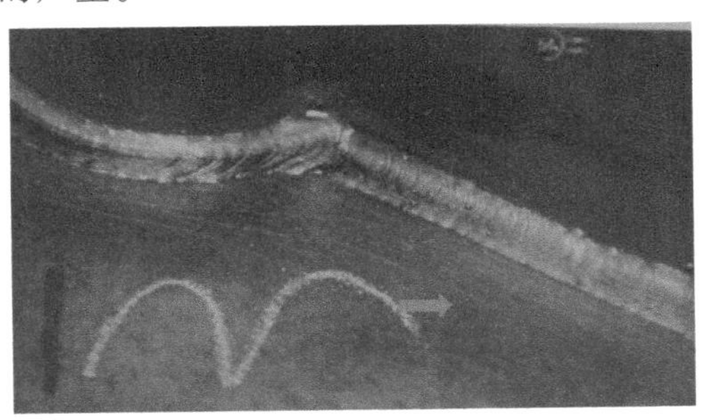

图 6-15 咬边缺陷（三）

（5）平对接 V 形坡口多层焊盖面焊缝咬边

1）原因。编程时设置的摆幅小且停留时间

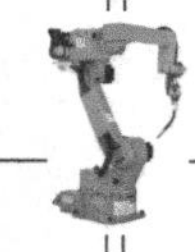

短，造成焊枪的焊丝末端摆动不到坡口边缘，被焊丝熔化的金属不能有效地填充母材熔化的边缘，从而形成了咬边缺陷。

2）防止措施。盖面前一层焊缝距离坡口端面约 1mm，焊缝表面应光滑，编程时选用直线摆动插补，摆幅应稍大，以保证焊丝末端摆动到坡口边缘；振幅点设置的停留时间应稍长，以使熔化金属有效地填充母材熔化的边缘，从而防止产生咬边。

（6）送丝不稳定

1）原因。送丝不稳定将导致熔敷金属量不够连续稳定，造成局部位置填充金属不足，从而造成咬边缺陷。

2）防止措施。检查送丝系统，调整送丝轮压力，理顺送丝软管，勿使其发生大的弯折。

2. 未熔合

未熔合包括表面未熔合和内部未熔合。产生未熔合缺陷的根本原因在于局部热输入不够，以致填充金属与母材没有完全熔合焊接。

（1）管板接头引弧处易产生未熔合缺陷

1）原因。编程时设置的引弧参数不当，该处散热较快，从而造成焊接热输入过低，产生未熔合缺陷，如图 6-16 所示。

2）防止措施。该接头散热较快，编程时设置的引弧停留时间应稍长些，并适当增大焊接电流。

（2）角接头 90°转角处易产生未熔合缺陷

1）原因。圆弧插补设点不当易引起电弧指向偏离，电弧指向背离的一侧加热不足，易产生未熔合缺陷，如图 6-17 所示。

图 6-16　未熔合缺陷（一）

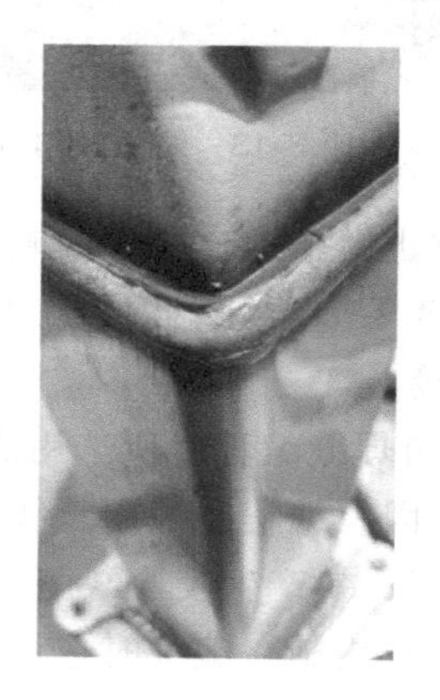

图 6-17　未熔合缺陷（二）

2）防止措施。编程时圆弧插补要结合焊件情况合理设点、设置焊枪角度和姿态，勿使电弧指向偏离。

另外，在实际生产中，应用弧焊机器人焊接一些产品，其结构既有平对接 V 形坡口多层焊，又有 T 形角接、角接头多层焊。对这些焊缝进行编程时，设置的摆幅小，焊枪摆动不能达到坡口边缘处或焊接停留时间过短，均有可能产生未熔合缺陷。因此，编程时要结合产品结构的接头形式，设置合适的摆幅及焊接停留时间，以防止产生未熔合缺陷。

3. 焊瘤

由于焊接电流过大，击穿焊接时电弧燃烧，加热时间过长造成熔池温度升高，熔池体积

增大，液态金属因自身重力作用下坠形成焊瘤。焊瘤大多存在于平焊、立焊背面焊缝中，如图 6-18 所示。

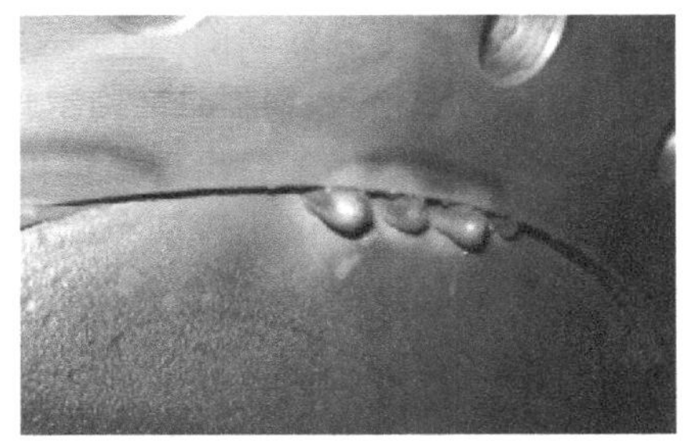

图 6-18 焊瘤

（1）焊缝装配间隙大

1）原因。焊件下料加工精度差或焊缝装配间隙大，焊接时填充金属容易从间隙漏到焊缝背面形成焊瘤。

2）防止措施。根据焊件的技术要求，选用合适的下料加工方法来保证加工精度，尽量选用装夹具装配，保证装配精度，以防止产生焊瘤。

（2）焊件装配间隙为零，选用焊接参数不合理

1）原因。焊接参数大，焊接速度慢，此时焊缝易发生烧穿，且在背面熔敷金属将聚焦形成焊瘤。

2）防止措施。编程中设定焊接参数时应适当减小焊接电流或提高焊接速度。

（3）单面焊双面成形选用焊接参数不当以及焊丝端紧靠坡口边缘易产生焊瘤

1）原因。

① 直线摆动插补设置的摆幅左右两点停留时间长，造成局部热输入过大而容易形成焊瘤。

② 电弧熔化的金属在坡口边缘，易在背面形成熔敷金属聚集而产生焊瘤。

2）防止措施。编程时适当缩短摆幅左右两点停留的时间；焊枪的焊丝端适当向坡口边缘内靠。

4. 烧穿

烧穿形成的机理是焊接热输入过大，焊接区域被完全熔透，且液态熔池整体失去有效支撑而脱离，形成烧穿缺陷。应从熔池热输入和熔池支撑两方面来分析烧穿产生的原因和防止措施。

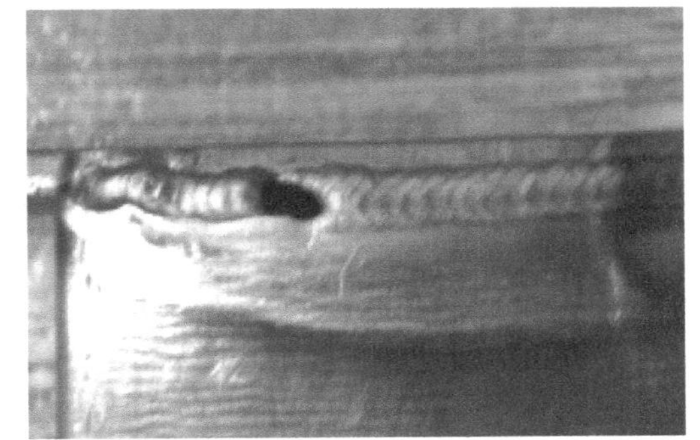

图 6-19 烧穿

（1）薄板焊件选用焊接参数不当

1）原因。焊件薄、焊接电流大、焊速慢，导致焊接热输入过大。母材完全熔透后热输入仍明显过剩，整个液态熔池在电弧压力和自身重力的作用下完全克服熔池自身表面张力，使得熔池整体脱离母材，产生烧穿缺陷，如图 6-19 所示。

2）防止措施。编程时适当减小焊接电流，提高焊速以减小焊接热输入，防止焊缝烧穿。也可以考虑采用交流 MIG 焊替代直流 MIG 焊，在相同电流下，交流 MIG 焊对母材的热输入明显小于直流 MIG 焊，从而可防止焊缝烧穿。

（2）焊件间隙过大

1）原因。焊件间隙过大，背面没有支撑，熔化的金属易脱离焊件而形成焊缝烧穿。

2）防止措施。调整焊件装夹情况，保证合适的工件间隙或采用摆动焊接，提高熔池搭桥能力，防止塌陷烧穿。

（3）薄板搭接、T 形角接焊缝焊接位置偏离

1）原因。焊枪中心偏离焊缝位置，在同样的焊接参数下，对偏离后的位置的焊接热输

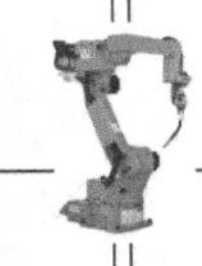

入过大而易产生烧穿缺陷。

2）防止措施。编程时准确示教焊缝位置或使用焊缝跟踪功能，以避免产生焊缝烧穿缺陷。

在生产中，偶尔会出现弧焊机器人或电源故障，如焊接停止收弧时不能及时熄弧或正常焊接过程中机器人停止运动，此时也会造成烧穿。应注意检查焊接电源与弧焊机器人的通信情况，测试起弧/收弧功能，以防止焊缝烧穿。

5. 满溢

造成满溢的根本原因是填充金属熔敷过多而母材熔化不够，导致液态金属流淌堆积而形成满溢。

（1）T形接头90°转角焊缝易产生满溢缺陷

1）原因。在90°转角处，若编程时设置的圆弧轨迹点及选用焊接参数不当，则焊枪在转角旋转时，焊丝端部焊点（即焊接机器人TCP点）并未移动，热输入瞬时增大，熔敷金属增多出现堆积和外流，从而易产生满溢缺陷。

2）防止措施。编程时合理设置圆弧轨迹点，适当降低焊接电流或提高焊接速度，以防止产生满溢缺陷。

（2）外角焊缝易产生满溢缺陷

1）原因。焊枪中心偏离焊缝中心，焊枪向外偏离，可能会产生外侧满溢缺陷，如图6-21所示。

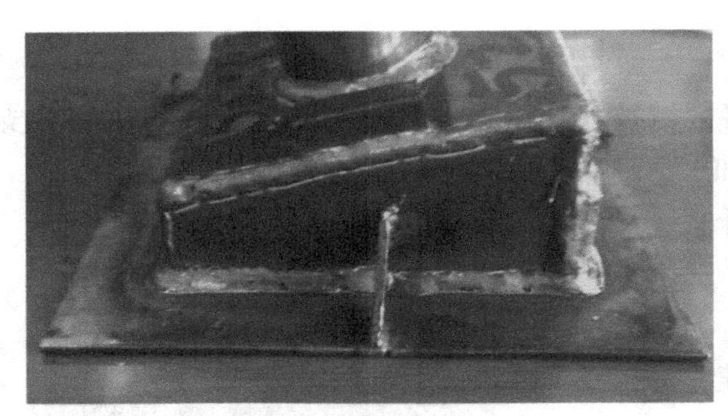

图6-20　满溢缺陷（一）

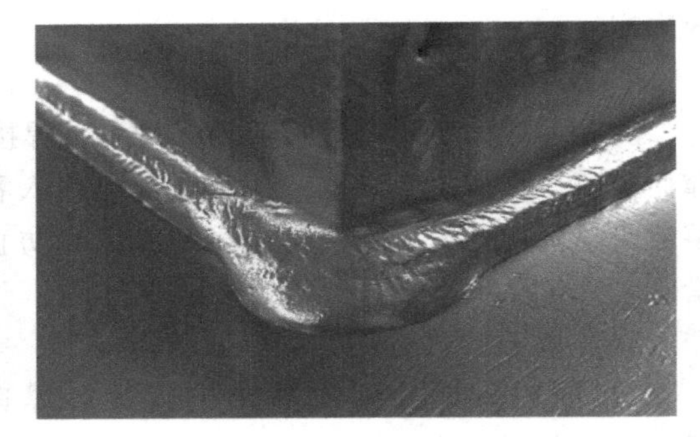

图6-21　满溢缺陷（二）

2）防止措施。保证焊缝示教精度，示教时焊丝干伸长保持为设定TCP点时的干伸长数值，焊枪中心对正焊接中心，以防止产生满溢缺陷。

6. 焊偏

焊偏是指焊接轨迹偏离焊缝位置，主要原因是示教编程误差、工件装夹松弛、TCP点标定误差过大或TCP点丢失。针对这些原因，应分别采取不同的防止措施。

1）为防止出现示教编程误差，应尽量保持焊丝干伸长为标定TCP点时的数值；选择示教点时，应保证焊丝末端恰好接触到工件；调整视角，避免示教人员出现视觉误差。

2）为防止工件装夹松弛，应调整和紧固工装，避免工件变形和移动，适当减小热输入，抑制焊接变形或使用焊缝跟踪功能。

3）为防止机器人TCP点标定误差过大或TCP点丢失，以MIG焊为例，应保持焊丝干伸长为工艺规程确定的合适数值，按照标准五点法或四点法标定机器人TCP点参数。

7. 气孔

气孔产生的机理是熔池中的气体不能及时逸出，熔池凝固时气体被固化在焊缝内部或表

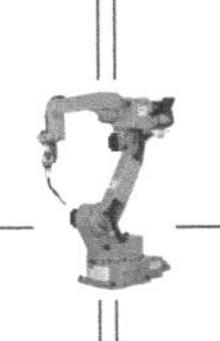

面而形成气孔。

产生气孔的主要原因：气体不纯，气路不通畅，气体流量不足，均会导致焊接区保护不良；焊枪角度不当，如焊枪角度过大，则会导致熔池保护效果不佳，易产生气孔；母材或填充焊丝受潮；MIG焊焊丝干伸长过大或TIG焊弧长过大，导致焊接区保护效果变差，有可能增加气孔敏感性。防止措施如下：

1）为防止气体不纯，气路不通畅，气流流量不够，应严格检查气体、气路，保证保护气体的纯度和流量。

2）为防止焊枪角度过大，应根据焊件的焊缝设定合适的焊枪角度，保持熔池获得最佳保护效果。

3）为防止母材或填充焊丝受潮，应按产品焊接工艺要求，对母材、焊丝进行防潮处理。

4）为防止MIG焊焊丝干伸长过大或TIG焊弧长过大，应尽量选用短弧焊接并控制弧长。

8. 裂纹

裂纹包括表面裂纹和内部裂纹。裂纹形成的机制比较复杂，影响因素比较多，主要原因如下：焊接热输入过大，导致裂纹敏感性增加；层间温度控制不合理，多层多道焊时，层间温度过高或过低都会引起裂纹；收弧填充不足，形成弧坑，从而引起弧坑裂纹。防止措施如下：

1）为防止焊接热输入过大，应严格按照产品焊接工艺要求选用焊接参数，控制焊接线能量，减小裂纹敏感性。

2）为防止焊件的焊缝层间温度过高或过低，应严格按照产品焊接工艺要求，控制焊缝层间温度，减少裂纹的产生。

3）为防止收弧填充不足，应正确使用焊机自带的收弧程序功能，自动完成收弧填坑过程。若弧焊机器人及焊机无收弧填坑功能，可自由设定收弧点等待时间，配以适当大小的焊接电流，完成收弧填坑。

二、机器人电阻点焊缺陷产生的原因及其防止措施

机器人电阻点焊缺陷有很多种，其产生的原因及防止措施也不同。本节只选取常见的缺陷进行分析，见表6-3。

表6-3 常见机器人电阻点焊缺陷的产生原因及其防止措施

缺陷类型	产生原因		防止措施
飞溅	内部飞溅	1)焊件、电极表面不清洁，污物多 2)电极压力过小 3)焊件与电极间未真正接触 4)电极表面粘有铁粒子 5)装配间隙过大，工件两接触面不平 6)工件清理不干净 7)电极接触表面形状不正确 8)预压时间太短 9)电流过大 10)焊接时工件放置不平 11)焊接边距小	1)焊接前清洁焊件及电极 2)加大电极压力 3)调整电极行程，保证工件与电极紧密接触 4)减小焊件板板间隙 5)打磨电极头至适合焊接形状和尺寸 6)调整焊接参数 7)保证焊件与电极的垂直度 8)保证焊件有足够的焊接边距
	外部飞溅	1)焊接电流过大 2)焊接时间过长	

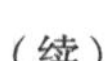
（续）

缺陷类型	产生原因		防止措施
弱焊	1）电压过低，磁性材料进入焊机二次电路 2）焊点间距过小 3）焊接电流小 4）电极压力大 5）电极端面直径大 6）电极表面磨损、压堆 7）焊接时间不足		1）重新修整电极头接触端面至合适接触尺寸 2）加大电极压力 3）调整点焊参数 4）重新调整焊点间距至合适尺寸（避免点焊时分流）
虚焊	1）焊接电流过小 2）焊接时间过短 3）电极脏污损耗		1）调整焊接参数 2）按要求打磨电极头 3）焊接前清洁焊件表面
毛刺	1）点焊参数不合适（焊接电流过大、焊接时间过短、点焊电流非缓升、焊后保持时间过短） 2）工件原因（焊边不足、工件脏污） 3）焊钳电极头端面过小		1）调整焊接参数 2）焊接前清洁焊件表面 3）按要求打磨电极头至合适的形状和尺寸
变形	焊钳与点焊部位不垂直		调整焊钳姿态，以确保其与点焊位置垂直
焊点位置错误	1）工件尺寸错误 2）装夹位置偏差 3）未按规定位置示教		1）对不同工件按不同的程序进行焊接 2）确保装夹精度 3）按规定焊点位置示教
漏焊	未按规定位置示教和施焊		按规定位置示教和施焊
焊穿	1）点焊参数不合适（点焊电流过大、点焊时间过长、维持时间过短、电极压力过小等） 2）工件自身原因（表面杂质） 3）电极原因（电极头端面过小、脏污）		1）调整焊接参数 2）焊接前清洁焊件 3）按规范要求打磨电极头
焊点裂纹	纵向裂纹	1）电极压力不足 2）锻压压力不足或加压不及时 3）电极冷却能力差	1）加大电极压力 2）调整加压时机 3）加强电极冷却 4）延长焊接时间
	横向裂纹	焊接时间过长	
压痕过深	1）焊接参数不合适（焊接电流过大、通电时间过长、电极压力过大） 2）电极接触面过小 3）板间间隙过大 4）电极冷却能力差		1）调整焊接参数 2）修整电极端部形状 3）调整板间间隙，以控制点焊时板间间隙为最小值（尽可能调整至零间隙） 4）加强电极头的冷却
粘铜	1）电极材料的耐热性差 2）电极的冷却能力差 3）电极头状态不良（不光滑、有毛刺）		1）选择合适的电极 2）加强电极的冷却 3）规范电极头的打磨，以保证稳定有效的电极头状态

注：如果加热过急，而周围塑性环还未形成或不够紧密，被急剧加热的接触点由于温度上升极快，使内部金属气化，在电极压力的作用下，环内的液体金属就会被压出来，以飞溅的形式向板间间隙喷射，这种现象称为内飞溅；形成最小熔核后如继续加热，则熔核和塑性环将不断向外扩展，当熔核沿径向的扩展速度大于塑性环的扩展速度时，就会产生外飞溅。

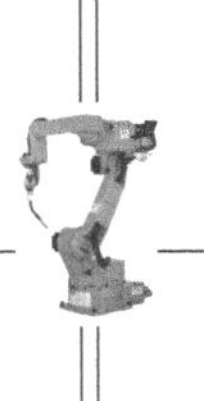

复习思考题

一、判断题（正确的在括号内打“√”，错误的在括号内打“×”）

1. 咬边是指沿着焊趾，在母材部分形成的凹陷或沟槽。 （ ）

2. 弧坑是电弧焊时在焊缝的末端（收弧处）或焊道接续处（引弧处）低于焊道基体表面的凹坑，在这种凹坑中不容易产生气孔和微裂纹。 （ ）

3. 焊接电流过大，焊接速度太慢，电弧在焊缝处停留过久，工件间隙太大，钝边太小都容易引起烧穿缺陷。 （ ）

4. 采用较大的焊接参数和正确的焊接速度可以降低未焊透缺陷产生的概率。 （ ）

5. 焊接保护气体不纯，焊接过程中由于防风措施不严格，熔池中混入气体会产生夹渣。 （ ）

6. 焊接热输入大，电弧过长，焊枪角度不当，焊丝送进不畅，焊接速度过快，直流焊接时磁偏吹现象都会造成咬边缺陷。 （ ）

7. 焊接完成后冷却到低温或室温时出现的裂纹，或者焊接完成后经过一段时间才出现的裂纹称为热裂纹。 （ ）

8. 机器人焊接时出现焊偏现象多是因为工件下料和工装夹具不良，致使工件装配精度差，焊缝位置偏移。 （ ）

9. 焊接完成后，如果在一定温度范围内对焊件再次进行加热，则有可能再次产生裂纹。 （ ）

10. 焊接时由于输入热量过大，熔化金属过多而使液态金属向焊缝背面塌落的现象叫塌陷。 （ ）

11. 电阻点焊焊点发白肯定就是虚焊。 （ ）

12. 电阻点焊焊点压痕越深越好。 （ ）

13. 电阻点焊裂纹只要不严重，一般就没什么关系，因为焊点一般都很多。 （ ）

14. 电阻点焊焊点多一些或少一点都正常。 （ ）

15. 只要不出现严重的焊接缺陷，一般可不修磨电极头。 （ ）

二、多项选择题

1. 咬边缺陷的产生原因主要有（ ）。

A）焊接热量不足　　B）电弧过长　　C）焊接速度过快
D）焊枪角度不合理　　E）磁偏吹　　F）送丝不足

2. 减少焊接变形的方法有（ ）。

A）反变形法　　B）对称焊接　　C）合理安排焊接顺序
D）制订合适的焊接参数　　E）采用夹具固定

3. 裂纹按形成的条件可分为（ ）。

A）热裂纹　　B）冷裂纹　　C）再热裂纹
D）层状撕裂　　E）结晶裂纹　　F）扭曲裂纹

4. 机器人焊接时产生气孔的原因包括（ ）。

A）保护气体不纯　　B）工件表面有油污　　C）保护气体流量太小

D）工件表面大量附着防飞溅液　　E）焊丝干伸长过大

5. 下列能够减少或预防焊接裂纹产生的可行性措施有（　　）。

A）使用含碳、锰等合金元素多的板材

B）改良结构设计，注意焊接顺序，焊接后进行热处理

C）选用适宜的焊材，并注意保持其干燥和表面洁净

D）采用大电流焊接厚板材时，应尽快使母材冷却

E）焊接前应对母材进行预热，焊后使其缓慢冷却

F）制订合适的焊接参数并严格执行

6. 预防和减少夹渣缺陷的措施包括（　　）。

A）清除母材表面杂质，双面焊接时进行清根处理

B）减小焊接参数以控制热量，同时加快焊接速度

C）采取减慢焊接速度，增大焊接电流等措施来防止焊缝金属冷却过快

D）多层多道焊时注意清理焊道表面

E）焊前组装时可在任意点进行点固焊接

F）根据母材材质选择相应的焊丝及焊接参数

7. 未熔合现象按其所在部位可分为（　　）。

A）根部未融合　　B）层间未融合

C）坡口未融合　　D）表面未融合

8. 下列会导致熔深不足缺陷的包括（　　）。

A）焊接电流、电压过小　　B）为提高生产率而加快焊接速度

C）厚板焊接时不开坡口　　D）严格按照要求加工工件原材料

E）根据板厚和焊接方式选择焊丝对准位置及焊接角度

9. 下列容易导致未熔合缺陷产生的有（　　）。

A）焊接热输入过高，焊接速度过快　　B）电弧指向偏斜，焊枪角度不合理

C）坡口侧壁有锈迹及其他杂质　　D）坡口形状不合理，有死角

10. 造成塌陷、烧穿缺陷的主要原因有（　　）。

A）焊接参数过大，焊接速度过慢　　B）焊缝间隙过大

C）厚板焊接时坡口钝边过大　　D）焊接电源老化，不能正确输出焊接电流

11. 下列选项中属于电阻点焊飞溅产生原因的有（　　）。

A）焊件、电极表面不清洁，污物多　　B）电极压力过小

C）焊件与电极间未真正接触　　D）电极表面粘有铁粒子

E）装配间隙过大，工件两接触面不平　　F）工件清理不干净

G）电极接触表面形状不正确　　H）预压时间太短

I）电流过大　　J）焊接时工件放置不平

K）焊接边距小

12. 电阻点焊虚焊的解决方法有（　　）。

A）调整焊接参数　　B）按要求修磨电极头

C）减小电极头压力　　D）焊接前清洁工件表面

13. 电阻点焊压痕过深可通过（　　）进行改善。

A） 调整焊接参数

B） 修整电极端部形状

C） 调整板间间隙，以控制点焊时板间间隙至最小值（尽可能调整至零间隙）

D） 加强电极头的冷却

14. 电阻点焊焊点裂纹可通过（　　）来解决。

A） 加大电极压力　　B） 调整加压时机

C） 加强电极冷却　　D） 延长焊接时间

15. 电阻点焊焊点粘铜的产生原因有（　　）。

A） 电极材料耐热性差

B） 电极的冷却能力差

C） 电极头状态不良（不光滑、有毛刺）

三、问答题

1. 试述机器人弧焊缺陷中“咬边”的产生原因及其防止措施。

2. 试述机器人电阻点焊缺陷中“毛刺”的产生原因及其防止措施。

第七章

弧焊机器人焊接工艺的优化

弧焊机器人焊接工艺优化的核心是在满足焊接质量的基础上，提升效率和降低成本。本章通过具体的典型案例，了解弧焊机器人焊接工艺优化的基本步骤，根据图样、产品焊接技术要求进行机器人焊接工艺分析，拟订机器人焊接工艺方案，通过机器人焊接工艺评定，对焊接质量、效率、成本进行分析对比和优化选取。本章还会通过不同案例了解机器人焊接工艺的焊接顺序、轨迹、结构、焊接参数的优化。学习本章后，应能根据具体生产条件，对焊件的结构、成形加工、装配、焊接顺序、焊接轨迹点、焊枪姿态、焊枪行走节拍、焊接参数等进行科学、合理的优化，从而发挥弧焊机器人焊接质量和效率高且成本低的优势。

第一节　弧焊机器人焊接工艺优化的核心

本节以第二章中汽车车桥的机器人焊接为例，介绍焊接顺序、焊接轨迹点、焊接参数的优化方法，达到有效提高焊接质量和焊接效率，降低成本的目的，发挥弧焊机器人焊接的应用效果。

一、汽车车桥焊接

1. 汽车车桥设计

（1）焊件结构和尺寸　汽车车桥的结构和尺寸如图 7-1 所示。

（2）焊件材料　选用厚度为 5mm 的 Q235 钢。

（3）接头形式　对接接头，如图 7-2 所示。

（4）焊接位置　水平位置焊接。

（5）机器人　M-10iA 机器人本体、R-30iB Mate 控制柜。

（6）焊接电源　TPS5000TIME 高速焊机。

（7）技术要求

1）采用 25%CO_2+25%He+50%Ar 三元混合气作为保护气体进行焊接；焊丝牌号为 CG3Si1，直径为 ϕ1.2 mm；手动操作机器人编程并由 PLC 控制完成焊接作业。

2）焊缝质量要求。焊缝外观质量要求见表 7-1；焊缝内部质量符合 GB/T 3323—2005《金属熔化焊焊接接头射线照相》中的Ⅲ级规定，且熔深大于板厚的 75%。

2. 焊接参数

汽车车桥的机器人焊接参数见表 7-2 和表 7-3。

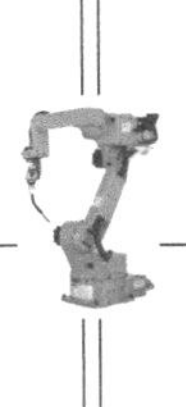

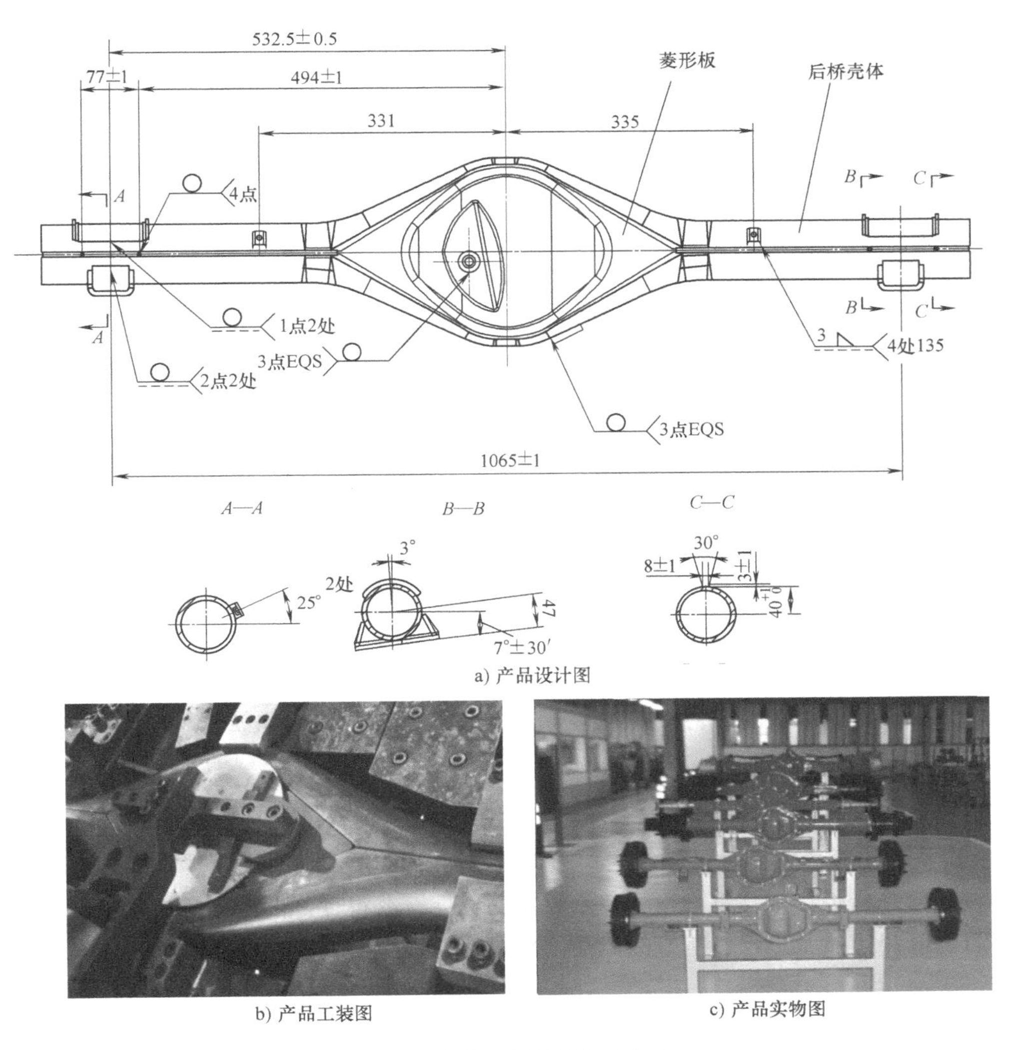

a) 产品设计图

b) 产品工装图

c) 产品实物图

图 7-1　汽车车桥的结构和尺寸

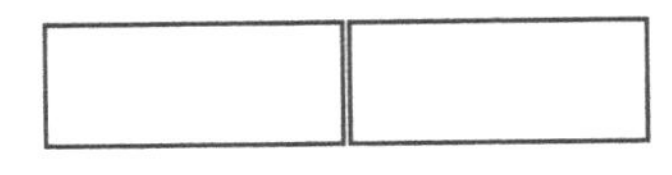

图 7-2　对接接头

表 7-1　焊缝外观质量要求

检查项目	标准值/mm	检查项目	标准值/mm
焊缝余高	0~1.5	熔深	板厚的 75%以上
焊缝高低差	0~1.0	正面焊缝凹陷	无
焊缝宽度	8~10	错边量	0~1.0
焊缝宽窄差	0~1.0	表面气孔	无
咬边	深度≤0.5,长度≤10.0	焊缝正面外观成形	焊缝均匀整齐,成形美观

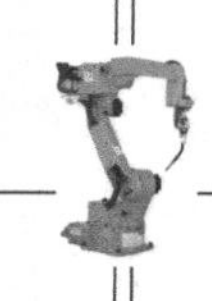

表 7-2 优化前车桥的机器人焊接参数

JOB 号	焊接电流/A	焊接电压/V	焊接速度/(mm/min)	运枪方式	摆幅/mm	摆动停留时间/s	气体流量/(L/min)
1	300	28.0	800	直线	0	0	18

表 7-3 优化后车桥的机器人焊接参数

JOB 号	焊接电流/A	焊接电压/V	焊接速度/(mm/min)	运枪方式	摆幅/mm	摆动停留时间/s	气体流量/(L/min)
1	300	28.0	800	直线	0	0	18
2(1 红绿点)	270	26.7	800	直线	0	0	18

3. 焊接顺序和轨迹点优化前后对比

优化前后焊接轨迹点的设置如图 7-3 和图 7-4 所示。

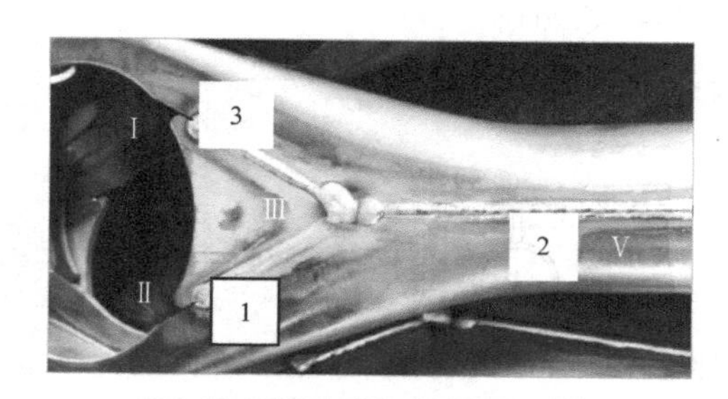

图 7-3 优化前焊接轨迹点的设置

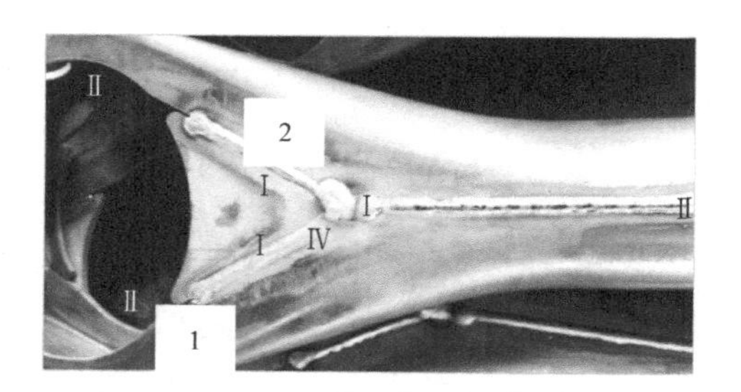

图 7-4 优化后焊接轨迹点的设置

二、汽车车桥焊接工艺优化结果

（一）从焊接质量方面考虑焊接工艺和设置焊接轨迹点

焊接质量是指焊接产品符合设计技术要求的程度，获得良好的焊接质量是整个焊接过程的最终目的。焊接质量不仅影响焊接产品的使用性能和寿命，更重要的是会影响人身和财产安全。

1. 优化前的焊接顺序及焊接轨迹点

（1）焊接顺序及轨迹点设置　优化前焊接顺序及轨迹点的设置如图 7-3 所示，焊接顺序是先焊 1 号焊缝，再焊 2 号焊缝，最后焊 3 号焊缝。焊接轨迹点的设置，1 号焊缝以右端为起焊点，左端为结束点；2 号焊缝以右端为起焊点，左端以 1 号焊缝的起焊点为结束点；3 号焊缝以 1 号焊缝的结束点为起焊点，以 3 号缝左端为结束点。

（2）优化前的工艺缺点　1 号焊缝的焊接结束点是车桥壳体与菱形板汇集接合处，在该汇集点收弧和引弧交替进行，热输入增大，易出现未熔合、气孔等缺陷而导致焊缝内部质量不合格。同时，易造成汇集点焊缝宽度增加，余高过高，导致外观尺寸达不到焊缝质量要求。

2. 优化后的焊接顺序及焊接轨迹点

优化后焊接顺序和焊接轨迹点的设置如图 7-4 所示，整个汽车后桥焊缝由两段组成。

（1）优化后的焊接顺序　将原来 1 号焊缝的结束点改为起焊点，把原来的 3 号焊缝与 2 号焊缝合并为 2 号焊缝。优化后的焊接顺序为先焊 1 号焊缝，然后焊 2 号焊缝，即从 1 号焊

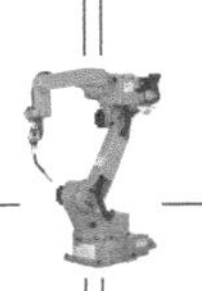

缝左端起焊，向右进行焊接，在车桥壳体与菱形板接合处收弧。之后从 2 号焊缝左端起焊，向右进行焊接至终点。

（2）优化后的工艺优点　先设定 1 号焊缝左端为起焊点，在交汇Ⅳ点前约 25mm 处增设一个点，结束点设在交汇Ⅳ点处。然后设定 2 号焊缝左端为起焊点，在交汇Ⅳ点前约 25mm 处、交汇Ⅳ点、往前约 15mm 处增设三个轨迹点，结束点设在 2 号焊缝右端。优化后，直线焊缝采用表 7-3 中 JOB 号为 1 号的焊接参数，交汇点处的Ⅰ、Ⅳ点焊缝采用表 7-3 中 JOB 号为 2 号的焊接参数进行焊接。焊接工艺优化后，避免了在车桥壳体与菱形板接合处出现的收弧/引弧交替，2 号焊缝一次成形；在交汇点焊接 2 号焊缝时，可对 1 号焊缝收弧点进行再次重熔，从而达到了 1 号和 2 号焊缝的较好熔合，保证了交汇点处的焊缝质量符合产品技术要求。优化后的焊接效果如图 7-5 和图 7-6 所示。

图 7-5　焊接工艺优化后的焊缝熔深

图 7-6　焊接工艺优化后的车桥焊接效果

（二）从焊接效率方面考虑焊接工艺和设置焊接轨迹点

焊接效率是指在固定投入量下，焊接生产的实际产出与最大产出之间的比率。焊接效率是衡量经济个体在产出量、成本、收入或利润等目标下的绩效。

1. 优化前焊接工艺与编程的效率

从图 7-3 中的焊枪行走轨迹可知，焊枪在焊接 1 号焊缝时从右端起至左端终点收弧，之后行走到 2 号焊缝起焊端，完成 2 号焊缝的焊接。根据图 7-1a，Ⅱ点与Ⅴ点之间的直线距离约为 650mm，以焊接速度 800mm/min 测算，焊枪从Ⅱ点行走到Ⅴ点所用时间约为 0.8125min，完成 2 号焊缝的焊接后，再从三段焊缝的汇集点引弧完成 3 号焊缝的焊接。以 100 件产品为例，焊枪从Ⅱ点行走到Ⅴ点的时间为 81.25min。因此，在保证质量的前提下，焊枪未施焊时间占比较大，焊接效率较低。

2. 优化后焊件工艺与编程的效率

从图 7-4 中的焊枪行走轨迹可知，焊枪在 1 号焊缝以Ⅱ点为起焊点焊至结束点（Ⅳ点），之后行走至 2 号焊缝的Ⅱ点即引弧点进行焊接，直到焊至 2 号焊缝的右端结束点，完成 2 号焊缝的焊接。焊枪在完成这两段焊缝的焊接过程中，未施焊部分只有从Ⅲ点行走至Ⅰ点。根据图 7-1a，Ⅲ点与Ⅰ点之间的直线距离约为 150mm，以焊接速度 800mm/min 测算，焊枪从Ⅲ点行走到Ⅰ点所用时间约为 0.1875min。同样以 100 件产品为例，焊枪从Ⅲ点行走到Ⅰ点的时间为 18.75min。优化后与优化前相比，未施焊时间节省了 62.5min，焊接效率明显提高，大大缩短了产品生产过程。

（三）从降低成本方面考虑焊接工艺和设置焊接轨迹点

成本是衡量企业生产是否盈利的关键指标，也是影响企业生存的关键，因此，在保证质量的前提下，采用各种方法降低成本是企业的根本目标。对于汽车车桥的焊接生产而言，优化焊接工艺的顺序、焊接参数及焊接轨迹是比较有效可行的方法。

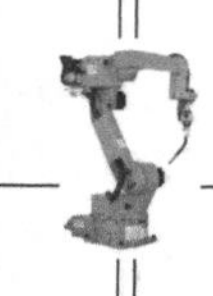

1. 焊接工艺与编程对成本的影响

1号、2号焊缝汇集点如图7-1b所示，从图中可以看到，由于加工形成的间隙易产生焊穿缺陷。优化前的解决方法，是在汇集点的间隙处重复设置示教点进行引弧/收弧，顺序是先1号焊缝引弧焊后由2号焊缝焊接结束在该处收弧，后3号焊缝引弧起焊。即采用引弧/收弧交替进行的方法防止焊穿，该方法明显降低了焊接质量和效率并提高了成本。

2. 优化焊接工艺的顺序、焊接参数及焊接轨迹

在1号、2号焊缝汇集点附近增设3个关键的I点，如图7-4所示。1号、2号焊缝起焊至I点时焊件温度升高易产生焊穿缺陷，此时，该I点的焊接电流比正常电流减小约30%，1号焊缝收弧处设置合适的电流及停留时间，2号焊缝焊接至另一个红色点时恢复正常焊接电流，不但解决了焊穿、反复引弧/收弧、焊缝余高超标等问题，而且起到了降低成本的作用。

3. 优化前后对比

由图7-3和图7-4可知，经过优化后，车桥质量得到进一步提升，焊接效率大大提高，成本得到降低。从焊接效率角度测算可知，生产一件产品的成本约下降了77%。

经过对焊接工艺及编程的优化，特别是对焊接轨迹点、焊接顺序、焊接参数进行优化后，在质量、效率、成本三方面均得到了比较好的效果，见表7-4。

表7-4　焊接工艺优化前后质量、效率和成本比较

焊接工艺	质　量				效率	成本
焊接顺序和轨迹点	熔深	夹渣	气孔	未熔合	单件未施焊时间/min	单件生产成本
优化前	板厚的70%	存在	存在	存在	0.8125	—
优化后	板厚的75%	很少	无	无	0.1875	降低约77%

第二节　弧焊机器人焊接工艺优化的基本步骤

一、熟悉图样和焊件焊接技术标准

1. 焊件的材料及尺寸

以图7-7所示 $t=10$mm 的容器（2016年中国焊接协会机器人培训基地技能比赛试件），说明焊接工艺优化的基本步骤。

（1）焊件材料　Q235钢。

（2）焊件下料尺寸及数量

1）底板：200mm（长）×200mm（宽）×12mm（厚），共1块。

2）侧板1：120mm（长）×80mm（宽）×10mm（厚），共4块。

3）盖板1：120mm（长）×120mm（宽）×10mm（厚），中间开 ϕ50mm 的孔，共1块。

4）侧板2：80mm（长）×50mm（宽）×

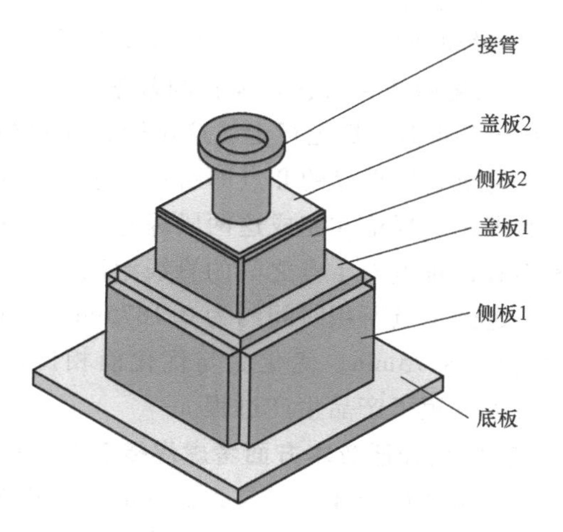

图7-7　2016年中国焊接协会机器人培训基地技能比赛试件

3mm（厚），共 4 块。

5）盖板 2：80mm（长）×80mm（宽）×3mm（厚），中间开 ϕ44mm 的孔，共 1 块。

6）接管：ϕ42mm（外径）×50mm（长）×3mm（厚），共 1 根（与盖板一同焊好）。

（3）接头形式　T 形角接头、角接头。

（4）焊接位置　平、立角焊缝。

2. 焊接要求

（1）焊缝外观要求　焊缝外观要求见表 7-5 和表 7-6。

表 7-5　平角焊缝外观要求　　（单位：mm）

检查项目	焊缝等级			
	Ⅰ	Ⅱ	Ⅲ	Ⅳ
焊脚高度 K_1	8~9	7~10	6~11	>11,<6
焊脚高度 K	8~9	7~10	6~11	>11,<6
焊缝高低差	≤0.5	>0.5 且≤1	>1 且≤2	>2
咬边	0	深度≤0.5,长度≤15	深度≤0.5,长度>15 且≤30	深度>0.5 或长度>30
焊缝外观成形	优	良	一般	差
	成形美观,鱼鳞均匀、细密,高低宽窄一致	成形较好,鱼鳞均匀,焊缝平整	成形尚可,焊缝平直	焊缝弯曲,高低宽窄相差明显,有表面焊接缺陷

表 7-6　角对接焊缝外观要求　　（单位：mm）

检查项目	焊缝等级			
	Ⅰ	Ⅱ	Ⅲ	Ⅳ
焊缝高度	9~11	8~12	7~13	>13,<7
焊缝宽度	14~15	13~16	12~17	>17,<12
焊缝高低差	≤0.5	>0.5 且≤1	>1 且≤2	>2
焊逢宽窄差	≤0.5	>0.5 且≤1	>1 且≤1.5	>1.5
咬边	0	深度≤0.5,长度≤15	深度≤0.5,长度>15 且≤30	深度>0.5 或长度>30
焊缝外观成形	优	良	一般	差
	成形美观,鱼鳞均匀、细密,高低宽窄一致	成形较好,鱼鳞均匀,焊缝平整	成形尚可,焊缝平直	焊缝弯曲,高低宽窄相差明显,有表面焊接缺陷

（2）T 形角焊缝　熔深大于 2mm。

（3）容器水压检测　将压力为 0.3MPa 的水充入容器内，应无泄漏点。

二、分析焊件下料、装配、焊接难点

1. 侧板、盖板下料难点

侧板、盖板四个 90°角的下料加工过程易出现偏差。由于焊件数量少，一般选用半自动火焰切割，因此在下料加工过程中，需要对侧板、盖板尺寸及四个 90°角进行手工划线。同

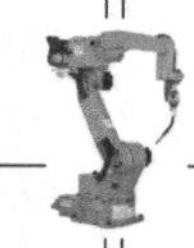

时，为了保证侧板、盖板的端面与板面成90°，也要手工对割枪的角度进行调整。这些过程需要移动找正等，容易产生偏差，对装配质量有一定的影响。

2. 侧板、盖板的装配难点

立角接头、角接头间隙的装配过程易产生偏差。试件装配过程中需要手工划线、组对、定位焊、校正等，容易产生装配间隙偏差而影响焊接质量。

3. 焊接难点

1）T形角接头、角接头的90°转角焊接易产生焊缝脱节、未熔合等缺陷。

2）立角接头底层、盖面层的引弧/收弧焊接易产生未熔合、气孔等缺陷。

3）立角接头底层、盖面层设置起焊点时，若选用引弧焊接参数不当，则易产生未熔合、气孔等缺陷；收弧时需采用添加埋弧坑功能，容易产生未熔合等缺陷。

4）角接头盖面层编程时采用直线摆动插补，如果在摆幅上、下点设定的焊接停留时间及焊枪角度不当，则易产生咬边、焊缝下塌等缺陷。

三、拟订机器人焊接工艺方案及编程

1. 焊件下料

（1）选用下料加工设备　在有条件的情况下，应尽可能选用数控火焰切割方法；若没有条件，可选用半自动火焰切割方法。

（2）切割工艺要求

1）选用数控火焰切割方法时，通过计算机辅助编程正确输入各零件图样，根据零件板厚正确选用割嘴，要求零件切割口表面平整光滑且垂直于板平面。

2）选用半自动火焰切割方法时，尽可能制作简易定位切割平台，保证侧板、盖板的四个角垂直，减少偏差，合理选用割嘴，选择专用工具调试割枪垂直于水平面，零件切割口表面应平整光滑且垂直于板平面。

2. 焊件装配

（1）选用装配工夹具　焊件数量少，可选用磁性定位器进行装配，如图7-8所示。

图7-8　磁性定位器

（2）装配工艺要求

1）装配顺序：底板与下层正方体侧板装焊→盖板与下层正方体装焊→上层正方体侧板与下层盖板装焊→上盖板与上层正方体装焊→接管与上层盖板装焊。

2）底板与下层侧板底端T形接头及立角接头装焊。底板与下层侧板底端T形接头必须垂直，并在各侧板离两端约20mm处定位焊，定位焊长度约为15mm。组装成正方体的立角接头间隙为0~0.2mm，分别在立角接头离两端约20mm处定位焊，定位焊长度约为15mm其四个角必须均等于90°，上、下端面不允许有尺寸误差。

3）盖板与下层正方体角接头装焊。盖板底面与正方体上端面装配后必须平齐，角接头的间隙为0~0.2mm，分别在角接头离两端约20mm处定位焊，定位焊长度约为15mm。

4）上层正方体侧板与下层盖板T形角接头装焊。上层正方体侧板与下层盖板T形角接头必须垂直，并在各侧板离两端约15mm处定位焊，定位焊长度约为15mm。组装成正方体的立角接头间隙为零，分别在立角接头离两端约15mm处定位焊，定位焊长度约为10mm，

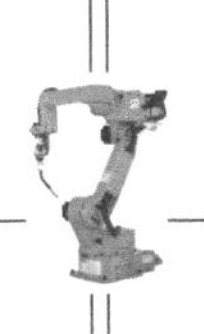

其四个角必须均等于90°，上、下端面不允许有尺寸误差。

5）上盖板与上层正方体角接头装焊。上盖板底面与上层正方体端面装配后必须平齐，角接头的装配间隙为零，分别在角接头离两端约15mm处定位焊，定位焊长度约为10mm。

6）接管与上层盖板装焊。接管必须垂直于上层盖板，间隙为零，管板接头均布三个定位焊，每个定位焊缝长约10mm。

3. 选用焊材、焊接机器人及焊接电源

（1）确定焊丝牌号、直径、气体成分　焊件材料为Q235钢，选用的焊丝牌号为AWS ER70-6，直径为1.2mm；保护气体为80%Ar+20%CO_2。

（2）确定弧焊机器人及焊接电源

1）机器人选用Panasonic TA-1400，控制系统选用Panasonic GⅢ1400。

2）焊接电源选用Panasonic YD-500GR3。

4. 拟订焊接顺序、焊接轨迹示教点及焊接参数

（1）焊接顺序　上层立角焊缝→下层立角焊缝→上层角焊缝→上层管板角焊缝→上层T形角焊缝→下层角焊缝→下层T形角焊缝，如图7-9所示。

（2）焊接轨迹示教点设置　示教编程在保证焊接质量的前提下，要求轨迹短、平滑、快速，尽量减少示教点。

1）上层立角接头焊接轨迹点设置（图7-9）。

① 立角接头的焊接方向为从上向下焊。

② 上层立角接头设点：顶端设引弧点→离引弧点约3mm处增设一个点→离底端约15mm处设一个点→底端设收弧点。

2）下层立角接头焊接轨迹点设置（图7-9）。

① 立角接头的焊接方向为从上向下焊。

② 下层立角接头设点：顶端设引弧点→离引弧点约3mm处增设一个点→离底端约20mm处设一个点→底端设收弧点。

3）上层角接头焊接轨迹点设置（图7-10）。

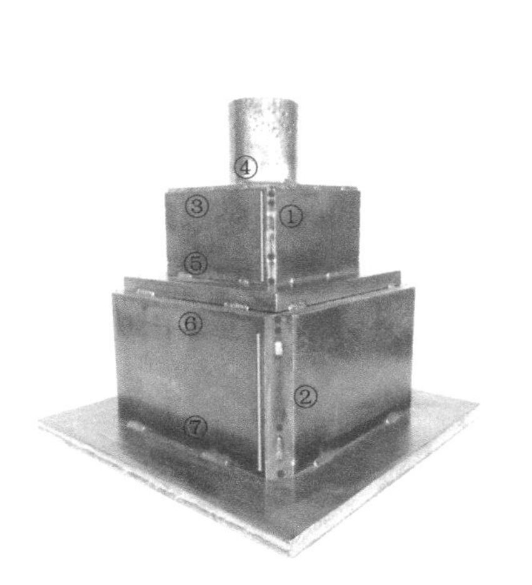

图7-9　焊接顺序

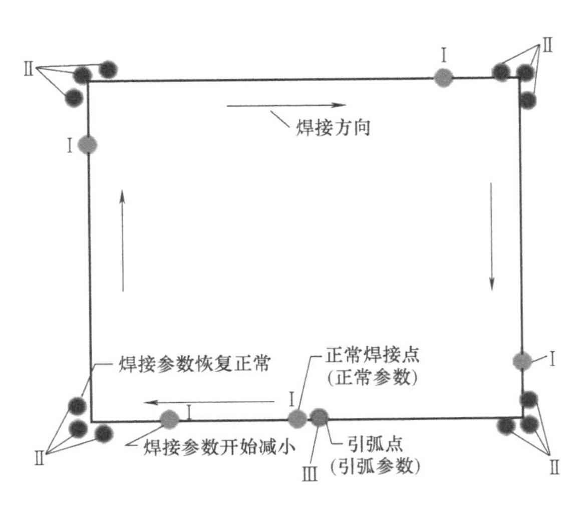

图7-10　上层角接头焊接轨迹点

① 方形体角接头的焊接顺序为按顺时针方向进行焊接。

② 方形体角接头设点：引弧点（Ⅲ点）设在角接头两端中心→离引弧点约 3mm 处增设一个点（Ⅰ点）→离角接头端面约 15mm 处设一个点（Ⅰ点）→至 90°转角选用圆弧插补始点（Ⅱ点）→以此方式设点至引弧处→收弧点设在引弧点往前约 1mm 处。

4）上层管板角焊缝焊接轨迹点设置略。

5）上层 T 形角焊缝轨迹点设置按序号 3）进行。

6）下层角焊缝底层轨迹点设置按序号 3）进行，第二层直线段、90°转角段焊缝分别采用直线摆动插补、圆弧摆动插补，圆弧摆动插补路径的始点与直线摆动插补路径终点的重叠长度为 2～3mm。

7）下层 T 形角焊缝轨迹点设置按序号 6）进行。

（3）焊接参数选择

1）上层立角接头各点焊接参数。顶端引弧点（焊接电流为 100～110A，电压为 18V，焊接停留时间为 0.5～1s）→离引弧点约 3mm 处增设一个点（焊接电流为 80～90A，电压为 18V，焊接速度为 300～350mm/min）→离底端约 15mm 设一个点（焊接电流为 70～80A，电压为 18V，焊接速度为 300～350mm/min）→底端收弧点（焊接电流为 85～95A，电压为 18V，焊接停留时间为 0.2～0.6s）。

2）下层立角接头各层各点焊接参数。

① 第一层顶端引弧点（焊接电流为 90～100A，电压为 18V，焊接停留时间为 0.5～1s）→离引弧点约 3mm 处增设一个点（焊接电流为 85～95A，电压为 18V，焊接速度为 270～290mm/min）→离底端约 20mm 处设一个点（焊接电流为 75～85A，电压为 18V，焊接速度为 270～290mm/min）→底端收弧点（焊接电流为 75～85A，电压为 18V，焊接停留时间为 0.2～0.6s）。

② 第二层采用“之”字形摆弧，摆幅为 0.8mm，摆动停留时间为 0.2～0.4s，顶端引弧点（焊接电流为 190～200A，电压为 22V，焊接停留时间为 0.5～1s）→离引弧点约 3mm 处增设一个点（焊接电流为 175～185A，电压为 22V，焊接速度为 290～310mm/min）→离底端约 20mm 处设一个点（焊接电流为 165～175A，电压为 22V，焊接速度为 290～310mm/min）→底端收弧点（焊接电流为 160～170A，电压为 22V，焊接停留时间为 0.2～0.6s）。

③ 上层方形体角接头各点焊接参数。引弧点（图 7-10 中的Ⅲ点）设在角接头两端中心点（焊接电流为 90～100A，电压为 18V，焊接停留时间为 0.5～1s）→离引弧点约 3mm 处增设一个点（焊接电流为 85～95A，电压为 18V，焊接速度为 330～350mm/min）→离角接头端面约 15mm 处设一个点（焊接电流为 75～85A，电压为 18V，焊接速度为 330～350mm/min）→90°转角选用圆弧插补始点（焊接电流为 75～85A，电压为 18V，焊接速度为 340～360mm/min）→以此方式设点至引弧处→收弧点设在引弧点往前约 1mm 处（焊接电流为 75～85A，电压为 18V，停留时间为 0.2～0.6s）。

④ 上层 T 形角接头各点焊接参数可参考序号③。

⑤ 下层角接头各层设点如图 7-10 所示，各点焊接参数如下：

a. 第一层各点焊接参数可参考序号③点。

b. 第二层直线段、90°转角段焊缝分别采用直线摆动插补、圆弧摆动插补，圆弧摆动插补路径的起始点与直线摆动插补路径终点的重叠长度为 2～3mm，采用“之”字形摆弧，摆

幅为0.8mm，上摆幅点停留时间为0.2~0.4s，下摆幅点停留时间为0.1~0.2s。各点焊接参数：引弧点（图7-10中的Ⅲ点）设在角接头两端中心点（焊接电流为190~200A，电压为22V，焊接停留时间为0.5~1s）→离引弧点约3mm处增设一个点（焊接电流为180~190A，电压为22V，焊接速度为290~310mm/min）→离角接头端面约15mm处设一个点（焊接电流为170~180A，电压为22V，焊接速度为300~320mm/min）→至90°转角选用圆弧插补起始点（焊接电流为170~180A，电压为22V，焊接速度为300~320mm/min）→以此方式设点至引弧处→收弧点设在引弧点往前约1mm处（焊接电流为170~180A，电压为22V，停留时间为0.2~0.6s）。

⑥ 下层T形角接头各层各点的焊接参数可参考序号⑤。

四、机器人焊接工艺评定

对于一些重要结构，在焊接生产前必须进行焊接工艺评定。对于一般焊接结构应用机器人焊接时，要根据产品技术要求进行相应的焊接工艺评定。

1. 制订机器人焊接工艺评定方案

根据拟订的机器人焊接工艺、示教点制订评定方案。

1）焊件母材牌号、尺寸、接头形式、坡口形式、焊缝位置见焊件图样（图7-11）及技术要求。

2）焊接机器人、焊接电源、焊材及规格见第二章相关内容。

3）焊接机器人操作人员在焊接前必须熟悉拟订的机器人焊接工艺。

4）焊接参数见表7-7~表7-11。

5）根据各接头的具体位置确定机器人的姿态、焊枪角度。

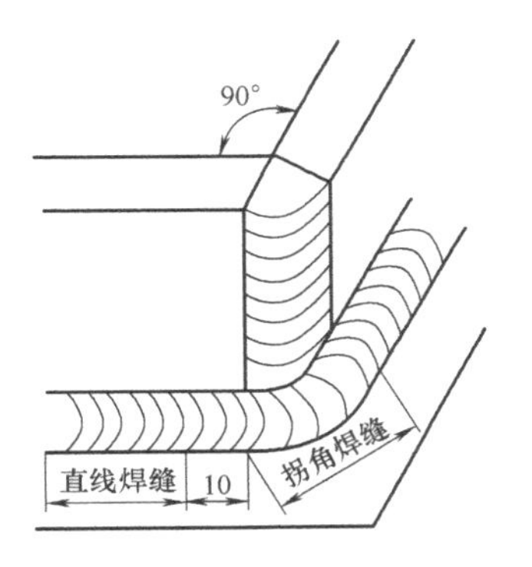

图7-11　焊件结构示意图

表7-7　上层立角接头各点焊接参数

层数	焊接电流/A	焊接电压/V	焊接速度/(mm/min)	摆幅/mm	摆动停留时间/s	气体流量/(L/min)	干伸长/mm
第一层	90	18	280	5	0.3	10~15	12~15

表7-8　下层立角接头各层各点焊接参数

层数	焊接电流/A	焊接电压/V	焊接速度/(mm/min)	摆幅/mm	摆动停留时间/s	气体流量/(L/min)	干伸长/mm
第一层	90	18	280	5	0.3	10~15	12~15
第二层	180	22	300	5	0.3	10~15	12~15

表7-9　下层角接头各点焊接参数

层数	焊接电流/A	焊接电压/V	焊接速度/(mm/min)	摆幅/mm	摆动停留时间/s	气体流量/(L/min)	干伸长/mm
第一层	90	18	280	5	0.3	10~15	12~15

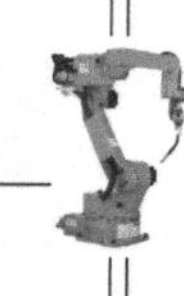

表 7-10 立外角焊缝焊接参数

层数	焊接电流/A	焊接电压/V	焊接速度/(mm/min)	摆幅/mm	摆动停留时间/s	气体流量/(L/min)	干伸长/mm
第一层	90	18	280	5	0.3	10~15	12~150
第二层	180	22	300	5	0.3	10~15	12~15

表 7-11 直线焊缝与拐角焊缝焊接参数

焊缝种类	焊接电流/A	焊接电压/V	焊接速度/(mm/min)	摆幅/mm	摆动停留时间/s	气体流量/(L/min)	干伸长/mm
直线	160	16.4	10	5	0.3	10~15	12~15
拐角	145	18	10	5	0.3	10~15	12~15

2. 焊缝外观检验及内部熔合检验

按照焊接工艺评定流程（图 7-12），结合表 7-5 和表 7-6 进行了各项目的检验，检出的不合格项目有拐角焊缝存在凸起、内部熔合深度小、存在未熔合等缺陷，如图 7-13 和图 7-14所示。

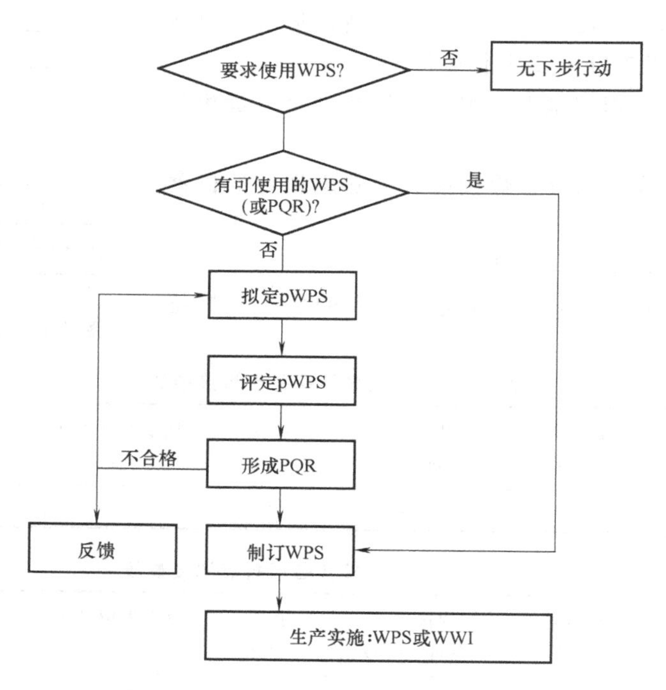

图 7-12 焊接工艺评定流程

WPS—焊接工艺评定 PQR—工艺评定试验 pWPS—预制焊接工艺评定 WWI—焊接作业指导书

（1）原因 图 7-13a 和图 7-14a 所示为拐角焊缝存在一定程度的凸起，立外角焊缝宽度过大。这是因为直线焊缝和拐角焊缝采用了同一焊接参数进行焊接，在拐角焊缝区域，热量呈汇集态，热量传输和散热效率明显降低，熔池温度急剧上升，熔敷金属过多。在金属液自身重力和表面张力的共同作用下，金属液堆积和向外扩张的速度加快，而焊枪焊丝端部焊接点（即焊接机器人 TCP 点）并未移动，造成拐角区域金属液堆积，电弧拉长，焊丝电阻热

上升，电弧吹力减弱，气体保护效果不好，易产生气孔，导致引弧性能差、电弧不稳、飞溅加大、熔深变小、熔宽增加、焊缝成形质量差，出现未焊透缺陷。

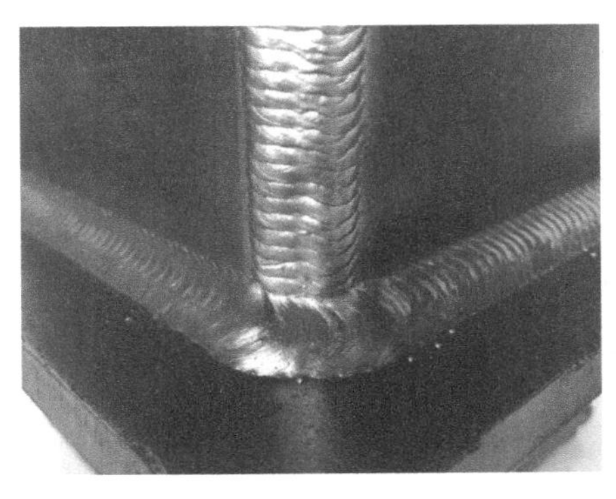

a) 成形质量差

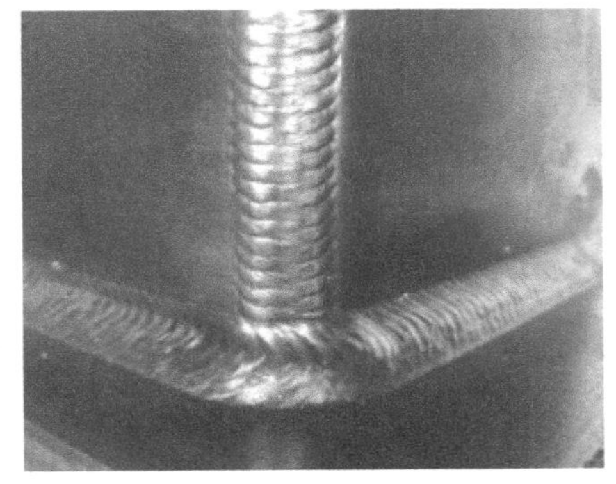

b) 成形质量好

图 7-13 焊接工艺优化前外观检验结果

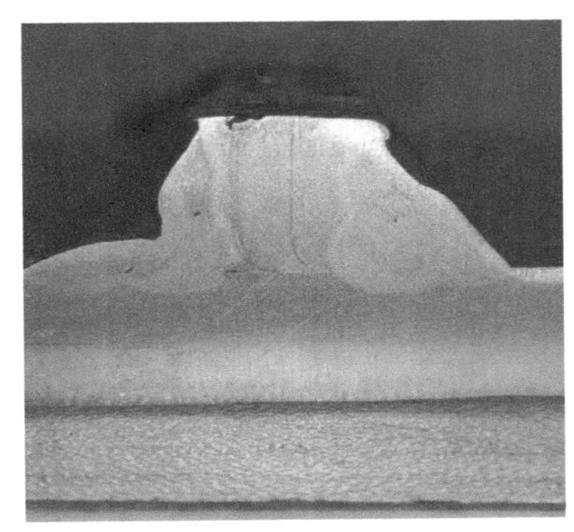

a) 成形质量差

b) 成形质量好

图 7-14 焊接工艺优化前断面熔合检验结果

焊接工艺优化后，焊后拐角焊缝平滑，立外角焊缝交汇处焊缝余高和宽度一致，成形质量好，如图 7-13b 和图 7-14b 所示。这是因为拐角区域焊缝采用两组参数组合焊接，在拐角焊缝与立外角焊缝交汇点附近适当减小电流，避免拐角焊缝区域热输入过大，熔敷金属过多，造成焊缝凸起，成形质量良好，熔深符合技术要求，整体性能良好。

（2）防止措施：①T 形角接头底层 90°转角采用不摆动方式，焊接速度稍快，盖面层采用圆弧摆动，调整合适的焊枪角度，控制焊接参数；②立角接头底层焊前必须调试引弧/收弧焊接电流、电压、停留时间；③角接头盖面层焊接采用直线摆动方式，上摆幅焊接停留时间稍长，下摆幅焊接停留时间稍短。

3. 工艺优化分析及措施

（1）焊接难点　保证根部焊透、焊缝的焊脚高度和防止焊趾处咬边。

（2）焊接顺序　为保证焊接质量，确定焊缝顺序为：立外角焊缝→角接焊缝+拐角焊缝→T形角接焊缝+拐角焊缝。

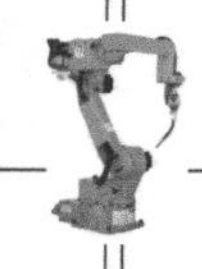

（3）机器人焊接工作方式　直线加摆动一次焊接成形。这种方式采用夹具装配焊件，选用合理的焊接参数，可达到根部焊透，且用时最少。

为保证立外角焊缝和拐角焊缝交汇区域的焊缝质量，拐角焊缝区域采用组合焊接参数进行焊接，即在交汇点附近适当降低焊接参数，避免交汇区域焊缝出现凸起、未熔合等缺陷。经调试焊接后，检验焊缝外观符合技术要求。若调试焊接后仍不合格，则必须分析原因，改进工艺措施，直至焊接出符合相关标准及技术要求的焊缝。

4. 水压试验

将压力为0.3MPa的水充入容器内，检测应无泄漏点。

五、从质量、效率、成本三方面进行分析对比和优化

1. 焊件的下料、装配、焊接质量分析

（1）焊件的下料、装配质量　焊件下料选用数控火焰切割，应用其套料系统排样能有效节省材料，而且火焰切割的加工误差较小，对装配质量没有影响。焊件装配选用磁性定位器，其优点是易操作，装配过程中产生的误差小，对焊接质量没有影响。

（2）焊件的焊接质量对比分析　按拟订的各焊缝焊接顺序，先焊上下层立角接头，后焊上下层角接接头、T形接头。焊接顺序为从上向下焊。按焊接顺序示教编程及选用焊接参数，焊后90°拐角焊缝不符合质量要求，经调试优化焊接参数，焊后完全符合质量要求。

另一种焊接顺序是先从上向下焊立角接头，然后从下层T形接头、角接接头向上焊接上层T形接头、角接接头。各焊缝焊接参数相同，焊后上层角焊缝易产生气孔，其原因是从下向上焊上层薄板角焊缝相当于预热焊，易产生气孔或者造成成形差。

2. 焊件的下料、装配、焊接效率分析

1）根据焊件的数量，下料时选用数控火焰切割效率较高，较合理。

2）选用磁性定位器装配符合使用要求，效率较高。

3）焊接效率。根据焊接质量对比分析两种焊接顺序，从节拍上分析，后一种焊接顺序快0.2s（两种焊接顺序的焊缝焊接参数基本相同）。

3. 焊件的下料、装配、焊接成本分析

（1）焊件的下料、装配成本　焊件数量少，下料时选用数控火焰切割，装配时选用磁性定位器对成本影响不大。

（2）焊接成本（包括人工、材料、设备使用）　根据分析第一种焊接顺序较好，但并不是最好的，需要对焊接参数再进行优化。可以考虑在不影响焊接质量的前提下，适当加大焊接电流、电压及速度，以提高效率和降低成本。

第三节　弧焊机器人焊接工艺优化案例

弧焊机器人焊接工艺优化是一项系统工程，其核心是在保证焊接质量的前提下。提高效率和降低成本。本节主要是对焊接轨迹点的设置、产品结构的优化、焊接参数的优化进行讨论。

一、焊接顺序及轨迹点优化案例

以图7-15所示办公旋转椅支架的焊接生产为例，了解优化焊接顺序及轨迹点设置对提

高焊接效率的影响。

（一）根据图样、产品技术要求进行机器人焊接工艺分析

1. 下料成形、装配难点及其解决措施

（1）支腿的下料　如果选用加工工艺不当，则下料后成形易产生尺寸误差而影响装配质量。采用复合模具下料后直接一次成形，下料尺寸准确，误差小，易保证装配质量。

（2）支腿的装配　装配水平度、垂直度、轴管接合间隙易产生装配误差，从而影响焊接点定位和整体装配质量。采用专用托架进行定位，用水平仪及直角尺进行检测。

图 7-15　办公旋转椅支架装配图

2. 焊接难点及其解决措施

1）支架材料厚度较小，必须控制焊接变形。应进行工艺试验，确定合理的焊接参数，保证变形量可控。

2）单个支腿焊缝由立直线焊缝+圆弧焊缝组成，对焊枪行走姿态的要求较高。对焊枪行走姿态进行动态控制，保证焊接轨迹短、平滑、快速。

3）立直线焊缝与圆弧焊缝衔接处的焊缝质量不易控制。对衔接处焊缝进行参数、轨迹点、焊枪姿态的合理优化，确保焊接质量可控。

4）焊接顺序的确定。在保证焊接质量的基础上，确定合理的焊接顺序，提高焊接效率。

（二）工艺优化

图 7-16 所示为办公旋转椅的水平支撑管装配及截面图，根据设计要求，需要依次对支架的 5 根水平支撑管与中心转轴进行焊接固定。

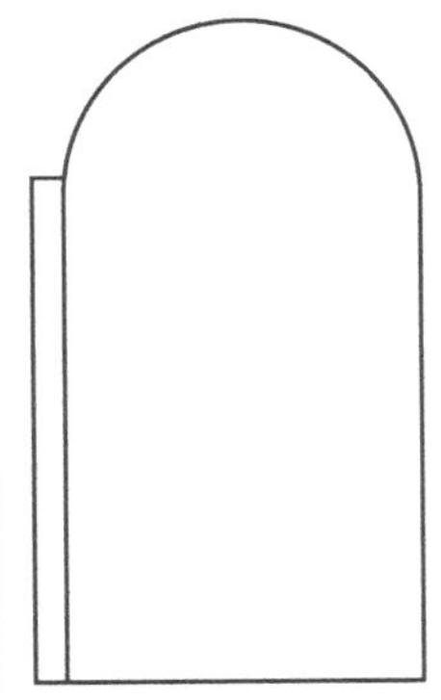

图 7-16　水平支撑管装配及截面图

（三）办公旋转椅支架焊接工艺优化结果

1. 优化前

（1）优化前的焊接顺序及轨迹点　优化前的焊接顺序及轨迹点如图 7-17 所示，焊接顺序为先从支腿圆弧中点起焊，经过 4 个轨迹点至支腿底部完成支腿左边焊缝的焊接，然后焊枪再次行走至支腿圆弧中点起焊，也经过 4 个轨迹点至支腿右边底部完成整个支腿焊缝的焊接。

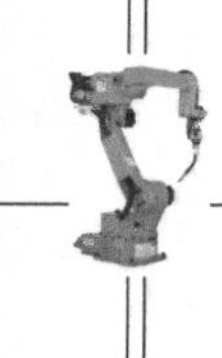

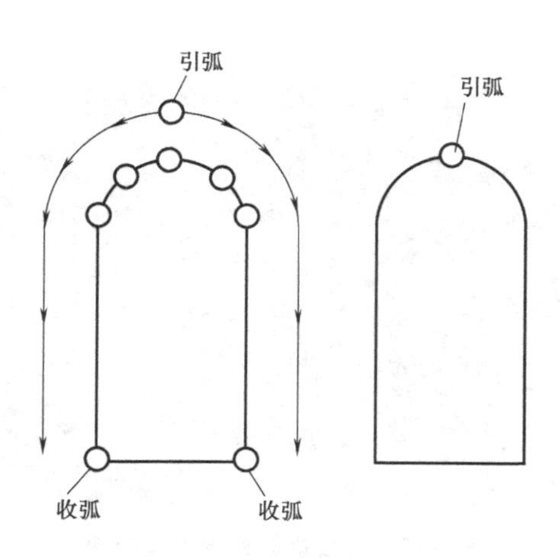

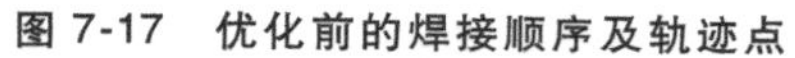
图 7-17　优化前的焊接顺序及轨迹点

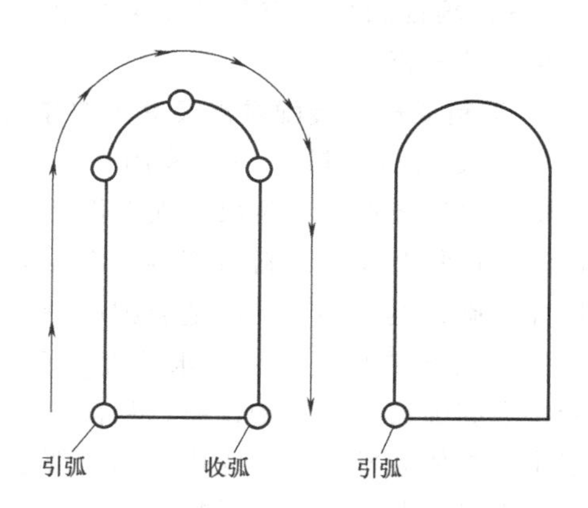

图 7-18　优化后的焊接顺序及轨迹点

（2）优化前的工艺缺点　整个支腿分为左右两边焊缝，将顶端圆弧中点作为两段焊缝的引弧点，易出现引弧点熔合不良、余高过高等缺陷，导致引弧处外观尺寸达不到要求，焊缝内部质量不合格。此外，两段焊缝有 7 个轨迹点，编程耗时过长，焊缝整体性不好；第一个支腿焊接完成后，焊枪行走至第二个支腿的距离过长，焊枪行走耗时长。同时，由于两个支腿的间距小，焊枪大跨度行走易出现碰撞，生产率低。

2. 优化后

（1）优化后的焊接顺序及焊接轨迹　优化焊接顺序和轨迹点设置后，可有效提高焊接质量及生产率。如图 7-18 所示，整个支腿焊缝由一段组成。从支腿左边底端向上起焊，沿支腿外壁焊接至支腿右边底端，之后焊枪行走至第二个支腿左边底端继续施焊。

（2）优化后的工艺优点　整个支腿焊缝一次焊接成形，只需要 5 个轨迹即可完成焊接，焊缝质量均匀稳定，整个支撑架的稳固性得到了极大保障。同时，第一个支腿收弧点与第二个支腿起弧点之间的距离短，中间不存在障碍物，非焊接耗时少，操作简便，生产率得到大幅度提高。

（四）焊接方法的优化

1. 优化前

办公旋转椅采用 CO_2 作为保护气体进行焊接，由于产品厚度较小，焊接过程中持续不断的热量输入易产生熔滴穿透焊件，焊接质量和尺寸精度等都难以保证，生产率低，成本较高。

2. 优化后

为避免出现熔滴穿透焊件的现象，需减少热输入，保证产品焊穿和变形量可控。经工艺优化试验，采用冷金属过渡（Cold Metal Transfer，CMT）技术，可以有效实现无飞溅熔滴过渡和良好的冶金连接，即通过协调送丝监控和过程控制，实现了焊接过程中“冷”和“热”的交替。CMT 技术将送丝与焊接过程控制直接地联系起来。当数字化的过程控制监测到一个短路信号时，就会反馈给送丝机，送丝机做出回应回抽焊丝，从而使得焊丝与熔滴分离。CMT 技术实现了无电流状态下的熔滴过渡。当短路电流产生时，焊丝即停止前进且电弧引燃，熔滴进入熔池，电弧熔池过渡熄灭，电流减小，焊丝自动回抽。在这种方式中，电弧自身输入热量的过程很短，短路一发生，电弧即熄灭，热输入量迅速减少。整个焊接过程在冷

热交替中循环往复进行。

焊接方法优化后，经实践表明，在质量、生产率和成本方面可以达到以下效果。

（1）焊接质量方面

1）变形量控制。可以保证仪表架上50多个尺寸精度。

2）对装配误差的容忍性。对装配间隙稳定性要求不高。

3）飞溅控制。几乎没有飞溅，减少了工件打磨和夹具清理工作，降低了生产成本，减少了对人体的伤害，更加环保。

4）生产率。焊接速度快，生产率更高。

5）焊缝成形质量。焊缝成形美观，表面光滑，过渡角平滑，可以有效地减少应力集中，成形质量更好。

6）耗材成本。几乎没有飞溅，大幅度提高了焊丝利用率，节约了保护气体，减少了耗电量，降低了易损件成本。

（2）生产率和成本方面

1）产量。产量提高约22%。

2）耗时。焊接时间节约24%。

3）耗电量。耗电量节省约16%。

4）气体用量。保护气体用量节省约41%。

5）焊材消耗量。焊丝消耗量节省约15%。

6）产品合格率。合格率约为99%，焊接后处理量少。

二、弧焊机器人焊接结构优化案例

焊接结构优化的主要影响因素是其装配。焊接结构的装配是将焊前加工好的零件，采用适当的工艺方法，按生产图样和技术要求连接成部件或整个产品的工艺过程。装配的质量和顺序将直接影响焊接工艺、产品质量和劳动生产率。所以，对产品装配工作进行有针对性的优化，可以有效地提高效率，缩短产品制造周期，降低生产成本，保证产品质量等。本节以管道的封装焊接（图7-19）为例，对焊接结构的装配进行优化，以达到提高生产率、降低成本的目的。

a) 优化前

b) 优化后

图7-19　管道封装的两种装配方式

1. 优化前的结构

优化前的结构为常规的焊接封装结构，如图 7-19a 所示。根据装配结构的特点，需要对整个管道圆周进行焊接以达到封装的目的，其耗时长，有大量焊缝裸露，易遭到腐蚀，且生产率低，成本较高。

2. 优化后的结构

优化后的焊接结构，如图 7-19b 所示。优化后的结构比较简单，只需将管道加长，然后对管道的内径圆周进行焊接，相对于优化前的结构焊接量小，生产率高，同时，整个结构只有少量焊缝裸露，整体可靠性较高，且成本较低。

三、弧焊机器人焊接参数优化案例

以热水器内胆焊缝（图 7-20）的焊接为例，了解优化焊接参数对焊接提高效率、降低成本的影响。

焊接是热水器内胆生产线中的重要环节，一直以来都是困扰生产线效率提高的瓶颈。传统的焊接工艺已经不能满足大批量流水线的生产节奏，而且能耗非常高，限制了整体生产线水平的提高。因此，优化焊接工艺是降低能耗、提高生产率、降低生产综合成本的关键。

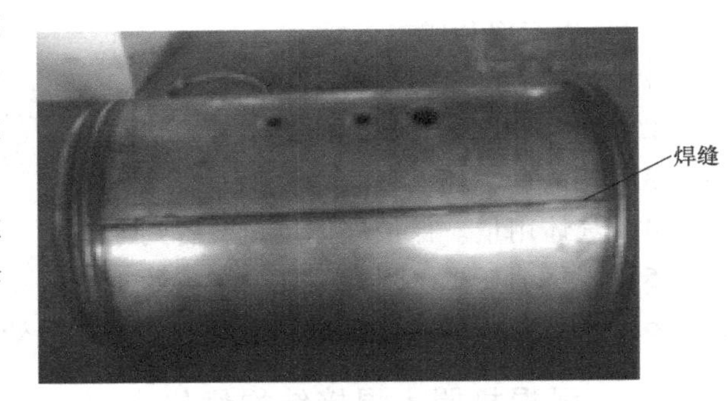

图 7-20 热水器内胆焊缝

1. 优化前的焊接工艺

大部分企业的生产线上，筒身直缝的焊接采用 TIG 焊。优化前焊接工艺的缺点如下：

1）装配精度要求高，易产生焊穿等缺陷，增加了后续工序中补焊的工作量，降低了产品质量和合格率。

2）焊接效率低。TIG 焊的焊接速度慢，一般要求控制在 1m/min 以下，正常生产时焊接速度为 0.5~0.6m/min。

3）生产成本高。

2. 优化后的焊接工艺

采用全数字化电弧焊技术——单丝熔化极气体保护焊工艺。由强力集中的等离子弧形成高热能喷射过渡，ϕ1.2mm 实心焊丝的送丝速度不低于 15m/min 且熔敷效率不低于 8kg/h。

（1）优化后工艺过程控制的优点

1）焊接过程数字化控制。通过数字面板设定焊接参数，主控制系统通过 RS485 数字接口向送丝机发出工作指令，同时通过数字信号处理器（DSP）向逆变电源发出工作指令，焊接过程开始。在焊接过程中，实际接参数经反馈回路、模/数（A/D）转换后由数字信号处理器（DSP）反馈到主控制系统，在面板显示实际值的同时，主控制系统将实际参数与预设值进行比较，并将修正指令发给送丝机和电源（图 7-21）。整个过程由于都是数字信号的传输和比较，因此非常迅速、精确且抗干扰能力强。

2）熔滴过渡控制。全数字化控制电弧，焊机根据母材厚度、焊丝材质和直径设定出最佳电流波形，可获得稳定的电弧和极少的飞溅。

3）全数字控制系统控制。焊接过程中焊丝伸出长度迅速增加，弧长保持恒定，焊缝成形和熔深都保持了很好的一致性，提高了焊缝成形质量。

4）引弧与收弧控制。常规 MIG 焊引弧时焊丝一接触工件，短路电流便迅速上升，使得焊丝快速熔化爆断产生电弧，飞溅很大；全数字化焊机则可控制短路电流的上升速度，使电弧引燃相对柔和，飞溅极少。

(2) 优化工艺后生产率提高　优化工艺前后生产率的对比见表 7-12。

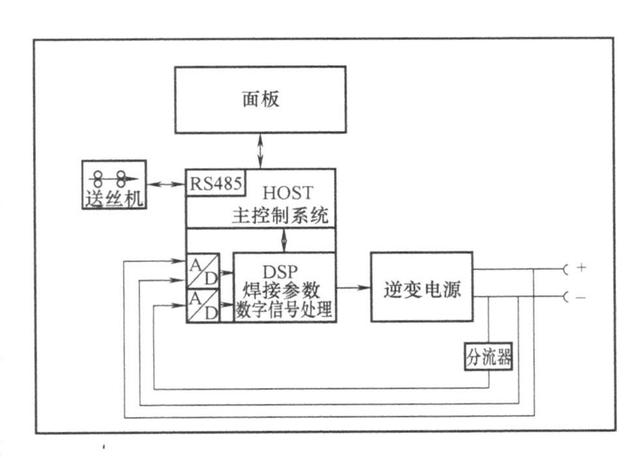

图 7-21　焊接过程控制

表 7-12　优化工艺前后生产率的对比

焊接方式	焊接速度/(m/min)	工位数量(台)	单班产量(只)	装配要求	抗变压破坏测试能力	废品率
TIG 焊(优化前)	0.5～0.55	4	1200～1300	高	12 万次	高
高速焊(优化后)	1.5～1.8	2	1300～1500	低	17 万次	低

(3) 优化工艺后生产成本降低　优化工艺前后生产成本的对比见表 7-13。

表 7-13　优化工艺前后生产成本的对比

焊接方式	气体流量/(L/min)	焊接速度/(mm/min)	所用时间/min	气体用量/L	气体费用(元)	用电量费用(元)	焊丝费用(元)	钨极费用(元)	合计费用(元)
TIG 焊	15	450	2.2	33	0.656	0.33	无	0.015	1.001
高速焊	15	1500	0.66	10	0.16	0.09	0.384	无	0.634

复习思考题

1. 焊接工艺优化的主旨是什么？
2. 焊接工艺优化效果从哪几方面进行考核？
3. 焊接工艺优化有哪几方面的内容？
4. 焊接工艺优化的步骤有哪些？
5. 根据焊缝质量要求，焊接顺序和轨迹点设置优化有何要求？
6. 如何达到焊接工艺优化效果的最大化？
7. 如图 7-22 所示，根据设计图样对焊件进行焊接顺序、轨迹点设置、焊接参数的选择优化，编制焊接工艺，达到质量、效率、成本的最优化。
8. 如图 7-23 所示，根据设计图样进行焊接工艺、焊接方法、焊接结构的优化，达到提升质量、提高效率和降低成本的目的。

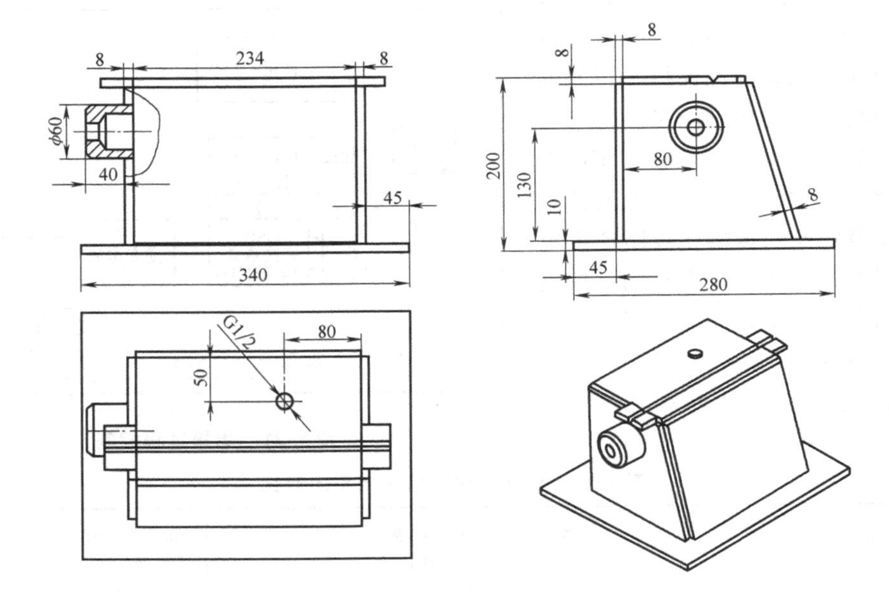

图 7-22　复习思考题 7

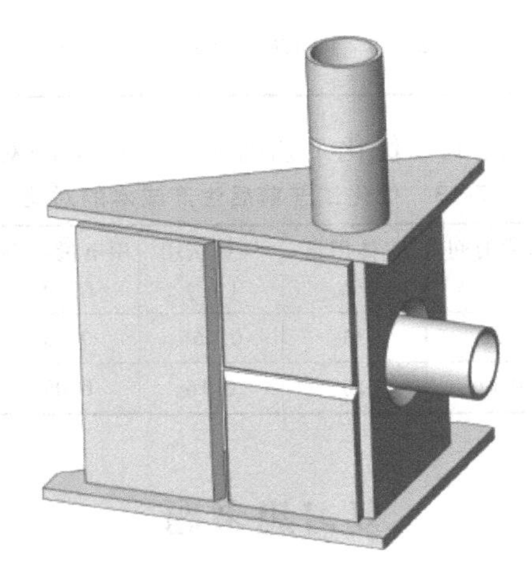

图 7-23　复习思考题 8